国家职业资格培训教材
技能型人才培训用书

维修电工(高级)

第 2 版

国家职业资格培训教材编审委员会　组编

王兆晶　主编

机械工业出版社

本书是依据《国家职业技能标准》高级维修电工的知识要求和技能要求，按照岗位培训需要的原则编写的。本书的主要内容包括：电子技术的应用、电力电子技术的应用、机床电气控制电路的安装与维修、可编程序控制器技术的应用、机床电气图的测绘、交直流传动系统的应用等。书末附有与之配套的试题库和答案，以便于企业培训、考核鉴定和读者自测自查。

本书主要用作企业培训部门、职业技能鉴定机构的教材，也可作为高级技校、技师学院、高职、各种短训班的教学用书。

图书在版编目（CIP）数据

维修电工：高级/王兆晶主编 . —2 版 . —北京：机械工业出版社，2012.9
（2024.7 重印）
国家职业资格培训教材 . 技能型人才培训用书
ISBN 978-7-111-39661-1

Ⅰ . ①维… Ⅱ . ①王… Ⅲ . ①电工—维修 Ⅳ . ①TM07

中国版本图书馆 CIP 数据核字（2012）第 210387 号

机械工业出版社（北京市百万庄大街 22 号 邮政编码 100037）
策划编辑：王振国 责任编辑：王振国
版式设计：姜 婷 责任校对：申春香
封面设计：饶 薇 责任印制：邰 敏
北京富资园科技发展有限公司印刷
2024 年 7 月第 2 版第 11 次印刷
169mm×239mm · 20.75 印张 · 2 插页 · 407 千字
标准书号：ISBN 978-7-111-39661-1
定价：45.00 元

电话服务　　　　　　　　　　　网络服务
客服电话：010-88361066　　　　机　工　官　网：www.cmpbook.com
　　　　　010-88379833　　　　机　工　官　网：weibo.com/cmp1952
　　　　　010-68326294　　　　机　工　官　博：www.golden-book.com
封底无防伪标均为盗版　　　　机工教育服务网：www.cmpedu.com

国家职业资格培训教材(第2版)

编 审 委 员 会

第2版 序

在"十五"末期，为贯彻落实"全国职业教育工作会议"和"全国再就业会议"精神，加快培养一大批高素质的技能型人才，机械工业出版社精心策划了与原劳动和社会保障部《国家职业标准》配套的《国家职业资格培训教材》。这套教材涵盖41个职业工种，共172种，有十几个省、自治区、直辖市相关行业200多名工程技术人员、教师、技师和高级技师等从事技能培训和鉴定的专家参加编写。教材出版后，以其兼顾岗位培训和鉴定培训需要，理论、技能、题库合一，便于自检自测，受到全国各级培训、鉴定部门和广大技术工人的欢迎，基本满足了培训、鉴定和读者自学的需要，在"十一五"期间为培养技能人才发挥了重要作用，本套教材也因此成为国家职业资格鉴定考证培训及企业员工培训的品牌教材。

2010年，《国家中长期人才发展规划纲要（2010—2020年）》、《国家中长期教育改革和发展规划纲要（2010—2020年）》、《关于加强职业培训促就业的意见》相继颁布和出台，2012年1月，国务院批转了"七部委"联合制定的《促进就业规划（2011—2015年）》，在这些规划和意见中，都重点阐述了加大职业技能培训力度、加快技能人才培养的重要意义，以及相应的配套政策和措施。为适应这一新形势，同时也鉴于第1版教材所涉及的许多知识、技术、工艺、标准等已发生了变化的实际情况，我们经过深入调研，并在充分听取了广大读者和业界专家意见的基础上，决定对已经出版的《国家职业资格培训教材》进行修订。本次修订，仍以原有的大部分作者为班底，并保持原有的"以技能为主线，理论、技能、题库合一"的编写模式，重点在以下几个方面进行了改进：

1. 新增紧缺职业工种——为满足社会需求，又开发了一批近几年比较紧缺的以及新增的职业工种教材，使本套教材覆盖的职业工种更加广泛。

2. 紧跟国家职业标准——按照最新颁布的《国家职业技能标准》（或《国家职业标准》）规定的工作内容和技能要求重新整合、补充和完善内容，涵盖职业标准中所要求的知识点和技能点。

3. 提炼重点知识技能——在内容的选择上，以"够用"为原则，提炼出应重点掌握的必需的专业知识和技能，删减了不必要的理论知识，使内容更加精练。

4. 补充更新技术内容——紧密结合最新技术发展，删除了陈旧过时的内容，补充了新的技术内容。

5. 同步最新技术标准——对原教材中按旧的技术标准编写的内容进行更新，所有内容均与最新的技术标准同步。

6. 精选技能鉴定题库——按鉴定要求精选了职业技能鉴定试题，试题贴近教材、贴近国家试题库的考点，更具典型性、代表性、通用性和实用性。

7. 配备免费电子教案——为方便培训教学，我们为本套教材开发配备了配套的电子教案，免费赠送给选用本套教材的机构和教师。

8. 配备操作实景光盘——根据读者需要，部分教材配备了操作实景光盘。

一言概之，经过精心修订，第 2 版教材在保留了第 1 版教材精华的同时，内容更加精练、可靠、实用，针对性更强，更能满足社会需求和读者需要。全套教材既可作为各级职业技能鉴定培训机构、企业培训部门的考前培训教材，又可作为读者考前复习和自测使用的复习用书，也可供职业技能鉴定部门在鉴定命题时参考，还可作为职业技术院校、技工院校、各种短训班的专业课教材。

在本套教材的调研、策划、编写过程中，曾经得到许多企业、鉴定培训机构有关领导、专家的大力支持和帮助，在此表示衷心的感谢！

虽然我们已经尽了最大努力，但教材中仍难免存在不足之处，恳请专家和广大读者批评指正。

国家职业资格培训教材第 2 版编审委员会

第1版 序一

当前和今后一个时期，是我国全面建设小康社会、开创中国特色社会主义事业新局面的重要战略机遇期。建设小康社会需要科技创新，离不开技能人才。"全国人才工作会议""全国职教工作会议"都强调要把"提高技术工人素质、培养高技能人才"作为重要任务来抓。当今世界，谁掌握了先进的科学技术并拥有大量技术娴熟、手艺高超的技能人才，谁就能生产出高质量的产品，创出自己的名牌；谁就能在激烈的市场竞争中立于不败之地。我国有近一亿技术工人，他们是社会物质财富的直接创造者。技术工人的劳动，是科技成果转化为生产力的关键环节，是经济发展的重要基础。

科学技术是财富，操作技能也是财富，而且是重要的财富。中华全国总工会始终把提高劳动者素质作为一项重要任务，在职工中开展的"当好主力军，建功'十一五'，和谐奔小康"竞赛中，全国各级工会特别是各级工会职工技协组织注重加强职工技能开发，实施群众性经济技术创新工程，坚持从行业和企业实际出发，广泛开展岗位练兵、技术比赛、技术革新、技术协作等活动，不断提高职工的技术技能和操作水平，涌现出一大批掌握高超技能的能工巧匠。他们以自己的勤劳和智慧，在推动企业技术进步，促进产品更新换代和升级中发挥了积极的作用。

欣闻机械工业出版社配合新的《国家职业标准》为技术工人编写了这套涵盖41个职业的172种"国家职业资格培训教材"。这套教材由全国各地技能培训和考评专家编写，具有权威性和代表性；将理论与技能有机结合，并紧紧围绕《国家职业标准》的知识点和技能鉴定点编写，实用性、针对性强，既有必备的理论和技能知识，还有考核鉴定的理论和技能题库及答案，编排科学，便于培训和检测。

这套教材的出版非常及时，为培养技能型人才做了一件大好事，我相信这套教材一定会为我们培养更多更好的高技能人才做出贡献！

（李永安　中国职工技术协会常务副会长）

第1版 序二

为贯彻"全国职业教育工作会议"和"全国再就业会议"精神，全面推进技能振兴计划和高技能人才培养工程，加快培养一大批高素质的技能型人才，我们精心策划了这套与劳动和社会保障部最新颁布的《国家职业标准》配套的《国家职业资格培训教材》。

进入21世纪，我国制造业在世界上所占的比重越来越大，随着我国逐渐成为"世界制造业中心"进程的加快，制造业的主力军——技能人才，尤其是高级技能人才的严重缺乏已成为制约我国制造业快速发展的瓶颈，高级蓝领出现断层的消息屡屡见诸报端。据统计，我国技术工人中高级以上技工只占3.5%，与发达国家40%的比例相距甚远。为此，国务院先后召开了"全国职业教育工作会议"和"全国再就业会议"，提出了"三年50万新技师的培养计划"，强调各地、各行业、各企业、各职业院校等要大力开展职业技术培训，以培训促就业，全面提高技术工人的素质。

技术工人密集的机械行业历来高度重视技术工人的职业技能培训工作，尤其是技术工人培训教材的基础建设工作，并在几十年的实践中积累了丰富的教材建设经验。作为机械行业的专业出版社，机械工业出版社在"七五""八五""九五"期间，先后组织编写出版了"机械工人技术理论培训教材"149种，"机械工人操作技能培训教材"85种，"机械工人职业技能培训教材"66种，"机械工业技师考评培训教材"22种，以及配套的习题集、试题库和各种辅导性教材约800种，基本满足了机械行业技术工人培训的需要。这些教材以其针对性、实用性强，覆盖面广，层次齐备，成龙配套等特点，受到全国各级培训、鉴定和考工部门和技术工人的欢迎。

自2000年以来，我国相继颁布了《中华人民共和国职业分类大典》和新的《国家职业标准》，其中对我国职业技术工人的工种、等级、职业的活动范围、工作内容、技能要求和知识水平等根据实际需要进行了重新界定，将国家职业资格分为5个等级：初级（5级）、中级（4级）、高级（3级）、技师（2级）、高级技师（1级）。为与新的《国家职业标准》配套，更好地满足当前各级职业培训和技术工人考工取证的需要，我们精心策划编写了这套"国家职业资格培训教材"。

这套教材是依据劳动和社会保障部最新颁布的《国家职业标准》编写的，

为满足各级培训考工部门和广大读者的需要，这次共编写了 41 个职业 172 种教材。在职业选择上，除机电行业通用职业外，还选择了建筑、汽车、家电等其他相近行业的热门职业。每个职业按《国家职业标准》规定的工作内容和技能要求编写初级、中级、高级、技师（含高级技师）四本教材，各等级合理衔接、步步提升，为高技能人才培养搭建了科学的阶梯型培训架构。为满足实际培训的需要，对各工种共同需求的基础知识我们还分别编写了《机械制图》《机械基础》《电工常识》《电工基础》《建筑装饰识图》等近 20 种公共基础教材。

在编写原则上，依据《国家职业标准》又不拘泥于《国家职业标准》是我们这套教材的创新。为满足沿海制造业发达地区对技能人才细分市场的需要，我们对模具、制冷、电梯等社会需求量大又已单独培训和考核的职业，从相应的职业标准中剥离出来单独编写了针对性较强的培训教材。

为满足培训、鉴定、考工和读者自学的需要，在编写时我们考虑了教材的配套性。教材的章首有培训要点、章末配复习思考题，书末有与之配套的试题库和答案，以及便于自检自测的理论和技能模拟试卷，同时还根据需求为 20 多种教材配制了 VCD 光盘。

为扩大教材的覆盖面和体现教材的权威性，我们组织了上海、江苏、广东、广西、北京、山东、吉林、河北、四川、内蒙古等地相关行业从事技能培训和考工的 200 多名专家、工程技术人员、教师、技师和高级技师参加编写。

这套教材在编写过程中力求突出"新"字，做到"知识新、工艺新、技术新、设备新、标准新"，增强实用性，重在教会读者掌握必需的专业知识和技能，是企业培训部门、各级职业技能鉴定培训机构、再就业和农民工培训机构的理想教材，也可作为技工学校、职业高中、各种短训班的专业课教材。

在这套教材的调研、策划、编写过程中，曾经得到广东省职业技能鉴定中心、上海市职业技能鉴定中心、江苏省机械工业联合会、中国第一汽车集团公司以及北京、上海、广东、广西、江苏、山东、河北、内蒙古等地许多企业和技工学校的有关领导、专家、工程技术人员、教师、技师和高级技师的大力支持和帮助，在此谨向为本套教材的策划、编写和出版付出艰辛劳动的全体人员表示衷心的感谢！

教材中难免存在不足之处，诚恳希望从事职业教育的专家和广大读者不吝赐教，提出批评指正。我们真诚希望与您携手，共同打造职业培训教材的精品。

国家职业资格培训教材编审委员会

前　言

为进一步提高维修电工从业人员的基本素质和专业技能，增强各级、各类职业学校在校生的就业能力，满足本工种职业技能培训、考核、鉴定等工作的迫切需要，我们组织部分经验丰富的讲师、工程师、技师等编写了《维修电工》培训教材。

《维修电工》培训教材共分四册，即初级、中级、高级、技师和高级技师。全书是根据中华人民共和国人力资源和社会保障部制定的《国家职业技能标准》组织编写的，以现行电气维修、电气施工及验收规范为依据，以实用、够用为宗旨，力求浓缩、精炼、科学、规范、先进。

本册教材由王兆晶任主编，阎伟和刘传顺任副主编，参加编写的人员还有宋明学、王兰军和孙斌。

编者在编写过程中参阅了大量的相关规范、规定、图册、手册、教材及技术资料等，并借用了部分图表，在此向原作者致以衷心的感谢。如有不敬之处，恳请见谅。

由于教材知识覆盖面较广，涉及的标准、规范较多，加之时间仓促、编者水平有限，书中难免存在缺点和不足，敬请各位同行、专家和广大读者批评指正，以期再版时臻于完善。

编　者

目　录

第 一 章

电子技术的应用

培训学习目标 了解集成运算放大器和线性集成直流稳压电源的应用知识；熟悉开关稳压电源的工作原理及应用常识；熟悉常用的集成门电路；掌握典型组合逻辑电路的分析与设计方法；掌握典型时序逻辑电路的分析与设计方法；掌握数字电路的设计方法和步骤。

◆◆◆◆ 第一节 模拟电子技术

一、集成运算放大电路

集成运算放大器（简称集成运放或运放）是一个高电压增益、高输入阻抗和低输出阻抗的直接耦合多级放大电路。一般将其分为专用型和通用型两类，集成运放接入适当的反馈电路可构成各种运算电路，主要有比例运算、加减运算和微积分运算等。由于集成运放开环增益很高，所以它构成的基本运算电路均为深度负反馈电路。集成运放工作在线性状态时，两输入端之间满足"虚短"和"虚断"，根据这两个特点很容易分析各种运算电路。

1. 集成运算放大器主要参数

（1）开环差模电压放大倍数 A_{UD} A_{UD} 是集成运算放大器在开环状态、输出端不接负载时的直流差模电压放大倍数。通用型集成运算放大器的 A_{UD} 一般为 $60 \sim 140dB$，高质量的集成运算放大器的 A_{UD} 可达 170dB 以上。

（2）输入失调电压 U_{IO} 为使集成运算放大器的输入电压为零时，输出电压也为零，在输入端施加的补偿电压称为失调电压 U_{IO}，其值越小越好，一般为几毫伏。

（3）输入失调电流 I_{IO}　输入失调电流是指当输入电压为零时，输入级两个输入端静态基极电流之差，即 $I_{IO} = |I_{IB1} - I_{IB2}|$。$I_{IO}$ 越小越好，通常为 $0.001 \sim 0.1\mu A$。

（4）输入偏置电流 I_{IB}　当输出电压为零时，差动对管的两个静态输入电流的平均值称为输入偏置电流，即 $I_{IB} = (I_{BN} + I_{BP})/2$，通常 I_{IB} 为 $0.001 \sim 10\mu A$。其值越小越好。

（5）最大差模输入电压 U_{IDM}　集成运算放大器两个输入端之间所能承受的最大电压值称为最大差模输入电压。超过该值，其中一只晶体管的发射结将会出现反向击穿。

（6）最大共模输入电压 U_{ICM}　指集成运算放大器所能承受的最大共模输入电压，若实际的共模输入电压超过 U_{ICM} 值，则集成运算放大器的共模抑制比将明显下降，甚至不能正常工作。

（7）差模输入电阻 R_{ID}　R_{ID} 指运算放大器在开环条件下，两输入端的动态电阻。R_{ID} 越大越好，一般运算放大器 R_{ID} 的数量级为 $10^5 \sim 10^6 \Omega$。

（8）输出电阻 R_O　输出电阻 R_O 是指运算放大器在开环状态下的动态输出电阻。它表征集成运算放大器带负载的能力，R_O 越小越好，带负载的能力越强。R_O 的数值一般是几十欧姆至几百欧姆。

（9）共模抑制比 K_{CMR}　K_{CMR} 是集成运放开环电压放大倍数 A_{UD} 与其共模电压放大倍数 A_{UC} 比值的绝对值，共模抑制比反映了集成运算放大器对共模信号的抑制能力，K_{CMR} 越大越好。

2. 集成运算放大器的选择

在能够满足设计要求时，应尽量选择通用型集成运放，然后再挑选开环增益、输入阻抗、共模抑制比高且输出电阻、输入失调电流、输入失调电压小的集成运放。

3. 集成运算放大器的使用

（1）集成运算放大器性能的扩展　利用外加电路的方法可使集成运放的某些性能得到扩展和改善。

1）提高输入电阻。在集成运算放大器的输入端加一个由场效应晶体管组成的差动放大电路可以提高输入电阻。如图1-1所示，图中 VU1、VU2 为差分对管，V3 为恒流源，RP 用以调节平衡，调整 R_3 可得到 VU3 的零温漂工作点。这种电路的输入电阻可达 $10^3 \sim 10^5 M\Omega$。

2）提高带负载能力。通用型集成运放的带负载能力较弱，其允许功耗只有几十毫瓦，最大输出电流约为 10mA。当负载需要较大的电流和电压变化范围时，就要在它的输出端附加具有扩大功能的电路。

① 扩大输出电流。如图1-2所示，在集成运放的输出端加一级互补对称放大电路来扩大输出电流。

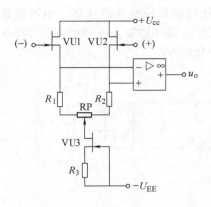

图 1-1 提高输入电阻

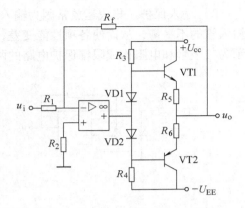

图 1-2 扩大输出电流的方法

② 同时扩大输出电压和输出电流。如图 1-3 所示，在集成运放的正负电源接线端与外加正负电源之间接入晶体管 VT1 和 VT2，目的是提高晶体管 VT3、VT4 的基极电流，进而提高输出电流。由于 VT3、VT4 分别接 ±30V 电源，所以负载 R_L 两端电压变化将接近 ±30V，这样输出电压和电流都得到扩大，因此，这种电路可输出较大功率。

（2）集成运算放大器的保护 电源极性接反或电压过高，输出端对地短路或接到另一电源造成电流过大，输出信号过大等都可能造成集成运算放大器的损坏。所以必须有必要的保护措施。

1）电源接反保护。如图 1-4 所示，在电源回路中加了两个二极管，可防止电流反向，防止电源接反所引起的故障。

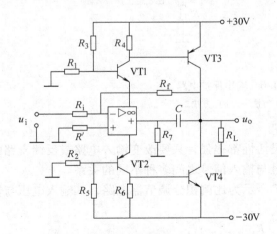

图 1-3 同时扩大输出电压和输出电流

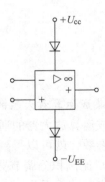

图 1-4 电源接反保护电路

2）输入保护。集成运放常因为输入电压过高造成输入级损坏，也可能造成输入管的不平衡，从而使各项性能变差，因此必须外加输入保护措施，图 1-5 所示为二极管和电阻构成限幅保护电路的两种常用方法。

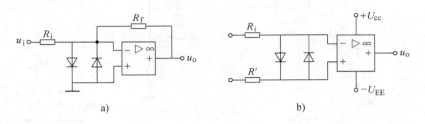

图 1-5　输入保护电路

a）方法一　b）方法二

3）输出保护。集成运放最常见的输出过载有输出端短路或输出端接错电源使输出管击穿，虽然多数器件内部均有限流保护电路，但为可靠起见，仍需外接保护电路。

如图 1-6a 所示，用稳压二极管跨接在输出端和反向输入端之间来限制输出电压。图 1-6b 所示为稳压二极管接在输出和地之间，使输出电压限制在一定范围。

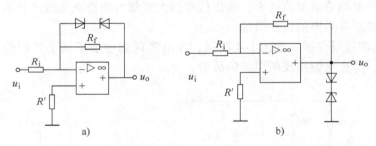

图 1-6　输出保护电路

a）方法一　b）方法二

4. 集成运算放大器的典型应用

集成运算放大器的通用性和灵活性都很强，只要改变输入电路或反馈支路的形式及参数，就可以得到输出信号与输入信号之间多种不同的关系。

（1）比例积分调节器　图 1-7 所示为比例积分调节器电路，其输入电压与输出电压之间的关系为

$$u_o = -\frac{R_1}{R_0}u_i + \frac{-1}{R_0 C_1}\int u_i \mathrm{d}t \tag{1-1}$$

在零初始和阶跃输入状态下，输出电压-时间特性曲线如图 1-8 所示。由式（1-1）和输出特性曲线表明，比例积分调节器的输出由"比例"和"积分"两部分组成，比例部分迅速产生调节作用，积分部分最终消除静态偏差。当突加 u_i 时，在初始瞬间电容 C_1 相当于短路，反馈回路中，只有电阻 R_1，相当于放大倍数为 $A_U = -R_1/R_0$ 的比例调节器，可以立即起到调节作用。此后，随着电容 C_1 被充电，u_o 线性增长，直到稳态。稳态时，同积分调节器一样，C_1 相当于开路，极大的开环放大倍数使系统基本上达到无静差。

由此可知，采用比例积分调节器的自动调速系统，既能获得较高的静态精度，又具有较高的动态响应，因而得到了广泛应用。

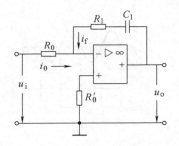
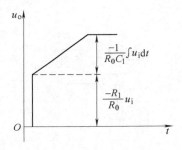

图 1-7 比例积分调节器   图 1-8 阶跃输入时输出电压-时间特性曲线

（2）电压比较器 电压比较器是把一个输入电压和另一个输入电压（或给定电压）相比较的电路。图 1-9a 为基本电路，运算放大器处于开环状态下，输出电压 u_o 只有两种可能的状态，即 $\pm U_{OM}$。电路的传输特性如图 1-9b 所示。当输入信号 $u_i < U_R$ 时，$u_o = +U_{OM}$；当输入信号 $u_i > U_R$ 时，$u_o = -U_{OM}$。它表示 u_i 在参考电压 U_R 附近有微小的增加时，输出电压将从正向饱和值 $+U_{OM}$ 过渡到负向饱和值 $-U_{OM}$。

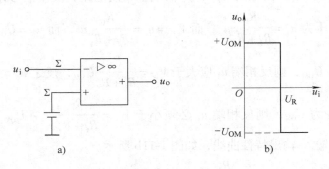

图 1-9 电压比较器
a）基本电路 b）传输特性

如果参考电压 $U_R = 0$，则输入电压 u_i 每次过零时，输出就要产生突变，这种比较器称为过零比较器。其电路如图 1-10a 所示，传输特性如图 1-10b 所示。显然，当输入信号为正弦波时，每过零一次，比较器的输出端将产生一次电压跳变，其正、负向幅度均受电源电压的限制。输出电压波形如图 1-10c 所示，是具有正、负向极性的方波。

　　由此可以看出，电压比较器是将集成运算放大器的反相输入端和同相输入端所接输入电压进行比较的电路。$u_i = U_R$ 是集成运放工作状态转换的临界点，若 $U_R = 0$，则其传输特性对原点是对称的，而 $U_R \neq 0$，它的传输特性对原点是不对称的。

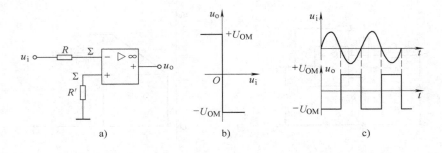

图 1-10　过零比较器

a）电路　b）传输特性　c）输出电压波形

　　常用的电压比较器有三种：过零比较器、单限比较器（$U_R \neq 0$）和迟滞比较器。

　　如果在过零比较器或单限比较器电路中引入正反馈，这时比较器的输入-输出特性曲线具有迟滞回线形状，这种比较器称为迟滞比较器。

　　如图 1-11a 所示，由电阻 R_F 和 R_f 构成正反馈电路，反馈信号作用于同相输入端，反馈电压为 $u_i = \dfrac{R_f}{R_f + R_F} u_o$。而 $V_+ = u_f = \dfrac{R_f}{R_f + R_F} u_o$，而 $u_o = U_{OM}$，要使输出电压 u_o 变为 $-U_{OM}$，则反相端 u_i 应大于 $V_+ = \dfrac{R_f}{R_f + R_F} U_{OM}$，反之 $u_o = -U_{OM}$，要使输出电压 u_o 变为 U_{OM}，则反相端 u_i 必须小于 $V_+ = \dfrac{R_f}{R_f + R_F}(-U_{OM})$。由此可得迟滞比较器的输入-输出特性曲线，如图 1-11b 所示。

　　在图 1-11b 中，$U_{TH1} = \dfrac{R_f}{R_f + R_F} U_{OM}$ 称为上阈值电压，即 $u_i > U_{TH1}$ 后，u_o 从 $+U_{OM}$ 变为 $-U_{OM}$。

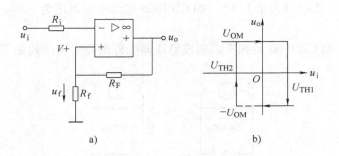

图 1-11 下行迟滞比较器

a) 电路 b) 传输特性

$$U_{TH2} = \frac{R_f}{R_f + R_F} \, (-U_{OM})$$ 称为下阈值电压，即 $u_i < U_{TH1}$ 后，u_o 从 $-U_{OM}$ 变为 $+U_{OM}$。

图 1-11a 所示的电路中，进行比较的信号 u_i 作用在反相输入端，其输入-输出特性称为下行特性，所以这个电路又称为下行迟滞比较器。如果进行比较的输入信号作用在集成运放的同相输入端，反相输入端直接接地或经参考 E_R 接地，如图 1-12a 所示，这个比较器具有上行特性，称为上行迟滞比较器。

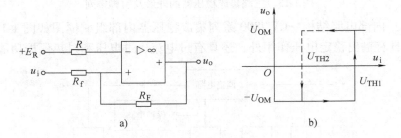

图 1-12 上行迟滞比较器

a) 电路 b) 传输特性

二、线性集成稳压电源

线性集成稳压电源中，三端集成稳压器具有外围元器件少，使用方便，性能稳定等优点而被广泛应用。

1. 三端固定输出集成稳压器

三端固定输出集成稳压器有 CW7800 系列（正电压）和 CW7900 系列（负电压），输出电压由型号中的后两位数字代表，有 5V、6V、8V、12V、15V、18V、24V 等。其额定输出电流以 78 或 79 后面所加字母来区分。L 表示 0.1A，

M 表示 0.5A，无字母表示 1.5A，如 CW7805 表示输出电压为 +5V，输出额定电流为 1.5A。

CW7800 和 CW7900 系列三端集成稳压器的外形及引脚排列如图 1-13 所示。

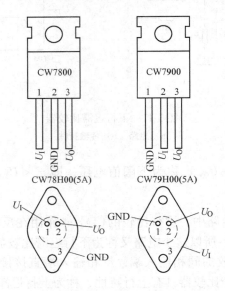

图 1-13 三端集成稳压器的外形及引脚排列

（1）内部电路结构 CW7800 系列集成稳压器内部组成框图如图 1-14 所示。电路除具有输出稳定电压作用外，还具有过电流、过电压和过热保护功能。

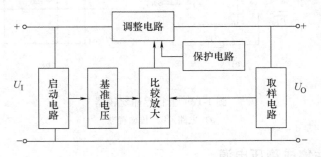

图 1-14 CW7800 系列集成稳压器内部组成框图

（2）集成稳压电路的应用

1）基本应用电路。图 1-15 所示为 CW7800 系列集成稳压器基本应用电路。为使电路正常工作，要求输入电压 U_I 比输出电压至少大 $2.5 \sim 3V$。输入端电容 C_1 具有防止自激振荡和抑制电源的高频脉冲干扰作用。VD 是保护二极管，防止输入端短路时 C_3 所储存的电荷通过稳压器放电而损坏器件。电容 C_2、C_3 用以改善负载的瞬态响应，同时也可以起到消振作用。

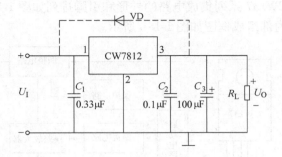

图 1-15　CW7800 系列集成稳压器基本应用电路

2）输出正、负电压的稳压电路。图 1-16 所示为用 CW7800 和 CW7900 系列稳压器构成能输出正、负电压的稳压电路。

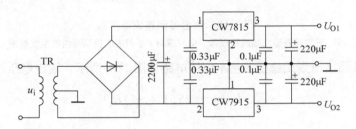

图 1-16　输出正、负电压的稳压电路

3）恒流源电路。集成稳压器输出端串入合适的电阻，就可构成输出恒定电流的电源，如图 1-17 所示。

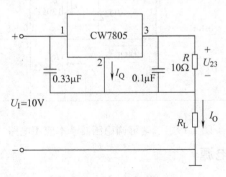

图 1-17　恒流源电路

2. 三端可调输出集成稳压器

集成电路加少量外部元器件即可组成输出电压可调的稳压电路。常用的型号有 CW117/CW217/CW317 系列（正电压），CW137/CW237/CW337 系列（负电压）。CW117 和 CW137 系列集成电路的外形和引脚排列如图 1-18a 所示。CW117 系列集成稳压器内部组成框图如图 1-18b 所示。

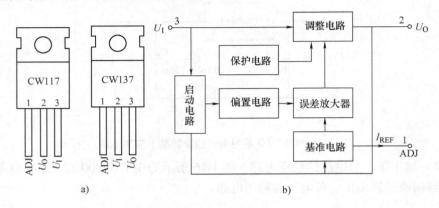

图 1-18　输出可调集成稳压器

a）三端可调输出集成稳压器　b）CW117 系列集成稳压器内部组成框图

三端可调输出集成稳压器基本应用电路如图 1-19 所示。输出电压计算公式为

$$U_O \approx 1.25\left(1 + \frac{R_2}{R_1}\right)U_I \tag{1-2}$$

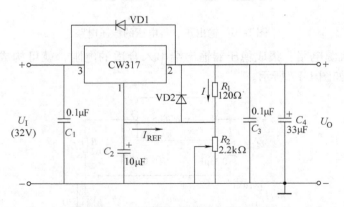

图 1-19　三端可调稳压器基本应用电路

三、开关稳压电源

1. 开关稳压电源的特点和分类

（1）开关稳压电源的特点

1）效率高。开关稳压电源的调整管工作在开关状态，截止期间无电流，不消耗功率，饱和导通时，因为饱和压降低，所以功耗低，电源效率高，可达

$80\%\sim90\%$。

2）体积小，质量轻。由于效率高，且可以不用降压变压器，而直接引入电网电压，所以开关稳压电源体积小，重量轻。

3）稳压范围宽。开关稳压电源的输出电压是由脉冲波形的占空比来调节的，受输入电压幅度变化的影响小，所以稳压范围宽，并允许电网电压有较大的波动。

4）纹波和噪声较大。开关稳压电源的开关调整管工作于开关状态，电源纹波系数较大，交变电压和电流通过开关器件，会产生尖峰干扰和谐波干扰。

5）电路比较复杂。由于开关稳压电源本身的结构特点，所以电路比较复杂。但随着电路集成化的应用，外围电路已明显简化。

（2）开关稳压电源的分类　开关稳压电源的种类很多，分类方法也各不相同，常见的分类方法有以下几种：

1）按开关调整管与负载之间的连接方式分为：串联型开关稳压电源、并联型开关稳压电源。

2）按开关器件的励磁方式分为：自励式开关稳压电源和他励式开关稳压电源。自励式开关稳压电源，由开关调整管和脉冲变压器构成正反馈电路，形成自激振荡来控制开关调整管。他励式开关稳压电源，由附加振荡器产生的开关脉冲来控制开关调整管。控制开关调整管的驱动信号有电压型和电流型两种。

3）按稳压控制方式分为：脉冲宽度调制（PWM）方式，即周期恒定，改变脉冲宽度。脉冲频率调制（PFM）方式，即导通脉宽恒定，改变脉冲频率。混合调制方式，即脉冲宽度和脉冲频率同时改变。PWM、PFM方式统称时间比率控制方式，也叫做占空比控制。

2. 开关稳压电源的工作原理

（1）串联型开关稳压电源　串联型开关稳压电源电路组成框图，如图1-20所示。

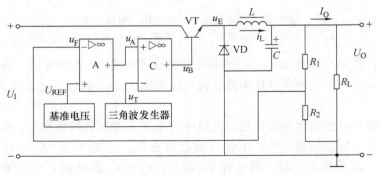

图 1-20　串联型开关稳压电源电路组成框图

图中，VT 为开关调整管，它与负载 R_L 串联；VD 为续流二极管，L 为储能电感，C 为滤波电容器；R_1 和 R_2 组成取样电路、A 为误差放大器、C 为电压比较器，它们与基准电压源、三角波发生器组成开关调整管的控制电路。误差放大器对来自输出端的取样电压 u_F 与基准电压 U_{REF} 的差值进行放大，其输出电压 u_A 送到电压比较器 C 的同相输入端。三角波发生器产生一频率固定的三角波电压 u_T，它决定了电源的开关频率。u_T 送至电压比较器 C 的反向输入端并与 u_A 进行比较，当 $u_A > u_T$ 时，电压比较器 C 输出电压 u_B 为高电平；当 $u_A < u_T$ 时，电压比较器 C 输出电压 u_B 为低电平。u_B 用来控制开关调整管 VT 的导通和截止。u_A、u_T、u_B 的波形如图 1-21a、b 所示。

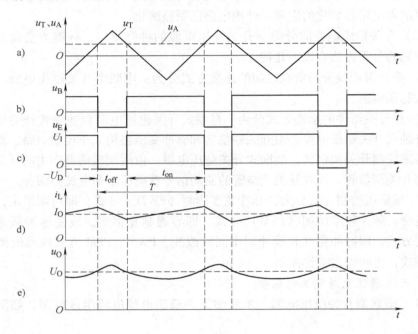

图 1-21　开关稳压电源的电压、电流波形
a）u_A、u_T 波形　b）u_B 波形　c）u_E 波形　d）i_L 波形　e）u_O 波形

电压比较器 C 输出电压，u_B 为高电平时，调整管 VT 饱和导通，若忽略饱和压降，则 $u_E \approx U_I$，二极管 VD 承受反向电压而截止，u_E 通过电感 L 向 R_L 提供负载电流。

由于电感自感电动势的作用，电感中的电流 i_L 随时间线性增长，L 同时存储能量，当 $i_L > I_0$ 后继续上升，电容 C 开始被充电，u_0 略有增大。电压比较器 C 输出电压，u_B 为低电平时，调整管 VT 截止，$u_E \approx 0$。因电感 L 产生相反的自感电动势，使二极管 VD 导通，于是电感中储存的能量通过 VD 向负载释放，使负

载 R_L 中继续有电流通过，所以将 VD 称为续流二极管，这时 i_L 随时间线性下降，当 $i_L < I_0$ 后，电容 C 又开始放电，u_0 略有下降。u_E、i_L、u_0 波形如图 1-21c、d、e 所示。图中，I_0、U_0 为稳压电路输出电流、电压的平均值。由此可见，虽然调整管工作在开关状态，但由于二极管 VD 的续流作用和 L、C 的滤波作用，仍可获得平稳的直流电压。

开关调整管的导通时间为 t_{on}，截止时间为 t_{off}，开关的转换周期为 T，$T = t_{on} + t_{off}$，它取决于三角波电压 u_T 的频率。如果忽略滤波电感的直流压降、开关调整管的饱和压降以及二极管的导通压降，输出电压的平均值为

$$U_0 \approx \frac{U_I}{T}t_{on} = DU_I \tag{1-3}$$

式（1-3）中，$D = t_{on}/T$ 称为脉冲波形的占空比。U_0 正比于脉冲占空比 D，调节 D 就可以改变输出电压的大小。

根据以上分析可知，在闭环情况下，电路能根据输出电压的大小自动调节调整管的导通和关断时间，维持输出电压的稳定。当输出电压 U_0 升高时，取样电压 u_F 增大，误差放大器的输出电压 u_A 下降，调整管的导通时间 t_{on} 减小，占空比 D 减小，使输出电压减小，恢复到原大小。反之，U_0 下降，u_F 下降，u_A 上升，调整管的导通时间 t_{on} 增加，占空比 D 增大，使输出增大，恢复到原大小，从而实现了稳压的目的。必须指出，当 $u_F = U_{REF}$ 时，$u_A = 0$，脉冲占空比 $D = 50\%$，此时稳压电路的输出电压 U_0 等于预定的标称值，所以，稳压电源取样电路的分压比可根据 $u_F = U_{REF}$ 求得。

（2）并联型开关稳压电路　并联型开关稳压电路如图 1-22 所示。

图中，VT 为开关调整管，它与负载 R_L 并联，VD 为续流二极管，L 为滤波电感，C 为滤波电容，R_1、R_2 为取样电阻，控制电路的组成与串联型开关稳压电路相同。当控制电路输出电压 u_B 为高电平时，VT 饱和导通，其集电极电位近似为零，使 VD 反偏而截止，输入电压 U_I 通过电流 i_L 使电感 L 储能，同时电容 C 对负载放电供给负载电流，如图 1-22b 所示。当控制电路输出电压 u_B 为低电平时，VT 截止，由于电感 L 中电流不能突变，这时在 L 两端产生自感电压 u_L 并通过 VD 向电容 C 充电，以补充电容放电时所消耗的能量，同时向负载供电，电流方向如图 1-22c 所示。此后 u_B 再为高电平或低电平，VT 再次导通或截止，重复上述过程。因此，在输出端可获得稳定且大于 U_I 的直流电压输出。可以证明，并联型开关稳压电路的输出电压 U_0 为

$$U_0 \approx \left(1 + \frac{t_{on}}{t_{off}}\right)U_I \tag{1-4}$$

式（1-4）中，t_{on}、t_{off} 分别为开关调整管导通和截止的时间。

由式（1-4）可见，并联型开关稳压电路的输出电压总是大于输入电压，且

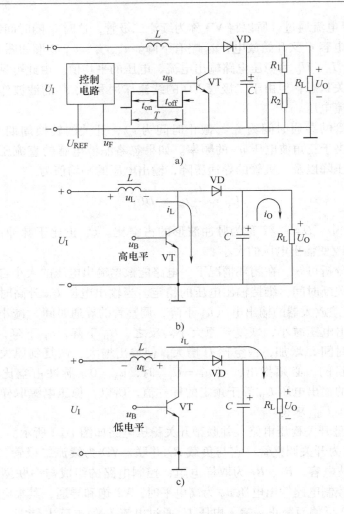

图 1-22　并联型开关稳压电路

a) 电路原理　b) VT 导通　c) VT 截止

t_{on} 越长，电感 L 中储存的能量越多，在 t_{off} 期间内向负载提供的能量越多，输出电压比输入电压就大得越多。

3. 集成开关稳压电路的应用特点

目前开关稳压电路多已集成化，常用的有两种方式：一种是单片的脉宽调制器，和外接开关功率管组成开关稳压电路，应用比较灵活，但电路较复杂；另一种是脉宽调制器和开关功率管集成在同一芯片上，组成单片集成开关稳压电路，电路集成度高，使用方便。开关管的控制方法有电压控制型和电流控制型两种。

电流控制型电路是一种新型的开关控制方式，它有两路反馈信号，一路是电压输出反馈信号，另一路是电感或开关变压器线圈电流的反馈信号，如图 1-23 所示。

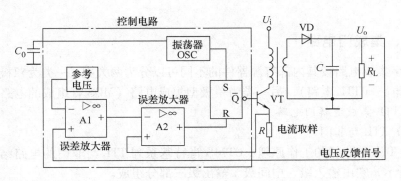

图 1-23 电流控制型电路的工作原理

通过对输出电压和电流的双重控制达到稳压输出的目的。当负载要求输出较多的功率（较大的电流）时，控制器可以控制电感或开关变压器输出较大的电流。当负载突然发生变化时，由于电流和电压的反馈，控制电路可以立即做出反应，使输出电压保持在设定的输出电压值上。所以，电流型控制电路具有更好的控制特性和更平稳的电压输出，同时也具有良好的过载控制能力，可以保证不会因过载而损坏稳压电源。常用的器件有 MC34023、UC3842、UC3845 等。

UC3842 是一种高性能固定频率的电流型控制器，具有电压调整率和负载调整率高、频响特性好、稳定幅度大、过电流限制特性好、过电压保护和欠电压锁定等特点。其内部结构如图 1-24 所示。

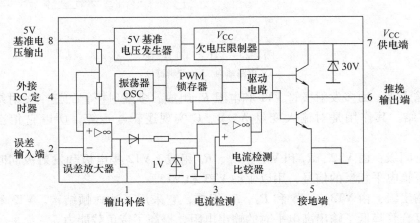

图 1-24 电流型控制器 UC3842 的内部结构

◇◇◇ 第二节　数字电子技术

一、集成门电路

数字集成电路按其内部有源器件的不同可以分为两大类：一类为双极型晶体管集成电路（TTL 电路）；另一类为单极型集成电路（MOS 管组成的电路）。

1. TTL 集成逻辑门电路

（1）TTL 与非门

1）TTL 与非门的工作原理：CT74S 肖特基系列 TTL 与非门的电路结构如图 1-25a 所示，它由输入级、中间级、输出级三部分组成。

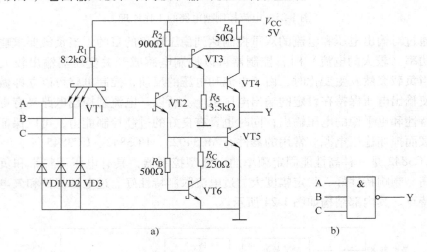

图 1-25　TTL 与非门电路

a）电路结构　b）逻辑符号

输入级：由多发射极管 VT1 和电阻 R_1 组成，多发射极管的三个发射结为三个 PN 结。其作用是对输入变量 A、B、C 实现逻辑与运算，所以它相当一个与门。

中间级：由 VT2、R_2 和 VT6、R_B、R_C 组成，VT2 集电极和发射极同时输出两个逻辑电平相反的信号，用以驱动 VT3 和 VT5。

输出级：由 VT3 ～ VT5 和 R_4、R_5 组成，它采用了达林顿结构，VT3 和 VT4 组成复合管降低了输出高电平时的输出电阻，提高了带负载能力。

TTL 与非门的逻辑符号如图 1-25b 所示；逻辑表达式为

$$Y = \overline{ABC}$$

对图 1-25 所示电路，如高电平用 1 表示，低电平用 0 表示，则可列出图1-25所示的真值表，见表 1-1。

表 1-1　TTL 与非门真值表

输　　入			输　　出
A	B	C	Y
0	0	0	1
0	0	1	1
0	1	0	1
0	1	1	1
1	0	0	1
1	0	1	1
1	1	0	1
1	1	1	0

2）TTL 与非门的工作速度：为了提高开关速度，图 1-25a 所示电路采用了抗饱和晶体管和有源泄放电路。晶体管饱和越深，工作速度越慢。因此，应使电路工作在浅饱和状态，电路采用了抗饱和晶体管，如图 1-26 所示。

（2）集电极开路与非门（OC 门）

1）集电极开路与非门的工作原理：集电极开路与非门也叫 OC 门，能使门电路输出的电压高于电路的高电平电压值，且门电路的输出端可以并联以实现逻辑与功能，即线与（一般的 TTL 门电路不能线与）。

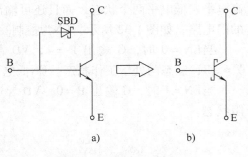

图 1-26　抗饱和晶体管
a）电路结构　b）图形符号

OC 门的电路结构如图 1-27a 所示，逻辑符号如图 1-27b 所示，逻辑表达式为

$$Y = \overline{ABC}$$

2）OC 门的应用：OC 门可以实现线与，如图 1-28 所示，逻辑表达式为 Y = $\overline{AB} \cdot \overline{CD}$；驱动显示器，如图1-29所示；实现电平转换，如图 1-30 所示。

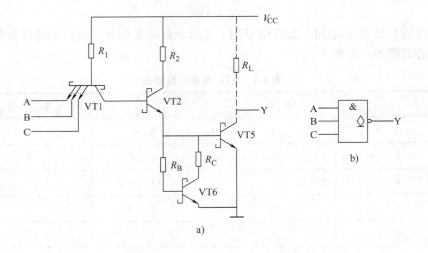

图 1-27 集电极开路与非门电路

a）电路结构　b）逻辑符号

（3）与或非门　与或非门电路如图 1-31a 所示，逻辑符号如图 1-31b 所示，逻辑表达式为

$$Y = \overline{ABC + DEF}$$

（4）三态输出门　三态输出门是指不仅可输出高电平、低电平两个状态，而且还可输出高阻状态的门电路，如图 1-32 所示，$\overline{EN}$为控制端。

当$\overline{EN} = 0$ 时，G 输出 P = 1，VD 截止，输出 $Y = \overline{AB}$，三态门处于工作状态。$\overline{EN}$低电平有效。

当$\overline{EN} = 1$ 时，G 输出 P = 0，VD 导通，输出高阻状态。

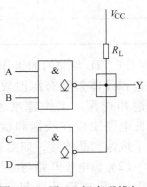

图 1-28　用 OC 门实现线与

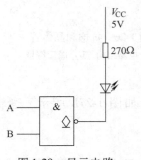

图 1-29　显示电路

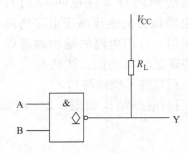

图 1-30　OC 门实现电平转换

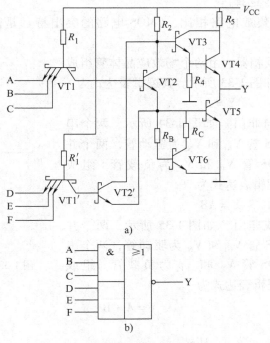

图 1-31　与或非门电路

a) 电路结构　b) 逻辑符号

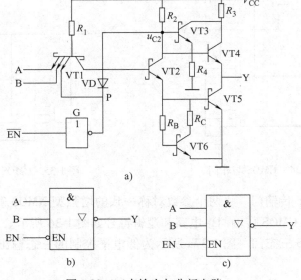

图 1-32　三态输出与非门电路

a) 电路结构　b)、c) 逻辑符号

2. CMOS 集成逻辑门

和 TTL 数字集成电路相比，CMOS 电路的突出特点是微功耗、高抗干扰能力。

（1）CMOS 反相器　由两个场效应晶体管组成互补工作状态，如图 1-33 所示。其逻辑表达式为

$$Y = \overline{A}$$

（2）CMOS 与非门　如图 1-34 所示，两个串联的增强型 NMOS 管 V_{N1} 和 V_{N2} 为驱动管，两个并联的增强型 PMOS 管 V_{P1} 和 V_{P2} 为负载管，组成 CMOS 与非门，逻辑表达式为

$$Y = \overline{AB}$$

（3）CMOS 或非门　如图 1-35 所示，两个并联的增强型 NMOS 管 V_{N1} 和 V_{N2} 为驱动管，两个串联的增强型 PMOS 管 V_{P1} 和 V_{P2} 为负载管，组成 CMOS 或非门，逻辑表达式为

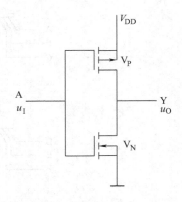

图 1-33　CMOS 反相器

$$Y = \overline{A + B}$$

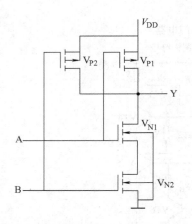

图 1-34　CMOS 与非门

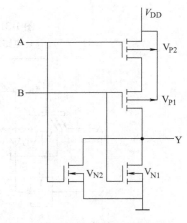

图 1-35　CMOS 或非门

（4）CMOS 传输门　将两个参数对称一致的增强型 NMOS 管 V_N 和 PMOS 管 V_P 并联可构成 CMOS 传输门，电路和逻辑符号如图 1-36 所示。

（5）CMOS 三态门　图 1-37a 所示为低电平控制的三态输出门，图 1-37b 为逻辑符号。

当 $\overline{EN} = 0$ 时，V_{P2} 和 V_{N2} 导通，V_{N1} 和 V_{P1} 组成的 CMOS 反相器工作，所以 $Y = \overline{A}$。

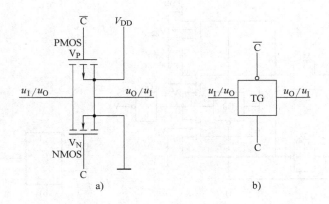

图 1-36　CMOS 传输门电路

a）电路结构　b）逻辑符号

当 $\overline{EN}=1$，V_{P2} 和 V_{N2} 同时截止，输出时输出 Y 对地和对电源 V_{DD} 都呈高阻状态。

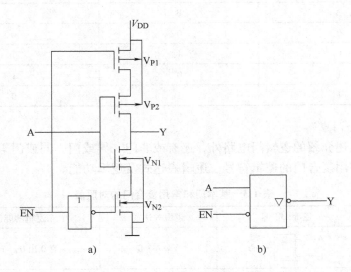

图 1-37　CMOS 三态门输出电路

a）电路结构　b）逻辑符号

（6）CMOS 异或门　图 1-38a 所示为异或门，图 1-38b 为逻辑符号。

当输入 A＝B＝0 或 A＝B＝1 时，即输入信号相同，输出 Y＝0；当输入 A＝1 或 B＝1 时，即输入信号不同，输出 Y＝1。其真值表见表 1-2。

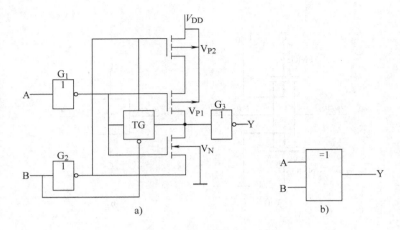

图 1-38　CMOS 异或门电路

a）电路结构　b）逻辑符号

表 1-2　异或门真值表

输　入		输　出
A	B	Y
0	0	0
0	1	1
1	0	1
1	1	0

3. 复合门电路

除了上述介绍的逻辑门电路外，还有或非门、异或门、同或门等，表 1-3 是基本门和常用复合门的逻辑符号、逻辑表达式及逻辑功能。

表 1-3　基本门和常用复合门的对照表

名　称	逻 辑 符 号	逻辑表达式	逻辑功能说明
与门	A—[&]—Y B	$Y = A \cdot B$	有 0 出 0，全 1 出 1
或门	A—[≥1]—Y B	$Y = A + B$	有 1 出 1，全 0 出 0
非门	A—[1]o—Y	$Y = \overline{A}$	入 0 出 1，入 1 出 0
与非门	A—[&]o—Y B	$Y = \overline{A \cdot B}$	有 0 出 1，全 1 出 0

（续）

名　称	逻辑符号	逻辑表达式	逻辑功能说明
或非门	A, B $\geqslant 1$ → Y	$Y = \overline{A + B}$	有 1 出 0，全 0 出 1
异或门	A, B $=1$ → Y	$Y = A\overline{B} + \overline{A}B$	入同出 0，入异出 1
同或门	A, B $=1$ → Y	$Y = AB + \overline{A}\,\overline{B}$	入异出 0，入同出 1
三态门	A, B, $\overline{EN}$　& ▽ EN → Y	$\overline{EN} = 0，Y = A \cdot B$	$\overline{EN} = 0$，同与门功能
	A, B, EN　& ▽ EN → Y	$\overline{EN} = 1，Y = \overline{A \cdot B}$	$\overline{EN} = 1$，同与非门功能
集电极开路与非门	A, B & ◇ → Y	$Y = \overline{A \cdot B}$ 能实现线与功能	同与非门功能

二、组合逻辑电路

逻辑电路在任何时刻的输出状态只取决于这一时刻的输入状态，而与电路的原来状态无关，则该电路称为组合逻辑电路。

1. 组合逻辑电路的分析方法

（1）分析步骤

1）根据给定的逻辑电路写出输出逻辑表达式。

一般从输入端向输出端逐级写出各个门输出对其输入的逻辑表达式，从而写出整个逻辑电路的输出对输入变量的逻辑表达式。必要时，可进行化简。

2）列出逻辑函数的真值表。

将输入变量的状态以自然二进制数顺序的各种取值组合代入输出逻辑表达式，求出相应的输出状态，并填入表格中，即得真值表。

3）根据真值表和逻辑表达式对逻辑电路进行分析，最后确定其功能。

（2）分析举例　分析图 1-39 所示逻辑电路的功能。

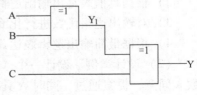

图 1-39　逻辑电路

1）写出输出逻辑表达式，有

$$Y_1 = A \oplus B$$
$$Y = Y_1 \oplus C$$
$$Y = A \oplus B \oplus C$$
$$Y = \overline{A}\ \overline{B}C + \overline{A}B\overline{C} + A\overline{B}\ \overline{C} + ABC \tag{1-5}$$

2）列出逻辑函数的真值表。将输入 A、B、C 取值的各种组合代入式（1-5）中，求出输出 Y 的值。由此列出真值表，见表1-4。

表1-4　真值表

输　　　　入			输　　出
A	B	C	Y
0	0	0	0
0	0	1	1
0	1	0	1
0	1	1	0
1	0	0	1
1	0	1	0
1	1	0	0
1	1	1	1

3）分析逻辑功能。由表1-4可知：在输入 A、B、C 三个变量中，有奇数个 1 时，输出 Y 为 1，否则 Y 为 0，由此可知，图1-39所示为三位奇校验电路。

2. 组合逻辑电路的设计方法

（1）设计步骤　组合逻辑电路的设计，应以电路简单、所用器件最少为目标，其设计步骤为：

1）分析设计要求，列出真值表。

2）根据真值表写出输出逻辑表达式。

3）对输出逻辑函数进行化简。

4）根据最简输出逻辑表达式画出逻辑图。

（2）设计举例　设计一个 A、B、C 三人表决电路。当表决某个提案时，多数人同意，提案通过，同时 A 具有否决权。用与非门实现。

1）分析设计要求，列出真值表，见表1-5。设 A、B、C 同意提案用 1 表示，不同意用 0 表示，Y 为表决结果。提案通过为 1，不通过为 0。

表 1-5　真值表

输　入			输　出
A	B	C	Y
0	0	0	0
0	0	1	0
0	1	0	0
0	1	1	0
1	0	0	0
1	0	1	1
1	1	0	1
1	1	1	1

2）将输出逻辑函数化简，变换为与非表达式。由图 1-40 的卡诺图进行化简，可得

$$Y = AC + AB$$

将其变换为与非表达式，即

$$Y = \overline{\overline{AC + AB}} = \overline{\overline{AC} \cdot \overline{AB}} \qquad (1-6)$$

3）根据输出逻辑表达式画出逻辑图，如图 1-41 所示。

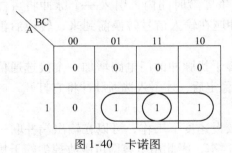

图 1-40　卡诺图

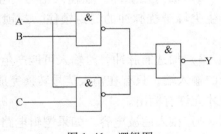

图 1-41　逻辑图

3. 组合逻辑电路中的竞争冒险

（1）竞争冒险现象及其产生的原因　信号通过导线和门电路时，都存在一定的时间延迟，信号发生变化时也有一定的上升时间和下降时间。因此，同一个门的一组输入信号，通过不同的数目的门，经过不同长度导线的传输，到达门输入端的时间会有先有后，这种现象称为竞争。

逻辑门因输入端的竞争而导致输出产生不应有的尖峰干扰脉冲（又称为过

渡干扰脉冲）的现象，称为冒险。图 1-42 所示为产生正尖峰干扰脉冲冒险的实例。

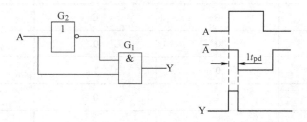

图 1-42 产生正尖峰干扰脉冲冒险

（2）冒险现象的判别 在组合逻辑电路中，是否存在冒险现象，可通过逻辑函数来判别。如果根据组合逻辑电路写出的输出逻辑函数在一定条件下可简化成下列两种形式时，则该组合逻辑电路存在冒险现象，即

$$Y = A \cdot \overline{A} \tag{1-7}$$

$$Y = A + \overline{A} \tag{1-8}$$

例如，函数表达式 $Y = (A + B)(\overline{B} + C)$，在 $A = C = 0$ 时，$Y = B\overline{B}$。若直接根据这个逻辑表达式组成逻辑电路，则可能出现竞争冒险。

（3）消除冒险现象的方法

1）增加多余项。例如：$Y = A\overline{B} + BC$，当 $A = 1$，$C = 1$ 时，存在着竞争冒险。根据逻辑代数的基本公式，增加一项 AC，函数式不变，却消除了竞争冒险，即 $Y = A\overline{B} + BC + AC$。

2）加封锁脉冲。在输入信号产生竞争冒险时间内，引入一个脉冲将可能产生尖峰干扰脉冲的门封锁住。封锁脉冲应在输入信号转换前到来，转换后消失。

3）加选通脉冲。对输入可能产生尖峰干扰脉冲的门电路增加一个接选通信号的输入端，只有在输入信号转换完成并稳定后，才引入选通脉冲将它打开，此时才允许有输出。

4）接入滤波电容。如果逻辑电路在较慢速度下工作，可以在输出端并联一电容器。由于尖峰干扰脉冲的宽度一般都很窄，因此用电容即可吸收掉尖峰干扰脉冲。

5）修改逻辑设计。

三、时序逻辑电路

与组合逻辑电路不同，时序逻辑电路在任何一个时刻的输出状态不仅取决于当时的输入信号，而且还取决于电路原来的状态。根据电路状态转换情况的不同，时序逻辑电路分为同步时序逻辑电路和异步时序逻辑电路两大类。

1. 同步时序逻辑电路的分析方法

（1）分析步骤

1）写出电路输出、驱动及状态方程。时序逻辑电路的输出逻辑表达式（即输出方程）、各触发器输入端的逻辑表达式（即驱动方程）和时序逻辑电路的状态方程。

2）列出状态转换真值表。将电路现态的各种取值代入状态方程和输出方程中进行计算，求出相应的次态和输出，从而列出状态转换真值表。

3）说明逻辑功能。根据状态转换真值表来说明电路的逻辑功能。

4）画出状态图和时序图。

（2）分析举例 分析图 1-43 所示电路的逻辑功能，并画出状态转换图和时序图。

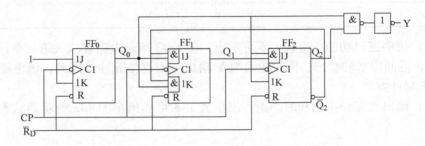

图 1-43 待分析逻辑电路

1）写出电路输出、驱动及状态方程，有：

输出方程 $\quad Y = Q_2^n Q_0^n$ $\qquad\qquad\qquad$ （1-9）

驱动方程 $\quad\begin{cases} J_0 = 1, \quad K_0 = 1 \\ J_1 = \overline{Q_2^n Q_0^n}, \quad K_1 = \overline{Q_2^n} Q_2^n \\ J_2 = Q_1^n Q_0^n, \quad K_2 = Q_0^n \end{cases}$ $\qquad$ （1-10）

状态方程：将驱动方程代入 JK 触发器的特性方程 $Q^{n+1} = J\,\overline{Q^n} + \overline{K} Q^n$，得到电路的状态方程为

$$\begin{cases} Q_0^{n+1} = \overline{Q_0^n} \\ Q_1^{n+1} = \overline{Q_2^n Q_0^n}\,\overline{Q_1^n} + \overline{\overline{Q_2^n} Q_0^n} Q_1^n \\ Q_2^{n+1} = Q_1^n Q_0^n\,\overline{Q_2^n} + \overline{Q_0^n} Q_2^n \end{cases} \qquad (1\text{-}11)$$

2）列出状态转换真值表。该电路的现态为 $Q_2^n Q_1^n Q_0^n = 000$，代入式（1-9）和式（1-11）中进行计算后得 $Y = 0$ 和 $Q_2^{n+1} Q_1^{n+1} Q_0^{n+1} = 001$，然后在将 001 当作现态

代入式（1-11），得 $Q_2^{n+1}Q_1^{n+1}Q_0^{n+1} = 010$，依此类推。可求得表 1-6 所示的状态转换真值表。

表 1-6　状态转换真值表

现　　态			次　　态			输出
Q_2^n	Q_1^n	Q_0^n	Q_2^{n+1}	Q_1^{n+1}	Q_0^{n+1}	Y
0	0	0	0	0	1	0
0	0	1	0	1	0	0
0	1	0	0	1	1	0
0	1	1	1	0	0	0
1	0	0	1	0	1	0
1	0	1	0	0	0	1

3）说明逻辑功能：由表 1-6 可看出，图 1-43 所示电路在输入第六个计数脉冲 CP，返回原来的状态，同时输出端 Y 输出一个进位脉冲。因此，该电路为同步六进制计数器。

4）画出状态转换图和时序图：根据表 1-6 可画出图 1-44a 所示的状态转换

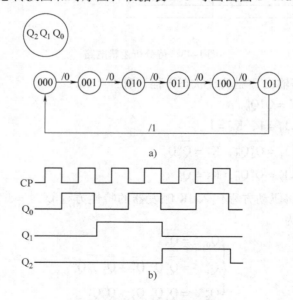

图 1-44　状态转换图和时序图

a）状态转换图　b）时序图

图。图中圆圈内的数值表示电路一个状态，箭头表示状态转换方向，箭头线上方标注的 X/Y 为转换条件，X 为转换前输入变量的取值，Y 为输出值，由于本例没有输入变量，故 X 未标上数值。

2. 同步时序逻辑电路的设计方法

同步时序逻辑电路的设计和分析正好相反，根据给定逻辑功能的要求，设计同步时序逻辑电路。设计的关键是根据设计要求确定状态转换的规律和求出各触发器的驱动方程。

（1）设计步骤

1）根据设计要求，设定状态，画出状态转换图。

2）进行状态化简，即合并重复状态。在保证满足逻辑功能要求的前提下，获得最简单的电路结构。

3）状态分配，列出状态转换编码表。根据 n 位二进制代码可以表示 2^n 来对电路状态进行编码，一般采用自然二进制数编码，触发器的数目 n 可按 $2^n \geqslant N > 2^{n-1}$ 确定，N 为状态数。

4）选择触发器的类型，求出状态方程、驱动方程和输出方程。

5）画出最简逻辑电路图。

6）检查电路有无自启动能力。

（2）设计举例 设计一个脉冲序列为 10100 的序列脉冲发生器。

1）根据设计要求可推断出电路应有 5 个状态，它们分别用 S_0、S_1、S_2、S_3、S_4 表示。输入第一个时钟 CP 时，状态由 S_0 转到 S_1，输出 Y = 1；输入第二个 CP 时，状态由 S_1 转到 S_2，输出 Y = 0；依此类推。由此可画出图 1-45 所示的状态转换图。

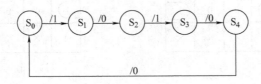

图 1-45 序列脉冲状态转换图

2）状态分配，列出状态转换编码表。根据 $2^n \geqslant N > 2^{n-1}$ 可知，在 N = 5 时，n = 3，即采用三位二进制代码。该序列脉冲发生器采用自然二进制加法计数编码，即 $S_0 = 000$、$S_1 = 001$、$S_2 = 010$、$S_3 = 011$、$S_4 = 100$，由此可列出表 1-7 所示的状态转换编码表。

表 1-7 电路状态转换编码表

状态转换顺序	现 态			次 态			输 出
	Q_2^n	Q_1^n	Q_0^n	Q_2^{n+1}	Q_1^{n+1}	Q_0^{n+1}	Y
S_0	0	0	0	0	0	1	1
S_1	0	0	1	0	1	0	0
S_2	0	1	0	0	1	1	1
S_3	0	1	1	1	0	0	0
S_4	1	0	0	0	0	0	0

3）选择触发器类型，求输出方程、状态方程和驱动方程。选用 JK 触发器，其特性方程为 $Q^{n+1} = J\,\overline{Q^n} + \overline{K}Q^n$。根据表 1-7 可画出图1-46所示的各触发器状态和输出函数的卡诺图，由此可得：

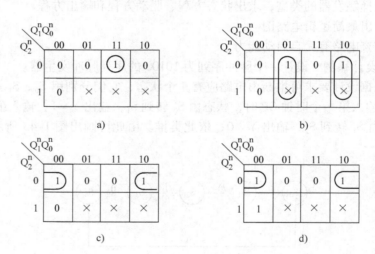

图 1-46 各触发器次态和输出函数的卡诺图

输出方程 $Y = \overline{Q_2^n}\ \overline{Q_0^n}$ （1-12）

状态方程 $\begin{cases} Q_0^{n+1} = \overline{Q_2^n}\ \overline{Q_0^n} + \overline{1}\,Q_0^n \\ Q_1^{n+1} = Q_0^n\ \overline{Q_1^n} + \overline{Q_0^n}Q_1^n \\ Q_2^{n+1} = Q_0^n Q_1^n\ \overline{Q_2^n} + \overline{1}\,Q_2^n \end{cases}$ （1-13）

$$驱动方程\begin{cases} J_0 = \overline{Q_2^n}, & K_0 = 1 \\ J_1 = Q_0^n, & K_1 = Q_0^n \\ J_2 = Q_0^n Q_1^n, & K_2 = 1 \end{cases} \qquad (1\text{-}14)$$

4）由式（1-12）和式（1-14）可画出图 1-47 所示的产生脉冲序列为 10100 的序列脉冲发生器。

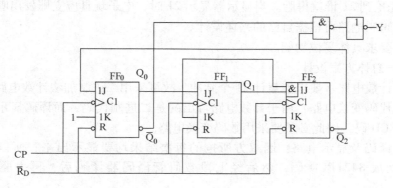

图 1-47　脉冲序列 10100 序列脉冲发生器

5）最后检查电路有无自启动能力。将三个无效状态 101、110、111 代入状态方程中进行计算，结果 010、011、000 都为有效状态，因此该电路能够自启动。

四、数字电路设计方法

综合前面的组合逻辑电路和时序逻辑电路的设计方法，不难得到数字电路的设计方法和步骤。

1. 设计方法和步骤

（1）明确电路总体方案　根据设计的任务和要求，先画出电路的粗框图，即电路工作原理框图。

（2）把总体方案分割成若干独立的子功能部件　把电路的粗框图中的每一方框按照组合逻辑电路和时序逻辑电路，再分割成相对独立的若干功能块。对于每一个功能块即可按照前面所讲的组合逻辑电路和时序逻辑电路的设计方法来设计。

（3）设计各子功能部件。

（4）将各功能部件组装成数字电路　把功能部件连接起来构成数字电路的过程，是数字电路线路设计的最后一个环节，这里要强调的是各单元电路之间的配合和协调一致问题。具体地讲，各单元的输入、输出信息应符合正常工作的要求。

2. 抢21电子玩具电路应用设计实例。

（1）设计要求

1）接通电源后指示灯立即亮。

2）比赛开始时，参赛双方应轮流掀动两个按钮，规定每次最少掀1次，最多掀3次，并使两个参赛者所掀的次数累计起来，显示器应随时显示累计的数值，谁先抢到21谁就得胜。当显示器显示21时，电子玩具应立即发出鸣叫声。

3）鸣叫电路可根据自己的兴趣设计。

4）要求具体复位功能。

（2）总体方案设计

1）计数电路：要求能累计21个脉冲，故可采用二进制加法计数电路。

2）代码变换电路：由于计数电路输出的是二进制代码，而译码显示需要的是8421BCD码，因此必须要采用数码变换电路。

3）译码及显示电路：因双方所抢的每次结果均要显示出来，所以必须将代码转换成8421BCD码，然后经七段数码管译码器译码后，再去驱动显示器件。

4）计数脉冲源：计数脉冲由手动按钮开关产生。因此，要设置防抖开关。

5）门控电路：在计数电路未计到21时，禁止鸣叫信号输出；而计到21时，允许鸣叫信号输出。因此需通过一个门控电路来控制。

6）鸣叫电路：鸣叫信号电路可用一个低频信号来控制两个不同频率的音频信号电路。

由以上分析，可得图1-48所示的抢21电子玩具框图。

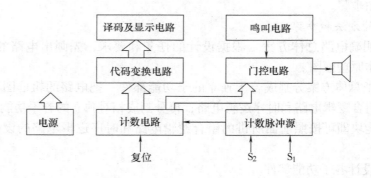

图1-48　抢21电子玩具框图

（3）各独立功能部件的设计

1）计数电路的设计。图1-49所示为二进制异步加法计数器。采用由D触发器构成的 T 触发器。

图 1-49 中 S 为电源总开关，合上时形成上电自动复位，SB 为手动复位开关。

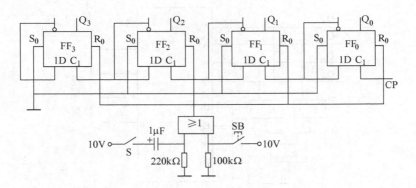

图 1-49 计数电路

2）计数脉冲电路的设计。在开关 S_1 和开关 S_2 的基础上又增加了一个基本 RS 触发器，是为了防止开关发生抖动，这便构成了计数脉冲电路，如图 1-50 所示。

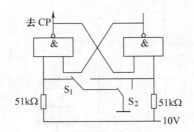

图 1-50 计数脉冲电路

3）代码变换电路的设计。采用全加器进行代码变换，若累计的二进制数小于或等于 9 时，电路结果无需修正，它正好是 8421BCD。而累计的二进制数大于 9（即二进制数为 1010～1111）时，它是非 8421BCD，需要修正的方法是加上 0110，即变成 8421BCD。

二进制数 1010～1111 修正的条件为 $Q_3Q_1 + Q_3Q_2$，转换电路如图 1-51 所示。

4）译码显示电路的设计。用两个七段显示译码器与代码转换电路相连即可，如图 1-53 所示。

5）鸣叫电路的设计。鸣叫电路发出"滴、嘟、滴、嘟……"的声音，如图 1-52 所示。

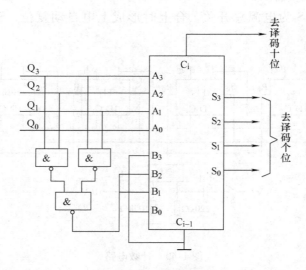

图 1-51　代码转换电路

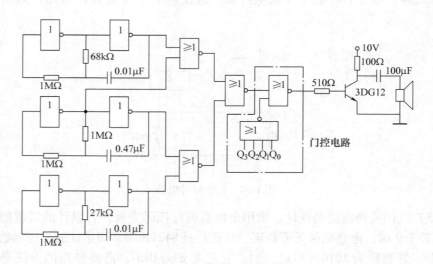

图 1-52　鸣叫电路和门控电路

6)门控电路的设计。它直接由 $Q_3 \sim Q_0$ 来控制。当 $Q_3 \sim Q_0$ 为 1111 时允许鸣叫输出,否则禁止鸣叫输出。

(4)逻辑电路设计组装　把上述的实现各子功能的电路拼接起来,就组成了抢 21 电子玩具的逻辑电路,如图 1-53 所示。

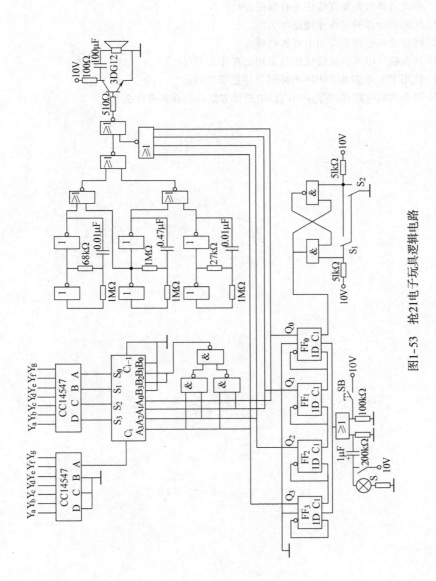

图1-53　抢21电子玩具逻辑电路

复习思考题

1. 集成运算放大器在应用上有哪些特点？
2. 比例积分器的工作原理是什么？
3. 线性稳压电源在应用上有哪些特点？
4. 开关稳压电源和线性稳压电源相比有什么优点？
5. 使用 TTL 电路和 CMOS 电路时应注意哪些问题？
6. 组合逻辑电路和时序逻辑电路的设计方法和步骤各是什么？

第二章

电力电子技术的应用

培训学习目标 熟悉功率晶体管（或称电力晶体管）、门极关断晶闸管和场效应晶体管的主要特点；熟悉三相半波可控整流电路的组成、工作原理和波形分析；掌握正弦波触发电路的组成及控制方式；熟悉三相桥式可控整流电路的组成、工作原理和波形分析；掌握三相全控桥式整流主电路与锯齿波同步触发电路的安装与调试；掌握逆变电路的基本原理和典型应用。

◇◇◇ 第一节　电力电子器件

一、功率晶体管

功率晶体管（GTR）是一种高反压晶体管，具有自关断能力，并且具有开关时间短、饱和压降低和安全工作区域宽等优点。因此，它被广泛用于交直流电动机调速、中频电源等电力变流装置中。

1. GTR 的结构

功率晶体管主要用作开关，工作在高电压、大电流的场合，一般为模块化，内部为二级或三级达林顿结构，如图 2-1 所示。

2. GTR 的主要参数

（1）开路阻断电压 U_{CEO}　基极开路时，集电极-发射极间能承受的电压值，为开路阻断电压 U_{CEO}。

（2）集电极最大持续电流 I_{CM}　当基极正向偏置时，集电极能流入的最大电流。

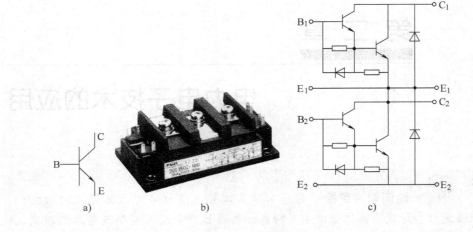

图 2-1 功率晶体管模块

a）图形符号 b）模块外形 c）等效电路

（3）电流增益 h_{FE} 集电极电流与基极电流的比值称为电流增益，也叫做电流放大倍数或电流传输比。

（4）开通时间 t_{on} 当基极电流为正向阶跃信号 I_{B1} 时，经过时间 t_d 延迟后，基极-发射极电压 U_{BE} 才上升到饱和值 U_{BES}，同时集电极-发射极电压 U_{CE} 从 100% 下降到 90%。此后，U_{CE} 迅速下降到 10%，集电极电流 I_C 上升到 90% 所经过的时间 t_r。开通时间 t_{on} 是延迟时间 t_d 与上升时间 t_r 之和，如图 2-2 所示。

（5）关断时间 t_{off} 从反向注入基极电流开始，到 U_{CE} 上升到 10% 所经过的时间为存储时间 t_s。此后，U_{CE} 继续上升到 90%，I_C 下降到 10% 所经过的时间，为下降时间 t_f。关断时间 t_{off} 是存储时间 t_s 和下降时间 t_f 之和，如图 2-2 所示。

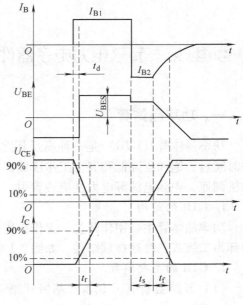

图 2-2 GTR 的开关时间

二、门极关断晶闸管

普通晶闸管通过门极只能控制开通而不能控制关断，属于半控型器件。而门极关断（GTO）晶闸管是在门极加负脉冲电流就能关断的全控型器件。它的基本结构和伏安特性与普通晶闸管相同。

1. GTO 晶闸管的伏安特性

如图 2-3b 所示，曲线①表示阳极电流 $I_A = 0$ 时的特性，U_{GR} 为门极反向击穿电压。对于曲线②、③，$I_{A1} < I_{A2}$，现以曲线②为例加以说明。当负信号加在已导通 GTO 晶闸管的门极时，先要克服门极-阴极 PN 结上的正向压降，而后门极负电压逐渐增加，负电流不断增大，伏安特性曲线由第一象限进入第三象限。A 点为临界导通状态，是由导通转化到关断的转折点。此后，门极负压继续增加，门极所加负压应小于门极结的反向击穿电压 U_{GR}（$U_{GR} \approx 10 \sim 15V$）。

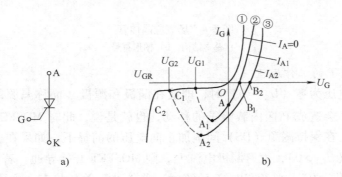

图 2-3　GTO 晶闸管的图形符号及伏安特性

a）图形符号　b）伏安特性

2. GTO 晶闸管的主要参数

（1）电流关断增益 G_{off}　指被关断的最大阳极电流 I_{ATO}（峰值）与门极峰值电流 I_{GM} 之比，通常 G_{off} 为 $4 \sim 5$。

（2）最大可关断阳极电流 I_{ATO}　指由门极可靠关断为决定条件的最大阳极电流。

3. GTO 晶闸管的主要优点

它和普通晶闸管相比具有如下优点：

1）用门极负脉冲电流关断方式代替主电路换流，关断所需能量小。

2）门极关断晶闸管只需提供足够幅度、宽度的门极关断信号就能保证可靠的关断，因此电路可靠性高。

3）有较高的开关速度，门极关断晶闸管的工作频率可达 35kHz。

三、场效应晶体管

场效应晶体管（MOSFET）是一种单极型的电压控制器件，具有驱动功率小、工作速度高、无二次击穿问题、安全工作区域宽等特点。它的基本结构及图形符号如图 2-4 所示。

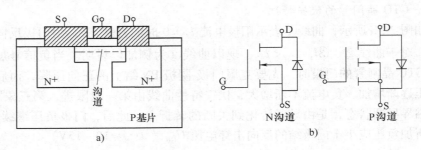

图 2-4　场效应晶体管
a）基本结构　b）图形符号

1. MOSFET 的工作原理

在栅极电压为零（$U_{GS}=0$）时，即使在漏极和源极（简称漏源，DS）之间施加电压也不会造成 P 区内载流子的移动，也就是说，此时 MOSFET 处于关断状态。但是，在保持漏源（DS）间施加正向电压的前提下，如果在栅极 G 上施加正向电压（$U_{GS}>0$），就有漏极电流 I_D，则 MOSFET 开始导通。若在栅极上加反向电压（$U_{GS}<0$），则没有电流 I_D 流过，器件处于关断状态。为了克服 MOSFET 功率小的弱点，可改进场效应晶体管的结构，成为 VDMOSFET 器件。

2. MOSFET 的主要参数

（1）通态电阻 R_{on}　它决定了器件的通态损耗，是影响最大输出功率的重要参数。

（2）漏源击穿电压 BU_{DS}　它决定了 MOSFET 的最高工作电压随着温度的升高而增大。

（3）栅源击穿电压 BU_{GS}　是为了防止绝缘层因栅源电压过高发生介质击穿而设定的参数，极限值一般定为 ±20V。

（4）开启电压 U_{GST}　即开始出现导电沟道的栅源电压。

（5）最大漏极电流 I_{DM}　它表示 MOSFET 的电流容量。

（6）开通时间 t_{on} 和关断时间 t_{off}　因 MOSFET 依靠多数载流子导电，不存在存储效应，没有反向恢复过程，所以此开关时间较短，工作频率可超过 100kHz。

◈◈◈ 第二节 晶闸管整流电路

一、三相半波可控整流电路

1. 三相半波可控整流电路的接线方法

三相半波可控整流电路有两种接线方法：一种是共阴极接法，另一种是共阳极接法，如图 2-5 所示。

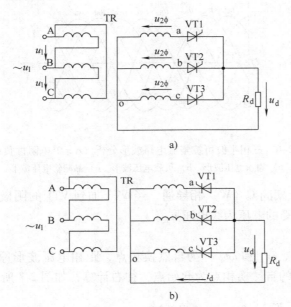

图 2-5 三相半波可控整流电路
a）共阴极接法 b）共阳极接法

2. 电阻性负载时的测试波形

（1）电阻性负载两端的电压波形 三相半波可控整流电路接电阻性负载 R_d 时，R_d 两端的电压波形如图 2-6b 所示。负载 R_d 上的电压 u_d 由三相电源轮换供给，其波形是三相电源波形的正向包络线。

（2）晶闸管两端的电压波形 它由三部分组成，如图 2-6c 所示。

1）VT1 在 $\omega t_1 \sim \omega t_2$ 期间 A（U）相导通，u_{VT1} 仅是管压降，与横轴重合。

2）$\omega t_2 \sim \omega t_3$ 期间 B（V）相导通，经 VT2 加到 VT1 的阴极，VT1 承受反向电压而关断，承受的电压为线电压 u_{ab}。

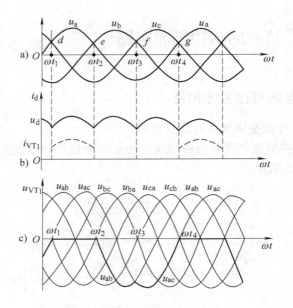

图 2-6　三相半波可控整流电路波形分析（α = 0°电阻性负载）

a）输入电压波形　b）负载电压波形　c）晶闸管电压波形

3）$\omega t_3 \sim \omega t_4$ 期间 C（W）相导通，经 VT3 加到 VT1 的阴极，VT1 承受反向电压而关断，承受的电压为线电压 u_{ac}。

说明：

1）ωt_1、ωt_2、ωt_3 和 ωt_4 称为自然换相点，距相电压波形原点 30°，触发延迟角 α 是以对应的自然换相点为起始点，往右计算，如图 2-7 所示。

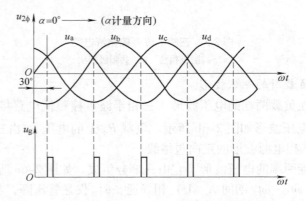

图 2-7　α = 0°时 u_g 信号位置

2）对于电阻性负载，负载上的电压波形与电流波形相同。

① α≤30°时，电路中的电流连续，此时晶闸管阻断时承受反向线电压。

② α>30°时，电路中的电流断续，此时晶闸管阻断时承受反向相电压，如图 2-8 所示。

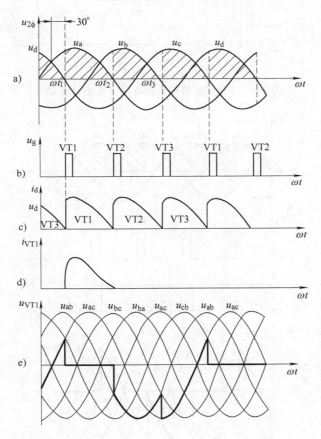

图 2-8　α=30°三相半波可控整流电路波形（电阻性负载）

a）u_d 波形　b）u_g 波形　c）i_d 波形　d）i_{VT1} 波形　e）u_{VT1} 波形

3. 大电感负载时的测试波形

三相半波可控整流电路接电感性负载，如图 2-9 所示。

1）当 α≤30°时，电感性负载时电压、电流的波形分析和参数计算与电阻性负载的相同。

2）当 α=30°时，电压、电流的波形如图 2-10 所示。

3）大电感负载时，移相范围为 90°。

4）晶闸管两端的电压波形如图 2-10d 所示。

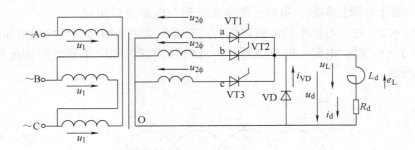

图 2-9　三相半波可控整流电路（电感性负载）

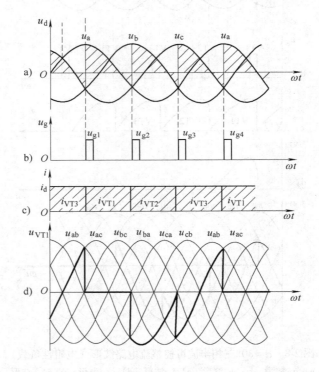

图 2-10　$\alpha=30°$ 三相半波可控整流电路波形（电感性负载）
a）u_d 波形　b）u_g 波形　c）i_d 波形　d）u_{VT1} 波形

5）当电路加接续流二极管时，u_d 的波形如同电阻性负载，i_d 的波形如同大电感负载。

① 当 $\alpha\leq30°$ 时，续流二极管承受反压，电路情况与不接续流二极管时相同。

② 当 $\alpha>30°$ 时，续流二极管一周内续流三次，电路输出电流、电压波形如图 2-11 所示。

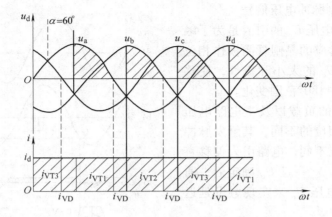

图 2-11　大电感负载接续流二极管时的波形

4. 正弦波触发电路

（1）电路组成　正弦波触发电路由同步、移相、脉冲形成与整形及脉冲功放与输出等基本环节组成，如图 2-12 所示。

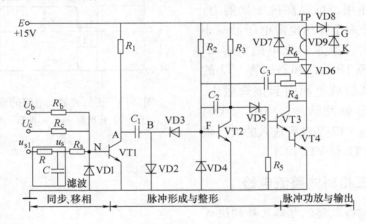

图 2-12　同步电压为正弦波的触发电路

（2）同步电压信号　触发脉冲必须与晶闸管的阳极电压同步，脉冲移相范围必须满足电路要求。为满足上述要求，控制电压使脉冲在要求范围内移相，同步电压使脉冲与电源电压同步，保证每一个周期内触发延迟角恒定，以得到稳定的直流电压，为了使电路在给定范围内工作，必须保证触发脉冲能在相应的范围内进行移相，同步电压信号 u_{s1} 来自同步变压器的二次绕组，经电阻 R 和电容 C 所组成的滤波电路来消除交流电压畸变干扰对移相的影响，电路的波形如图2-13所示。

（3）控制脉冲电压信号

1）控制电压 U_c 的引入是为了触发脉冲与相对应的晶闸管阴极作相位移，即改变 U_c 的大小和极性，使移相角 α 在 $0° \sim 180°$ 范围变化。

2）不同的负载以及主电路电压与同步电压相位的不同，其触发脉冲的初始位置也不同，电路引入偏移直流固定电压 U_b。一旦 U_b 确定后，通过改变控制电压 U_c 来实现触发延迟角 α 的变化。

3）脉冲宽度的调整。由晶体管 VT2 和 VT3 构成单稳态电路，从而获得前沿陡、宽度可调的方波脉冲。

4）抗干扰措施：电容 C_2 具有微分负反馈作用，可提高抗干扰能力；VD6 可防止由于稳压电源电压沿减小方向波动时，原来已充电的电容 C_3 经 R_4、电源 TP、R_2 和晶体管 VT2 的发射极、基极放电而引起该管截止，造成误输出触发脉冲；VD1 与 VD4 是对 VT1 与 VT2 基极所输入的反压限幅，以免 VT1 与 VT2 损坏。

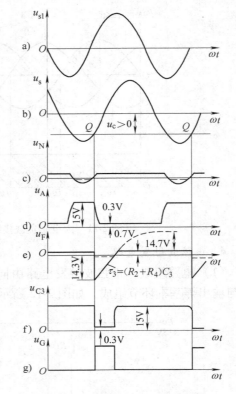

图 2-13　正弦波触发电路的波形

a）u_{s1} 波形　b）u_s 波形　c）u_N 波形　d）u_A 波形

e）u_F 波形　f）u_{C3} 波形　g）u_G 波形

二、三相桥式整流电路

1. 三相桥式整流电路的结构组成

三相全控桥式整流电路，实质上是共阴极（1、3、5）与共阳极（2、4、6）两组电路串联而成，如图 2-14 所示。

2. 三相桥式整流电路的工作原理及特点

（1）晶闸管的导通要求及顺序

1）三相全控桥式整流电路在任何时刻都必须有两个晶闸管导通，才能形成导电回路，其中一个晶闸管是共阴极的，另一个是共阳极的。

2）在三相全控桥式整流电路中，晶闸管导通顺序是：VT6、VT1→VT1、VT2→VT2、VT3→VT3、VT4→VT4、VT5→VT5、VT6→VT6、VT1。

（2）相位差　在三相全控桥式整流电路中，共阴极晶闸管 VT1、VT3、VT5

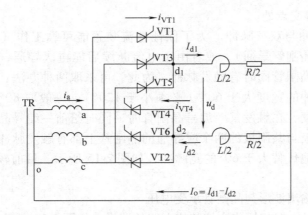

图 2-14　三相全控桥式整流电路（三相半波共阴极与共阳极串联）

的触发脉冲之间的相位差应为 120°。

1）同相两晶闸管相位差 180°，由于共阴极晶闸管是在正半周触发，共阳极晶闸管是负半周触发，因此接在同一相两个晶闸管的触发脉冲的相位差是 180°。

2）触发脉冲应位于自然换相点。三相桥式全控整流电压，其触发脉冲应在自然换相点发出，自然换相点即相电压的交点。脉冲发生在如图 2-15 所示的

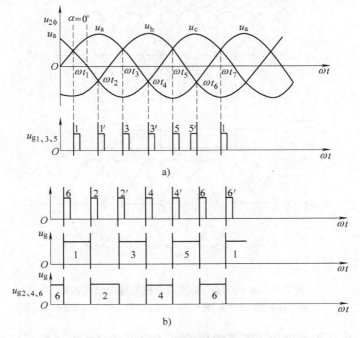

图 2-15　三相桥式全控整流电路的触发脉冲

a）双窄脉冲　b）宽脉冲

ωt_1、ωt_2、ωt_3 等交点处。

（3）宽脉冲与双窄脉冲　为了保证整流装置能可靠工作（共阴极和共阳极应各有一个晶闸管导通），或者由于电流断续后能再次导通，必须对两组中应导通的一对晶闸管同时有触发脉冲。为此，可采取两种办法：一种是宽脉冲触发，每个脉冲的宽度大于 60°（必须小于 120°），一般取 80°~100°；另一种是双脉冲触发，在触发某一编号晶闸管时，同时给前一编号晶闸管补发一个脉冲，使共阴极与共阳极的两个应导通的晶闸管上都有触发脉冲，相当于用两个窄脉冲等效地代替大于 60° 的宽脉冲，如图 2-15 所示。目前较多采用双窄脉冲触发。

（4）整流输出波形与晶闸管承受电压

1）$\alpha = 0°$ 时，三相桥式全控整流电路的波形，如图 2-16 所示。

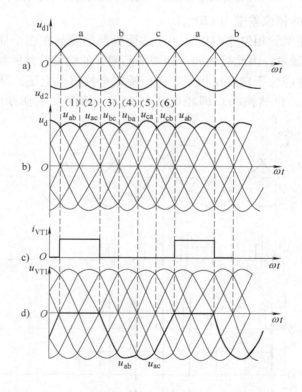

图 2-16　$\alpha = 0°$ 时三相桥式全控整流电路的波形
a）u_{d1} 波形　b）u_{d2} 波形　c）i_{VT1} 波形　d）u_{VT1} 波形

① 整流电压为线电压，整流输出的电压应该是两相电压相减后的波形，实际上就是线电压，其中 u_{ab}、u_{ac}、u_{bc}、u_{ba}、u_{ca}、u_{cb} 均为线电压的一部分，是各

线电压的包络线。相电压的交点与线电压的交点在同一角度位置上，故线电压的交点同样是自然换相点，如图 2-16b 所示。同时也可看出，整流电压在一个周期内脉动 6 次，脉冲频率为 $6 \times 50\mathrm{Hz} = 300\mathrm{Hz}$，比三相半波时大一倍。

② 晶闸管承受的电压波形如图 2-16c 所示，只要负载波形是连续的，晶闸管上的电压波形总是由三部分组成。例如对 VT1 来说，由导通段（其波形与坐标轴重合）u_{ab} 和 u_{ac} 三段组成。$\alpha = 0°$ 时，晶闸管无正向电压。

2）当 α 变化时，对于电感性负载，晶闸管所承受的正向电压与 $\sin\alpha$ 成正比。

① $\alpha = 30°$ 时，波形如图 2-17 所示。

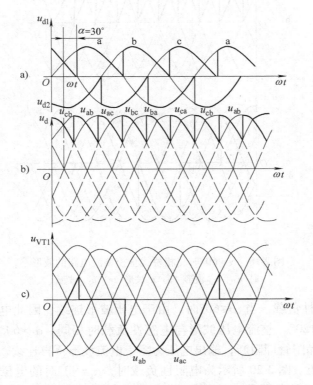

图 2-17　$\alpha = 30°$ 时三相桥式全控整流电路的波形
a）u_{d1}、u_{d2} 波形　b）u_d 波形　c）u_{VT1} 波形

② $\alpha = 60°$ 时，波形如图 2-18 所示。

③ $\alpha = 90°$ 时，电感性负载，输出电压波形如图 2-19 所示。此时波形的正负两部分相等，电压平均值为零。晶闸管 VT1 两端的电压波形如图 2-19c 所示。

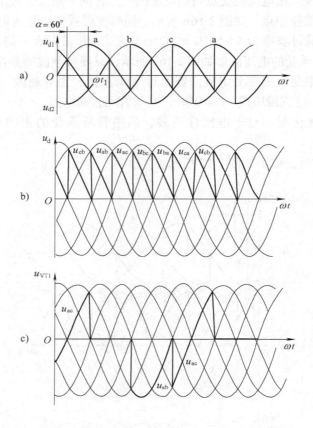

图 2-18 $\alpha = 60°$ 时三相桥式全控整流电路的波形

a）u_{d1}、u_{d2} 波形 b）u_d 波形 c）u_{VT1} 波形

④ 对电阻性负载，当 $\alpha \leqslant 60°$ 时，由于电压波形连续，因此电流也连续。每个晶闸管导通 120°。整流电压波形与电感性负载时相同。$\alpha > 60°$ 时，由于线电压过零变负，晶闸管即阻断，输出电压为零，电流波形不再连续，不像电感性负载那样出现负压。图 2-20 所示为电阻性负载时，$\alpha = 90°$ 时的电压波形。一周期中每个晶闸管分两次导通。$\alpha = 120°$ 时，可见电阻性负载时，最大的移相范围是 120°。

3. 锯齿波触发电路

锯齿波触发电路由同步电压（锯齿波）的产生与移相、脉冲形成与放大、强触发与输出和双窄脉冲产生四个基本环节组成，如图 2-21 所示。

（1）同步电压（锯齿波）的产生与移相环节 VT1、VS、R_3 和 R_4 组成恒流源电路，由该电路产生锯齿波，调节 R_3 可改变锯齿波的斜率。适当选择 R_1 和

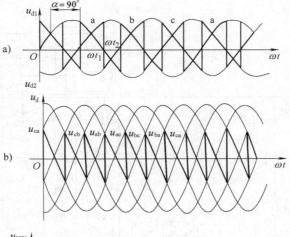

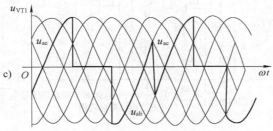

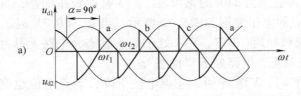

图 2-19　$\alpha = 90°$时三相桥式全控整流电路的波形

a）u_{d1}、u_{d2}波形　b）u_d波形　c）u_{VT1}波形

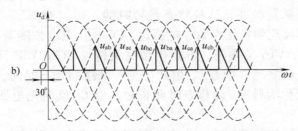

图 2-20　$\alpha = 90°$时三相桥式全控整流电路的波形

a）u_{d1}、u_{d2}波形　b）u_d波形

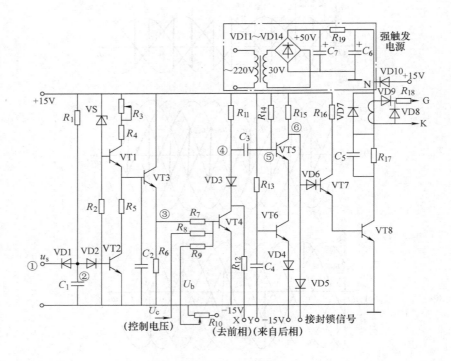

图 2-21 同步电压为锯齿波的触发电路

C_1 的数值，可取得底宽为 240° 的锯齿波。VT3 是射极跟随器，具有较强的带负载能力。①～③点的电压波形如图 2-22 所示。当 $u_{B4} < 0.7V$ 时，晶体管 VT4 截止，VT5、VT6 饱和导通，VT7、VT8 处于截止状态，电路无脉冲输出，此时电容 C_3 呈右负左正状态，电路处于"稳态"。

当 $u_{B4} \geqslant 0.7V$ 时，VT4 导通，④点电位下降，⑤点电位也突降，VT5 因反偏而截止，⑥点电位突跳上升，于是 VT7、VT8 饱和导通，电路通过脉冲变压器二次绕组输出触发脉冲，这种状态是暂时的，称"暂态"。此时电容 C_3 被反向充电，力图反充到右正左负，电压达 14V。⑤点电位随着 C_3 被反向充电逐渐上升，VT5、VT6 又导通，⑥点电位又突降，VT7、VT8 又截止，输出脉冲终止，电路又恢复到"稳态"。由此可见，电路的暂态时间，也即输出触发脉冲的时间（或称为脉宽）。暂态时间长短，由 C_3 反向充电回路的时间常数决定。

（2）强触发环节　图 2-21 中右上方是强触发环节。单相桥式整流电路作为电源，C_7 两端获得 50V 的强触发电源，晶体管 VT8 导通前，N 点电位为 50V，当 VT8 导通时，N 点电位迅速下降到 14.3V 时，二极管 VD10 导通，N 点电位箝制在 14.3V，N 点的 u_N 波形如图 2-22 所示，当 VT8 由导通变为截止时，N 点电位又上升到 50V，准备下一次强触发。电容 C_5 是为提高强触发脉冲前沿陡度而附加的。

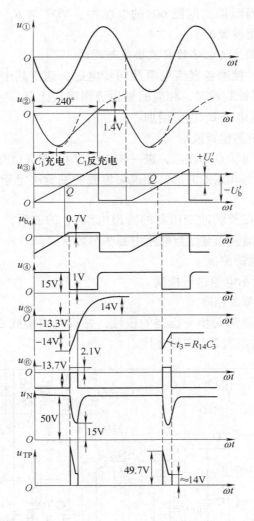

图 2-22　锯齿波移相触发电路波形

（3）双窄脉冲产生环节　电路可在一周内发出间隔 60° 的两个窄脉冲。两个晶体管 VT5、VT6 构成一个或门。当 VT5、VT6 都导通时，⑥点电位 −13.7V，使 VT7、VT8 截止，没有脉冲输出。但不论 VT5、VT6 哪一个截止，都会使⑥点电位变正，使 VT7、VT8 导通，有脉冲输出。第一个脉冲由本相触发单元的集电极所对应的触发延迟角 α 使 VT4 导通，VT5 截止，于是 VT8 输出脉冲，隔 60° 的第三个脉冲由滞后 60° 相位的后一相触发单元在产生脉冲时刻将其信号引至本相触发单元 VT6 的基极，使 VT6 截止，于是 VT8 又导通，第二次输出脉冲，因而得到间隔 60° 的双脉冲。VD3 与 R_{12} 是为了防止双窄脉冲信号的相互干扰而设置的。

4. 三相全控桥式整流电路的安装接线与调试

如图 2-23 所示，接通各直流电源及同步电压，选定其中一个触发器，当电位器 RP1 ~ RP3 顺时针旋转时，相应的锯齿波斜率应上升，直流偏移电压 U_b 的绝对值应增加，控制电压 U_c 也应增加。

（1）用双踪示波器检查波形

1）同时观察①与②点的波形，进一步加深对 C_1 和 R_1 作用的理解。

2）同时观察②与③点的波形，知道锯齿波的底宽决定于电路中何种元器件的哪些参数。

3）观察④~⑧点及脉冲变压器的输出电压 u_G 的波形，记录各波形的幅度与宽度，知道 u_G 的幅度和宽度与电路中哪些参数有关。

（2）电阻性负载的测试

1）按图 2-23 所示电路进行接线。

2）测定交流电源的相序。

3）确定主变压器与同步变压器的极性，并将它们接成 △/Y。1CF ~ 6CF 触发极的同步电压取法按表 2-1 进行连接。

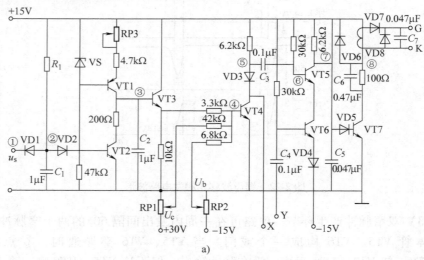

图 2-23 三相全控桥式整流电路

a）锯齿波同步触发电路

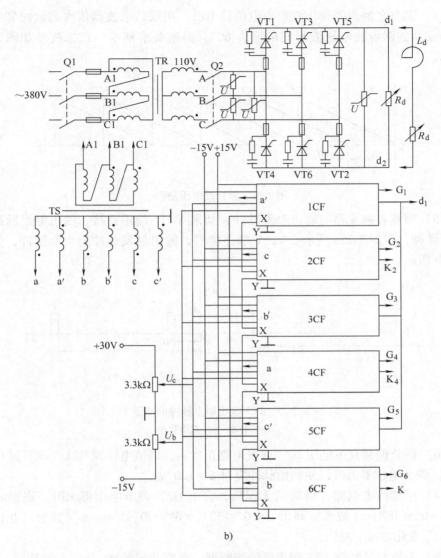

b)

图 2-23　三相全控桥式整流电路（续）

b）主电路

表 2-1　触发极同步电压连接方法

组　别	共阴极			共阳极		
晶闸管	VT1	VT3	VT5	VT4	VT6	VT2
晶闸管所接的相	A	B	C	A	B	C
同步电压	a′	b′	c′	a′	b′	c′

4）调整各触发器锯齿波斜率电位器 RP3，用双踪示波器依次测量相邻的两个触发器的锯齿波电压波形间隔应为 60°，斜率要求基本一致，波形如图 2-24 所示。

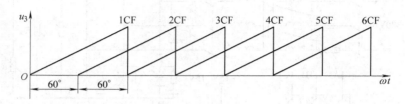

图 2-24　锯齿波电压波形

5）观察各触发器的输出触发脉冲，如果 X、Y 端不连接，输出触发脉冲为单窄脉冲，如图 2-25a 所示；X、Y 端连接后，输出触发脉冲为双窄脉冲，如图 2-25b 所示。

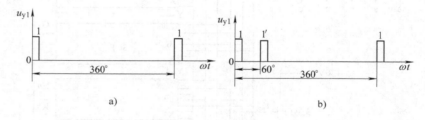

图 2-25　1CF 输出触发脉冲的波形
a）单窄脉冲　b）双窄脉冲

6）调节偏移直流电压 U_b，触发电路正常后，调节电位器 RP1，调节到 $U_c = 0$ 时，调节电位器 RP1，使初始脉冲应对 $\alpha = 120°$ 处。

7）仔细检查电路，待确认无误后，合上 Q2，调节电位器 RP1，观察 α 从 120°～0°变化时 u_d 波形。画出 $\alpha = 0°$、30°、60°、90°时 u_d、u_{VT1} 波形；并记录 U_c、U_d 变化时 u_{VT1} 波形。

8）去掉与晶闸管 VT1 相串联的熔断器，观察并记录 u_d、u_{VT1} 的波形。

9）人为改变三相电源的相序，观察并记录 $\alpha = 90°$ 时 u_d 的波形，分析原因。恢复三相电源的相序，对调主变压器二次侧相位，观察 u_d 波形是否正常。

（3）电阻电感性负载的测试

1）断开 Q2 换上电阻电感负载，然后将电位器 RP1 调到 $U_c = 0$，调节电位器 RP2，使触发脉冲初始位置在 $\alpha = 90°$ 处。

2）改变 U_c 大小，观察并记录 $\alpha = 30°$、60°、90°及 u_d、i_d、u_{VT1} 等波形。

3）改变 R_d 的数值，观察 i_d 波形脉动情况及 $\alpha = 90°$ 时 u_d 的波形。

◈◈◈ 第三节 逆 变 电 路

一、有源逆变电路

全控整流电路既可以工作于整流状态，也能工作于有源逆变状态。

1. 有源逆变电路的工作原理

以三相半波电路为例来讨论它在有源逆变状态下工作的情况。

（1）整流工作状态（$0° < \alpha < 90°$）　如图 2-26a 所示，当触发延迟角 α 在 $0° \sim 90°$ 范围内，按三相半波可控整流的触发脉冲安排原则，依次触发晶闸管，可得如图 2-26a 所示的电压、电流波形。此时 $U_d > E$，电能由交流侧输向直流侧，U_d 的表达式为

$$U_d = 1.17U_2\cos\alpha \qquad (2-1)$$

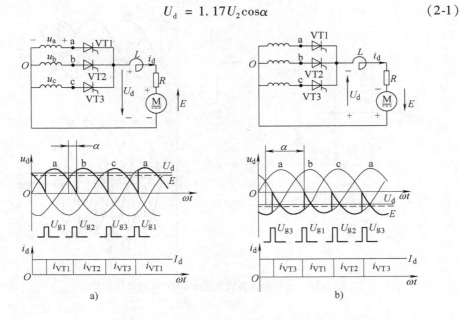

图 2-26　三相半波电路的工作状态

a）整流工作状态　b）有源逆变工作状态

（2）有源逆变工作状态（$90° < \alpha < 180°$）　如图 2-26b 所示，设电动机反电势 E 极性已反接，同时使可控电路的触发延迟角 α 进入（$90° \sim 180°$）范围内，此时输出平均电压 U_d 为负，即其极性与整流状态相反。当 E 稍大于 U_d 时，就有与整流状态同样方向的电流流通，交流电源工作在负半周（或大部分时间在

负半周),因而吸收电能,而电动机电动势 E 输出电能,形成能量反向传送,实现了有源逆变工作状态。

因为 $\alpha > 90°$,U_d 为负值,把有源逆变状态工作时的控制角用 β 来表示,β 又称为逆变角。规定逆变角 β 以触发延迟角 $\alpha = 180°$ 作为计时发起始点,此时的 $\beta = 0°$。两者之间的关系是 $\alpha + \beta = 180°$ 或 $\beta = 180° - \alpha$。

有源逆变状态工作时,输出电压平均值的计算公式也可改写为

$$U_d = 1.17U_2\cos(180° - \beta) = -1.17U_2\cos\beta \qquad (2-2)$$

式中　U_2——变压器二次相电压。

当三相全控桥式整流电路处于有源逆变工作状态时,其电压波形如图 2-27 所示。

此时　　　　　　$$U_d = 1.35U_{21}\cos\alpha = -1.35U_{21}\cos\beta \qquad (2-3)$$

式中　U_{21}——变压器二次侧交流线电压。

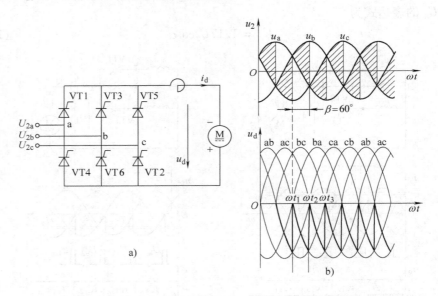

图 2-27　三相全控桥式电路 $\beta = 60°$ 时的电压波形
a) 电路　b) 波形

2. 实现有源逆变的条件

1) 要有一个提供逆变能量的直流电源。

2) 要有一个能反馈直流电能至交流电网的全控电路,全控电路的触发延迟角应大于 90°。

3) 为了保证在电源电压负半周及其数值大于 E 时,仍能使晶闸管导通保持电流连续,应选取适当的 L 值。

3. 逆变失败的原因及措施

逆变运行时，一旦发生换相失败，外接的直流电源就会通过晶闸管形成短路，或者使整流桥的输出平均电压和直流电动势变成顺向串联，电路内阻很小，形成很大的短路电流，这种情况称为逆变失败。

逆变失败的原因有：

1）触发电路的工作不可靠，如脉动丢失、延迟等。

2）晶闸管发生故障。

3）交流电源发生异常现象。

4）换相的余量角不足。

为了保证逆变电路的正常工作，必须选用可靠的触发器，正确选择晶闸管的参数。减小电路中电压和电流的变化率的影响，以免发生误导通，逆变角 β 不能等于零，而且不能太小，必须限制在某一允许的最小角度内。

二、无源逆变电路

将直流电变换成交流电（DC/AC），并把交流电输出接负载，称之为（无源）逆变。

DC/AC 变换的逆变器常用的几种换流方式有：负载谐振式换流、强迫换流、全控型开关器件换流。

在交-直-交变频器中，由于负载一般都是电感性的，它和电源之间要有无功功率流动。因此，在中间直流回路中，需要有储存（或释放）能量的元件，根据对无功功率处理方式的不同，可以分为电压型与电流型两种逆变器。电压型在直流侧并联大容量的滤波电容，从直流输出端看，电源具有低阻抗，逆变器的直流电源可看成一个恒压源，输出的交流电压为矩形波，而输出的交流电流，由于负载阻抗的作用而接近正弦波，如图 2-28a 所示。

1. 电压型逆变器的特点及典型电路

电压型逆变器供电的电动机如果工作在再生制动状态下，因直流侧电压的方向不易改变，而要改变电流的方向，把电能反馈到电网，就需要再加大反并联的整流器。它适用于不经常起动、制动和反转的场合。

图 2-29 所示为三相串联电感式电压型逆变器电路。其中，C_0 为直流滤波电容，VT1 ～ VT6 为主晶闸管，L_1 ～ L_6 为换相电感，C_1 ～ C_6 为换相电容，VD1 ～ VD6 为反馈二极管，它属 180° 导通型，每个晶闸管在电阻性负载时每周期中导通 180°，相邻序号的晶闸管两个触发脉冲的间隔为 60°，换相在同一桥臂之间进行。每一周期每相都有一个管子导通，为保证大电感负载时能可靠换相，触发脉冲宽度大于 90°，一般为 120°。

电压型逆变器具有如下特点：

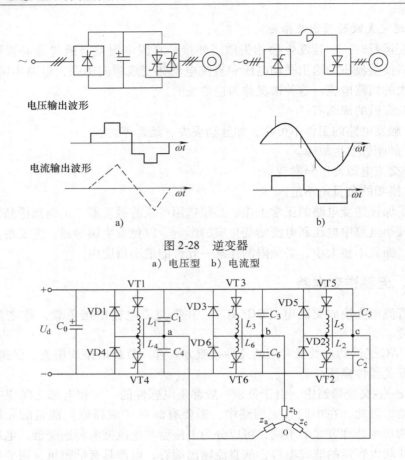

图 2-28　逆变器

a）电压型　b）电流型

图 2-29　三相串联电感式电压型逆变器电路

1）主晶闸管承受的电压变化率的值较低。

2）主晶闸管除承担负载电流外，还承担换相电流，适用于中功率负载。

3）当换相参数一定且负载电流一定时，晶闸管承受的反压时间随直流电压 U_d 降低而减小，所以适用于调压范围不太大的场合。

2. 电流型逆变器的特点及典型电路

电流型逆变器的特点是：

1）逆变器的直流电源输入侧采用大电感作为滤波元件，直流电流波形比较平直。

2）无需设置与逆变桥反并联的反馈二极管桥，电路简单。

3）逆变器依靠换相电容和交流电动机漏感的谐振来换相，适用于单机运行。

4）适用于经常要求起动、制动与反转的拖动系统。

当逆变器配合相序可逆的触发脉冲，电流型逆变器可以方便地工作于四个象限。其四种工作状态如图 2-30 所示。

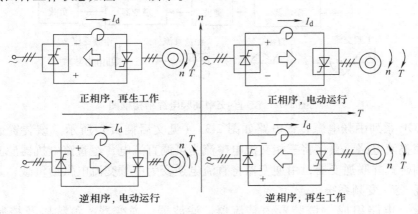

正相序，再生工作　　　　　　　　正相序，电动运行

逆相序，电动运行　　　　　　　　逆相序，再生工作

图 2-30　电流型逆变器的工作状态

常用的串联二极管式电流型逆变器如图 2-31 所示。图中 VT1 ~ VT6 构成晶闸管逆变桥，C_1 ~ C_6 为换相电容，VD1 ~ VD6 为隔离二极管，它们将换相电容与负载隔离，使电容器两端的电压不随负载电压的变化而变化，更不会让电容器上的电荷通过负载而放电，保证了换相能力。该逆变器为 120° 导通型。

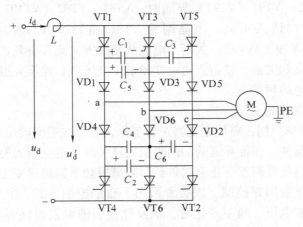

图 2-31　串联二极管式电流型逆变器电路

三、中高频电源

1. 中高频电源装置

（1）工作原理　中高频电源装置是一种利用晶闸管将 50Hz 工频交流电变换成中高频交流电的设备，主要应用于感应加热及熔炼，取代中频发电机组，是一

种静止的变频设备。交-直-交中高频电源结构框图如图 2-32 所示。

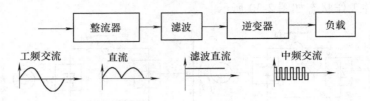

图 2-32　交-直-交中高频电源结构框图

KGP 系列中频电源装置电路如图 2-33（见文后插页）所示。该装置通过三相全控整流电路，直接将三相交流电整流为可调直流电，经直流电抗器滤波，供给单相桥式并联逆变器，由逆变器将直流电逆变为中频交流电供给负载，是一种"交-直-交"变频系统。

（2）电路组成　该装置由整流器、滤波器、逆变器、负载以及控制电路组成。

2．电路分析

（1）整流主电路　整流主电路为三相桥式全控整流电路，采用同步电压为锯齿波的触发电路。

（2）逆变主电路　此装置采用单相桥式并联逆变电路。当对角桥二组晶闸管 VT71、VT72（VT91、VT92）导通时，VT81、VT82（VT101、VT102）关断，电流从一个方向流入负载，当晶闸管 VT81、VT82、VT101、VT102 导通时，VT71、VT72（VT91、VT92）关断，电流从相反方向流入负载，即上述各对晶闸管互相轮换导通和关断，就将直流电变换成了交流电，轮换导通的频率，也就决定了输出交流电的频率。

（3）逆变触发电路

1）自动频率控制：要使逆变器正常工作，必须在逆变输出电压 u_a 超前 ϕ 的时刻产生触发脉冲，保证导通的晶闸管受反压关断；逆变器的触发还必须自动调频控制，以适应负载剧烈变化引起负载回路谐振频率偏离逆变工作频率，使逆变器触发频率受负载回路控制。该装置采用了自励控制方式，并按照定时控制原则，保证在逆变电压、频率变化时，触发脉冲引前触发时间 t_f 基本不变。所谓引前触发时间，就是指负载电流超前负载电压的时间。

2）信号检测与引前触发时间 t_f 的调节：从中频电压互感器 TV2 与中频电流互感器 TA5 检得的信号，经电位器 RP12、R_{11} 等与电阻 R_{U2} 后，这两种电压信号合成，在逆变触发电路的 α_1、α_2 端得到触发信号 u_s，如图 2-34 所示。当 RP12 阻值增大，则引前触发时间 t_f 增长；反之，t_f 缩短，调节 RP12 可以方便地调节 t_f 值。

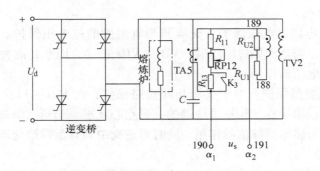

图 2-34　信号检测电路

3）脉冲形成电路：u_s 加在脉冲形成电路输入端，在 u_s 信号过零时刻双稳态电路发生翻转，如图 2-35 所示。晶体管 V3、V4 起正负限幅作用，把 u_s 的正弦波削成梯形波，防止满功率中频输出时，过大的合成信号将损坏晶体管 V3、V4。当双稳态触发器输出端上跳时，逆变触发器 7CF 发出脉冲，使逆变对角桥的晶闸管触发，实现换相。

这种电路由于逆变触发信号受负载回路电压、电流的控制，使逆变工作频率始终跟随负载回路的谐振频率，保持最佳工作状态。

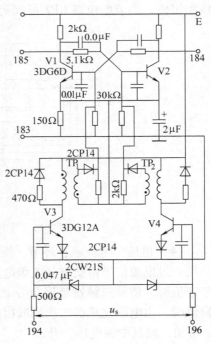

图 2-35　脉冲形成电路

4）启动触发环节：本装置采用直流辅助电源（3DY），由 350V 交流经单相桥式整流对启动电容 C_{st} 预先充电，然后逆变桥加上直流电压 U_d，延时一段时间触发启动环节 8CF 中的晶闸管 VT12，脉冲变压器 TI11 送出脉冲，使与 C_{st} 串联的晶闸管 VT11 触发导通，充电电容对电感性负载放电，产生衰减振荡的正弦电压。这个衰减电压、电流在电压互感器 TV2 与电流互感器 TA5 中检出并合成信号 u_s，触发逆变桥的晶闸管，使装置由他励转入自励工作。由于启动时电压、电流信号弱，电压 U_d 较低，换流时间延长，所以引前触发时间 t_f 应大一些，待逆变成功，u_s 信号增强后，通过触头 K3 短接 R_{13}，使电路产生的电压信号减小，恢复 t_f 到正常值。

5）他励信号源（IGC）：本装置设有他励信号源，只要将开关 SA1、SA2、SA3、SA4 拨向"检查"，他励信号送入，即可检查逆变触发电路工作是否正常。

3. 保护措施

(1) 直流电路过电压保护　交流侧与直流侧的过电压保护。VD1 ~ VD8 由八组硅堆组成，当直流侧过电压时，VD1 ~ VD8 击穿，因此，此种接法同时兼有抑制直流侧过电压的作用。

(2) 交流短路保护　对于交流相间短路保护，由 FU1 ~ FU6 六只快速熔断器起主要作用。串接在三相桥进线端的三只空心互感器起到限制短路电流上升速率过大与瞬时短路电流峰值的作用，同时对逆变中频分量带给交流电网的影响也起到抑制作用。

(3) 逆变过电流、过电压保护　本装置采用脉冲快速后移的方法作逆变侧过电流与过电压保护，如图 2-36 所示。其中，过电流信号取自三只电流互感器 TA1 ~ TA3；过电压信号取自中频电压互感器 TV1。调节电位器 RP1 可改变过电流整定值，调节电位器 RP2 可改变过电压整定值。

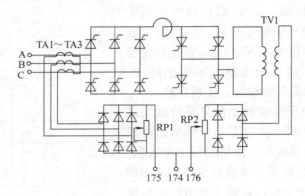

图 2-36　过电流、过电压信号取出电路

(4) 电压、电流截止环节　图 2-33 中的 1JF、2JF 部分起到电压、电流截止作用。过电流信号由交流侧二级电流互感器 TA6 ~ TA8 二次侧取出，当电流超过整定值时，使整流触发延迟角 α 增大，从而达到限流目的；当中频电压超过整定值时，由电压互感器二次侧取得信号输入截止电路，使整流电路的触发延迟角 α 增加，限制中频电压上升。

4. 通电调试步骤

1) 在主电路不带电的情况下，对继电器部分的动作程序进行模拟试验。短接水压继电器触头，按程序操作面板上的操作按钮，观察继电器的动作和延时是否正确。

2) 检查同步变压器的相序、相位与图样是否相符。

3) 检查整流触发系统。先插入电源板，检查稳压电源的电压值；再插入偏移电源板、整流触发板和保护板，观察相应的指示灯状态；然后用示波器直接观察整流晶闸管上的触发脉冲，要求脉冲信号为正极性，脉宽 t_k 约等于周期 T 与截止时间的比值，脉冲幅度大于 4V，如图 2-37 所示。用双踪示波器检查 $U_{g1} \sim U_{g6}$，应依次相差 60°，如图 2-38 所示。

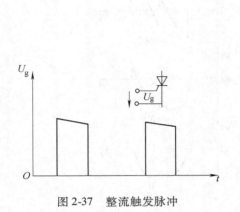

图 2-37　整流触发脉冲　　　　图 2-38　触发脉冲的相位

　　六路脉冲的波形及相位关系都正常后，再用双踪示波器的一踪观察触发脉冲，另一踪观察对应的同步信号或锯齿波。调节操作面板上的给定电压电位器，使脉冲移相从 $\alpha = 60°$ 开始，且移相范围要大于 90°，并人为触发过电压或过电流保护小晶闸管，脉冲移相要大于 120°（不能超过 150°），以防整流桥逆变"颠覆"而失败。

　　若触发延迟角 α 的移相范围不能满足时，可首先调节偏移电压，如仍然达不到要求，则需要调节锯齿波的大小及给定电压上下的分压值，三者应配合调节。

　　4）整流电流试验。将整流桥与逆变桥母线铜排断开，用 3 个 220V 电炉丝串联作直流负载，按正常操作程序开机，调节触发延迟角 α，逐渐升高主电路电压，观察直流输出波形，如图 2-39 所示。

　　5）整流中功率及大功率试验。改变负载功率，进一步考验晶闸管的性能，并整定好过电流保护的动作值，锁紧定值电位器。

　　6）逆变触发系统试验。首先插入稳压电源板，调节稳压输出值；再插入逆变脉冲形成和触发板，输入他励信号，用示波器进行观察。

　　① 逆变桥各晶闸管的脉冲，U_g 幅度值应大于 4V，同时注意脉冲前沿应小于 2μs，脉宽为 10 ~ 500μs。

　　② 观察逆变桥对角线脉冲是否重叠。

　　③ 观察逆变桥相邻两组脉冲相位差是否在 180° 位置上，若有偏差，应更换

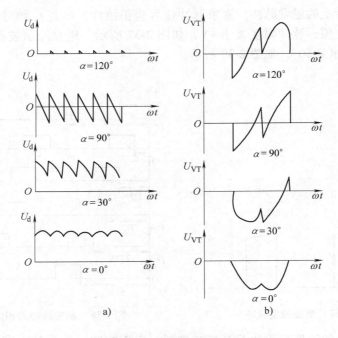

图 2-39 不同触发延迟角下的波形

a)U_d 波形 b)U_{VT}波形

脉冲形成板。

7)启动环节的检查。用万用表直流 1000V 档测 C_{st} 正常充电电压应在 500V 左右。

8)整机启动运行。开启冷却水,水压应符合规定值;将自动调频置于自励位置,触发延迟角 α 置于 60°~70°进行启动。启动成功后,能听到中频叫声,且各表有相应的指示。调节触发延迟角 α,升高中频输出电压到额定值的 1/2,观察逆变桥输出端中频电压的波形,检查每只晶闸管的电压波形,检查两只串联晶闸管的均压情况。

整定过电流、过电压保护动作值,以过电流保护为例说明如下:在 I_d = 150A 时,用直流电压表测量过电流保护电位器上的信号分压值,调节此电位器,使分压值逐渐升高,直到保护动作,记录此电压值。过电压保护整定方法与过电流整定方法相同。

保护动作值整定后,可继续升高功率至额定值,此时进一步检查晶闸管的电压波形,并调节限流、限压在额定范围内。

5. 中频电源常见故障分析与处理

中频电源常见故障分析与处理方法见表 2-2。

表 2-2　中频电源常见故障分析与处理方法

序号	故障现象	可能原因	处理方法
1	运行主开关跳闸	1. 过载 2. 开关故障 3. 接地故障	1. 降低负载 2. 更换开关 3. 消除接地点
2	运行中直流环节的快速熔断器熔断	1. 过载 2. 晶闸管损坏 3. 接地故障	1. 降低负载 2. 更换晶闸管 3. 消除接地点
3	运行中逆变换流失败	1. 晶闸管和二极管损坏 2. 脉冲丢失或紊乱 3. 负载短路	1. 更换晶闸管和二极管 2. 检查线路或更换功能板 3. 消除短路
4	运行中换流失败	1. 短路 2. 接地故障 3. 脉冲丢失或紊乱	1. 消除短路 2. 消除接地点 3. 查明原因并纠正

复习思考题

1. GTR 和 GTO 各有什么特点？两者有何区别？
2. 三相半波整流电路和三相全控桥式整流电路的应用特点各是什么？
3. 锯齿波触发电路的工作原理是什么？
4. 什么是有源逆变？常用在什么地方？
5. 有源逆变必备的条件是什么？逆变失败的原因有哪些？
6. 中高频电源的基本原理是什么？

第三章

机床电气控制电路的安装与维修

培训学习目标 熟悉 X62W 型万能铣床、T68 型镗床、15/3t 桥式起重机和 B2012A 型龙门刨床的外形和结构，了解电气控制电路的工作原理；掌握电气控制电路常见电气故障的分析与检修方法。

◆◇◆ 第一节 X62W 型万能铣床电气控制电路

万能铣床是一种通用的多用途机床，它可以用圆柱铣刀、圆片铣刀、角度铣刀、成形铣刀及端面铣刀等刀具对各种零件进行平面、斜面、螺旋面及成形表面的加工，还可以加装万能铣头、分度头和圆工作台等附件来扩大加工范围。现以 X62W 型万能铣床为例进行说明。该铣床的型号意义如下：

X62W 型万能铣床的外形如图 3-1 所示。X62W 型万能铣床主要由机座、床身、工作台、横梁、刀杆支架、溜板和升降台等部分组成。箱式床身固定在机座上，它是机床的主体部分，用来安装和连接机床的其他部件，床身内装有主轴的传动机构和变速操纵机构。床身的顶部有水平导轨，装有带一个或两个刀杆支架的横梁，刀杆支架用来支撑铣刀心轴的一端，心轴的另一端固定在主轴上，并由主轴带动旋转。横梁可沿水平导轨移动，以便调整铣刀的位置。床身的前侧面装有垂直导轨，升降台可沿导轨上下移动。在升降台上面的水平导轨上，装有可在平行于主轴轴线方向移动（横向移动，即前后移动）的溜板，溜板上部有可以转动的回转台。工作台装在回转台的导轨上，可以做垂直于轴线方向的移动

（纵向移动，即左右移动），工作台上有固定工件的 T 形槽。因此，固定于工作台上的工件可做上下、左右及前后 3 个方向的移动，便于工作调整和加工时进给方向的选择。

此外，溜板可绕垂直轴线左右旋转 45°，因此工作台还能在倾斜方向进给，以加工螺旋槽。该铣床还可以安装圆工作台以扩大铣削范围。

从上述分析可知，X62W 型万能铣床有 3 种运动，即主运动、进给运动和辅助运动。主轴带动

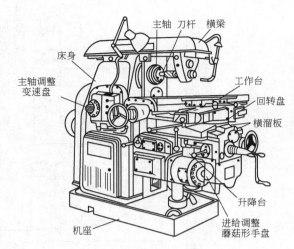

图 3-1　X62W 型万能铣床的外形

铣刀的运动称为主运动；加工中工作台带动工件的移动或圆工作台的旋转运动称为进给运动；而工作台带着工件在 3 个方向的快速移动属于辅助运动。

不管是卧式铣床，还是立式铣床，它们在结构上大体相同，差别在于铣头的放置方向和刀具的形状不同，而工作台的进给方式、主轴的变速原理等都是一样的，电气控制电路也大致相同。

一、X62W 型万能铣床电气控制电路分析

X62W 型万能铣床的电气控制电路如图 3-2 所示。

1. 主电路

主电路中共有 3 台电动机。M1 是主轴电动机，M2 是工作台进给电动机，M3 是冷却泵电动机。

对 M1 的要求是通过转换开关 SA3 与接触器 KM1 来进行正、反转控制；具有瞬时冲动和制动控制；并通过机械机构进行变速。对 M2 的要求是能进行正、反转控制及快慢速控制和限位控制，并通过机械机构使工作台能进行上下、左右、前后 6 个方向的改变。对 M3 的要求是只进行正转控制。

2. 控制电路

（1）主轴电动机 M1 的控制　控制电路中的 SB1 和 SB2 是两地控制的起动按钮，SB5 和 SB6 是两地控制的停止按钮。KM1 是主轴电动机 M1 的起动接触器。YC1 是主轴制动用的电磁离合器。SQ1 是主轴变速冲动行程开关。主轴电动机是通过弹性联轴器和变速机构的齿轮传动链来传动的，可使主轴获得 18 级不同的转速（30～1500r/min）。

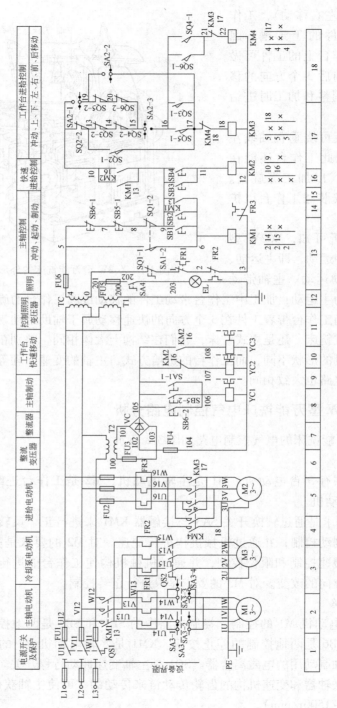

图3-2 X62W型万能铣床的电气控制电路

1）主轴电动机 M1 的起动：起动前先合上电源开关 QS1，再把主轴换向转换开关 SA3 扳到主轴所需要的旋转方向，然后按下起动按钮 SB1（或 SB2），接触器 KM1 的线圈获电吸合，KM1 主触头闭合，主轴电动机 M1 起动。同时接触器 KM1 的辅助常开触头闭合，为工作台进给电路提供了电源。

2）主轴电动机 M1 的停车制动：当需要主轴电动机 M1 停转时，按停止按钮 SB5-1（或 SB6-1），接触器 KM1 线圈断电释放，主轴电动机 M1 断电后惯性运转。由于按钮 SB5-2（或 SB6-2）常开触头闭合，接通电磁离合器 YC1，主轴电动机 M1 制动停转。

3）主轴换刀控制：M1 停转后并不处于制动状态，主轴仍可自由转动。在主轴更换铣刀时，为避免主轴转动，造成更换困难，应将主轴制动。方法是将转换开关 SA1 扳向换刀位置，这时常开触头 SA1-1 闭合，电磁离合器 YC1 线圈得电，主轴处于制动状态以方便换刀；同时常闭触头 SA1-2 分断，切断了控制电路，铣床无法运行，保证了人身安全。

4）主轴变速时的冲动控制：主轴变速时的冲动控制，是利用变速手柄与冲动行程开关 SQ1 通过机械上的联动机构进行控制的。变速前，先停止主轴旋转。

如图 3-3 所示，变速时，先把变速手柄向下压，然后拉到前面，转动变速盘，选择所需要的转速，再把变速手柄以连续较快的速度推回原来的位置；当变速手柄推向原来位置时，其联动机构瞬时压合行程开关 SQ1，使 SQ1-2 断开，SQ1-1 闭合，接触器 KM1 线圈瞬时获电吸合，使主轴电动机 M1 瞬时起动，以利于变速后的齿轮啮合，行程开关 SQ1 即刻复原，接触器 KM1 又断电释放，主轴电动机 M1 断电停转，主轴的变速冲动操作结束。

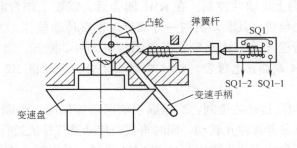

图 3-3　主轴变速的冲动控制示意图

（2）工作台进给电动机 M2 的控制　转换开关 SA2 是控制圆工作台运动的，当需要圆工作台运动时，转换开关 SA2 扳到"接通"位置，SA2 的触头 SA2-1 断开，SA2-2 闭合，SA2-3 断开。若不需要圆工作台运动，转换开关 SA2 扳到"断开"位置，SA2 的触头 SA2-1 闭合，SA2-2 断开，SA2-3 闭合，以保证工作台在 6 个方向的进给运动。

1）工作台的上、下和前、后运动的控制：工作台的上下（升降）运动和前后（横向）运动完全是由"工作台升降与横向操纵手柄"来控制的。此操纵手柄有两个，分别装在工作台的左侧前方和后方，操纵手柄的联动机构与行程开关 SQ3 和 SQ4 相连接，行程开关装在工作台的左侧。此手柄有五个位置，表 3-1 列出了工作台升降及横向操纵手柄位置的指示情况。

表 3-1　工作台升降及横向操纵手柄位置的指示情况

手柄位置	工作台运动方向	离合器接通的丝杠	行程开关动作	接触器动作	电动机运转
向上	向上进给或快速向上	垂直丝杠	SQ4	KM4	M2 反转
向下	向下进给或快速向下	垂直丝杠	SQ3	KM3	M2 正转
中间	升降或横向进给停止	—	—	—	—
向前	向前进给或快速向前	横向丝杠	SQ3	KM3	M2 正转
向后	向后进给或快速向后	横向丝杠	SQ4	KM4	M2 反转

这 5 个位置是联锁的，各方向的进给不能同时接通。当升降台运动到上限或下限位置时，床身导轨旁的挡铁和工作台底座上的挡铁撞动十字手柄，使其回到中间位置，行程开关动作，升降台便停止运动，从而实现垂直运动的终端保护。工作台的横向运动的终端保护也是利用装在工作台上的挡铁撞动十字手柄来实现的。

当主轴电动机 M1 的控制接触器 KM1 动作后，其辅助常开触头把工作台进给运动控制电路的电源接通，所以只有在 KM1 闭合后，工作台才能运动。

① 工作台向上运动的控制：在 KM1 闭合后，需要工作台向上进给运动时，将手柄扳至向上位置，其联动机构一方面接通垂直传动丝杠，为传动做好准备；另一方面它使行程开关 SQ4 运动，其常闭触头 SQ4-2 断开，常开触头 SQ4-1 闭合，接触器 KM4 线圈获电吸合，KM4 主触头闭合，电动机 M2 反转，工作台向上运动。

② 工作台向后运动的控制：当操纵手柄向后扳动时，由联锁机构拨动垂直传动丝杠，使它脱开而停止转动，同时将横向传动丝杠接通进行传动，使工作台向后运动。工作台向后运动也由 SQ4 和 KM4 控制，其电气工作原理同向上运动。

③ 工作台向下运动的控制：当操纵手柄向下扳时，其联动机构一方面使垂直传动丝杠接通，为垂直丝杠的传动做准备；另一方面压合行程开关 SQ3，使其常闭触头 SQ3-2 断开，常开触头 SQ3-1 闭合，接触器 KM3 线圈获电吸合，KM3 主触头闭合，电动机 M2 正转，工作台向下运动。

④ 工作台向前运动的控制：工作台向前运动也由行程开关 SQ3 及接触器 KM3 控制，其电气控制原理与工作台向下运动相同，只是将手柄向前扳时，通

过机械联锁机构，将垂直丝杠脱开，而将横向传动丝杠接通，使工作台向前运动。

2）工作台左右（纵向）运动的控制：工作台左右运动同样是用工作台进给电动机 M2 来传动的，由工作台纵向操纵手柄来控制。此手柄也是复式的，一个安装在工作台底座的顶面中央部位，另一个安装在工作底座的左下方。手柄有三个位置：向右、向左、中间位置。当手柄扳到向右或向左运动方向时，手柄的联动机构压下行程开关 SQ5 或 SQ6，使接触器 KM3 或 KM4 动作来控制电动机 M2 的正、反转。如手柄扳到中间位置时，纵向传动丝杠的离合器脱开，行程开关 SQ5-1 或 SQ6-1 断开，电动机 M2 断电，工作台停止运动。

工作台左右运动的行程可通过调整安装工作台两端的挡铁位置来控制，当工作台纵向运动到极限位置时，挡铁撞动纵向操纵手柄，使它回到中间位置，工作台停止运动，从而实现纵向运动的终端保护。

3）工作台进给变速时的冲动控制：在改变工作台进给速度时，为了使齿轮易于啮合，也需要进给电动机 M2 瞬时冲动一下。变速时先将蘑菇形手盘向外拉出并转动手柄，转盘也跟着转动，把所需进给速度的标尺数字对准箭头，然后再把蘑菇形手盘用力向外拉到极限位置并随即退回原位；就在把蘑菇形手盘用力向外拉到极限位置瞬间，其连杆机构瞬时压合行程开关 SQ2，使 SQ2-2 断开、SQ2-1 闭合，接触器 KM3 线圈获电吸合，进给电动机 M2 正转，因为瞬时接通，故进给电动机 M2 也只是瞬时接通而瞬时冲动一下，从而保证变速齿轮易于啮合。当手盘推回原位后，行程开关 SQ2 复位，接触器 KM3 线圈断电释放，进给电动机 M2 瞬时冲动结束。

4）工作台的快速移动控制：工作台的快速移动也是由进给电动机 M2 来拖动的，在纵向、横向和垂直 6 个方向上都是可以实现快速移动控制。动作过程如下：先将主轴电动机 M1 起动，将进给操纵手柄扳到需要的位置，工作台按照选定的速度和方向作进给移动时，再按下快速移动按钮 SB3（或 SB4），使接触器 KM2 线圈获电吸合，KM2 常闭触头分断，电磁离合器 YC2 失电，将齿轮传动链与进给丝杠分离；KM2 两对常开触头闭合，一对使电磁离合器 YC3 得电，将电动机 M2 与进给丝杠直接搭合；另一对使接触器 KM3 或 KM4 得电动作，电动机 M2 得电正转或反转，带动工作台按选定方向作快速移动。当松开快速移动按钮 SB3（或 SB4）时，快速移动停止。

（3）冷却泵电动机 M3 的控制　在主轴电动机 M1 起动后，将转换开关 QS2 闭合，冷却泵电动机 M3 起动，从而将冷却液输送到机床切削部分。

3. 照明电路

机床照明电路有变压器 T1 供给 24V 安全电压，并由开关 SA4 控制。

二、X62W 型万能铣床常见电气故障的分析与检修

1. 主轴电动机 M1 不能起动

发生这种故障时,首先检查各开关是否处于正常工作位置;然后检查三相电源、熔断器、热继电器的常闭触头、两地起动停止按钮以及接触器 KM1 的工作情况,看有无电器损坏、接线脱落、接触不良、线圈断路等现象。另外,还应检查主轴变速冲动开关 SQ1,因为由于开关位置移动甚至撞坏,或常闭触头 SQ1-2 接触不良而引起线路的故障也较常见。

2. 工作台各个方向都不能进给

铣床工作台的进给运动是通过进给电动机 M2 的正反转配合机械传动来实现的。若各个方向都不能进给,多是因为进给电动机 M2 不能起动所引起的。检修故障时,首先检查圆工作台的控制开关 SA2 是否在"断开"位置。若没问题,接着检查控制主轴电动机的接触器 KM1 是否已吸合动作。因为只有接触器 KM1 吸合后,控制进给电动机 M2 的接触器 KM3、KM4 才能得电。如果接触器 KM1 不能得电,则表明控制回路电源有故障,可检测控制变压器一、二次绕组和电源电压是否正常,熔断器是否熔断。

待电压正常,接触器 KM1 吸合,主轴旋转后,若各个方向仍无进给运动,可扳动进给手柄至各个运动方向,观察其相关的接触器是否吸合。若吸合,则表明故障发生在主电路和进给电动机上,常见的故障有接触器主触头接触不良、主触头脱落、机械卡死、电动机接线脱落和电动机绕组断路等。除此以外,由于经常扳动操作手柄,开关受到冲击,使位置开关 SQ3、SQ4、SQ5、SQ6 的位置发生变动或被撞坏,使电路处于断开状态。变速冲动开关 SQ2-2 在复位时不能闭合接通或接触不良,也会使工作台没有进给。

3. 工作台能向左、右进给,不能向前、后、上、下进给

铣床控制工作台各个方向的开关是相互联锁的,使之只有一个方向的运动。因此这种故障的原因可能是控制左右进给的位置开关 SQ5 或 SQ6 由于经常被压合,使螺钉松动、开关移位、触头接触不良、开关机构卡住等,使线路断开或开关不能复位闭合,电路 19 – 20 或 15 – 20 断开。这样当操作工作台向前、后、上、下运动时,位置开关 SQ3-2 或 SQ4-2 也被压开,切断了进给接触器 KM3、KM4 的通路,造成工作台只能左、右运动,而不能前、后、上、下运动。

检修故障时,用万用表欧姆挡测量 SQ5-2 或 SQ6-2 的接触导通情况,查找故障部位,修理或更换元件后,就可排除故障。

注意:在测量 SQ5-2 或 SQ6-2 的接通情况时,应操纵前后上下进给手柄,使 SQ3-2 或 SQ4-2 断开,否则通过 11 – 10 – 13 – 14 – 15 – 20 – 19 的导通,会误认为

SQ5-2 或 SQ6-2 接触良好。

4. 工作台能向前、后、上、下进给，不能向左、右进给

出现这种故障的原因及排除方法可参照上例说明进行分析，不过故障元件可能是位置开关的常闭触头 SQ3-2 或 SQ4-2。

5. 变速时不能冲动控制

这种故障多数是由于冲动位置开关 SQ1 或 SQ2 经常受到频繁冲击，使开关位置改变，甚至开关底座被撞坏或接触不良，使线路断开，从而造成主轴电动机 M1 或进给电动机 M2 不能瞬时点动。出现这种故障时，修理或更换开关，并调整好开关的动作距离，即可恢复冲动控制。

6. 工作台不能快速移动，主轴制动失灵

这种故障往往是电磁离合器工作不正常所致。首先应检查接线有无松脱，整流变压器 T2、熔断器 FU3、FU6 的工作是否正常，整流器中的 4 个整流二极管是否损坏。若有二极管损坏，将导致输出直流电压偏低、吸力不够。其次，电磁离合器线圈是用环氧树脂黏合在电磁离合器的套筒内，散热条件差，易发热而烧毁。另外，由于离合器的动摩擦片和静摩擦片经常摩擦，因此它们是易损件，检修时也不可忽视这些问题。

◇◇◇ 第二节　T68 型卧式镗床电气控制电路

镗床是一种精密加工的机床，主要用于加工精确的孔和孔间距离要求较为精确的零件。它可分为卧式镗床、立式镗床、坐标镗床和专用镗床等，工业生产中使用较广泛的是卧式镗床。现以常用的 T68 型镗床为例进行说明。该机床型号意义如下：

图 3-4 所示为 T68 型卧式镗床的外形。

一、T68 型卧式镗床电气控制电路分析

T68 型卧式镗床的电气控制电路如图 3-5 所示。该电路分为主电路、控制电路和照明电路等。

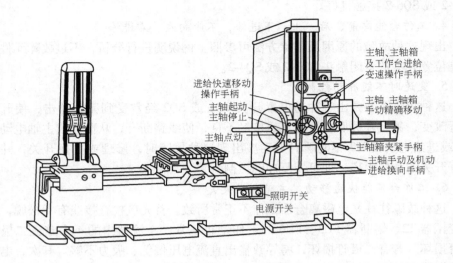

图 3-4　T68 型卧式镗床的外形

1. 主电路

M1 为主轴电动机，通过不同的传动链带动镗轴和平旋盘转动，并带动平旋盘、镗轴、工作台作进给运动。主轴电动机 M1 是双速电动机，它的正反转由接触器 KM1 和 KM2 控制，接触器 KM3、KM4 和 KM5 作△-丫丫变速切换。当 KM3 主触头闭合时，定子绕组为△联结，M1 低速运转；当 KM4 和 KM5 主触头闭合时，定子绕组为丫丫联结，M1 高速运转。M2 为快速移动电动机，它的正反转由接触器 KM6 和 KM7 控制。

2. 控制电路

（1）主轴电动机 M1 的正反转和点动控制

1）按下正转起动按钮 SB4，接触器 KM1 线圈通电，常开触头闭合自锁，主触头闭合，M1 起动正转。

2）按下反转起动按钮 SB2，其常闭触头断开，常开触头闭合，KM1 线圈断电，接触器 KM2 线圈通电，常开触头闭合自锁，主触头闭合，M1 起动反转。

3）当按下 SB3 时，常开触头闭合，线圈通电。同时常闭触头断开，切断自锁电路，正转或反转。放开按钮后线圈断电，即停转。

（2）主轴电动机 M1 的低速和高速控制

1）将主轴变速操作手柄扳向低速挡，按下正转起动按钮 SB4，KM1 线圈通电，其常开触头闭合自锁，主触头闭合，为 M1 起动做好准备。同时，KM1 常开触头闭合，KM3 线圈通电，KM3 常开触头闭合，使 YB 线圈通电，松开制动轮，

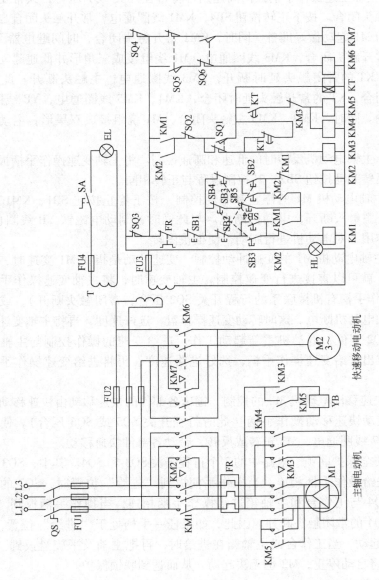

图 3-5　T68型卧式镗床的电气控制电路

KM3 触头闭合，将绕组接成三角形，M1 低速运转。此时，KM3 的常闭触头断开，闭锁 KM4 和 KM5。

2）将主轴变速操作手柄扳向高速挡，将行程开关 SQ1 压合，其常闭触头断开，常开触头闭合。按下正转按钮 SB4，KM1 线圈通电，常开触头闭合自锁，主触头闭。为 M1 起动做好准备。同时，KM1 常开触头闭合，时间继电器 KT 线圈通电，其常开触头闭合，KM3 线圈通电，M1 绕组接成三角形并低速起动。经过一段时间，KT 的常闭触头延时断开，KM3 线圈通电，主触头断开。此时 KM3 常闭触头闭合，KT 的常开触头延时闭合，KM4、KM5 线圈通电，YB 线圈通电，松开制动轮。同时，KM4、KM5 主触头闭合，M1 绕组接成双星形，电动机高速运转。

说明：主轴电动机反转时的低速和高速控制。将主轴变速操作手柄扳向低速挡，按下反转起动按钮 SB2，其控制过程与正转相同。

（3）主轴电动机 M1 的停止和制动控制 按下停止按钮 SB1，KM1 或 KM2 线圈通电，主触头断开，电动机断电。与此同时，制动电磁铁 YB 线圈也断电，在弹簧的作用下对电动机进行制动，便很快停转。

（4）主轴电动机 M1 的变速冲动控制 变速冲动是指在 M1 变速时，不用停止按钮 SB1 就可以直接进行变速控制。主轴变速时，将主轴变速操作手柄拉出（与变速操作手柄有机械联系的行程开关 SQ2 压合，常闭触头断开），或线圈断电，使主轴电动机断电。这时转动变速操作盘，选好速度，再将主轴变速操作手柄推回，SQ2 复位，电动机重新起动工作。进给变速的操作控制与主轴变速相同，只需拉出进给变速操作手柄，选好进给速度，再将进给变速操作手柄推回即可。

（5）快速移动电动机 M2 的控制 镗床各部件的快速移动由快速移动操作手柄控制。扳动快速移动操作手柄（此时行程开关 SQ5 或 SQ6 压合）。使接触器 KM6 或 KM7 线圈通电，M2 正转或反转，带动各部件快速移动。

（6）安全保护联锁 电路中的 2 个行程开关 SQ3 和 SQ4。其中，SQ3 与主轴及平旋盘进给操作手柄相连，当操作手柄扳到"进给"位置时，SQ3 的常闭触头断开；SQ4 与工作台和主轴箱进给操作手柄相连，当操作手柄扳到"进给"位置时，SQ4 的常闭触头断开。因此，如果任一手柄处于"进给"位置，M1 和 M2 都可以起动，当工作台或主轴箱在进给时，再把主轴及平旋盘扳到"进给"位置，M1 将自动停止，M2 也无法起动，从而达到联锁保护。

3. 照明电路

照明电路由降压变压器 T 供给 36V 安全电压。HL 为指示灯，EL 为照明灯，由开关 SA 控制。

二、T68 型卧式镗床常见电气故障的分析与检修

镗床电路的常见故障如下:

(1) 主轴电动机 M1 不能低速起动或仅能单方向低速运转 熔断器 FU1、FU2 或 FU3 熔体熔断,热继电器 FR 动作后未复位,停止按钮触头接触不良等原因,均能造成 M1 不能起动。变速操作盘未置于低速位置,使 SQ1 常闭触头未闭合,主轴变速操作手柄拉出未推回,使 SQ2 常闭触头断开,主轴及平旋盘进给操作手柄误置于"进给"位置,使 SQ3 常闭触头断开,或者各手柄位置正确。但压合的 SQ1、SQ2、SQ3 中有个别触头接触不良,以及 KM1、KM2 常开触头闭合时接触不良等,都能使 KM3 线圈不能通电,造成 M1 不能低速起动。另外,主电路中有一相熔断,KM3 主触头接通不良,制动电磁铁故障而不能松闸等,也会造成 M1 不能低速起动。

M1 仅能向一个方向低速运转,通常是由于控制正反转的 SB2 或 SB3 及 KM1 或 KM2 的主触头接触不良,或线圈断开、连接导线松脱等原因造成的。

上述故障,只要分别采用更换、调整即可修复。

(2) 主轴能低速起动但不能高速运转 主要原因是时间继电器 KT 和行程开关 SQ1 的故障,造成主轴电动机 M1 不能切换到高速运转。时间继电器线圈开路,推动装置偏移、推杆被卡阻或松裂损坏而不能推动开关,致使常闭触头不能延时断开,常开触头不能延时闭合,变速操作盘置于"高速"位置但 SQ1 触头接触不良等,都会造成 KM4、KM5 接触器线圈不能通电,使主轴电动机不能从低速挡自动转换到高速挡运动。

对上述故障的排除方法是:修复故障的时间继电器 KT 或行程开关 SQ1,更换损坏的部件且调整推动装置的位置。

(3) 进给部件不能快速移动 快速移动由快速移动电动机 M2、接触器 KM6、KM7 和行程开关 SQ5、SQ6 实现。当进给部件不能快速移动时,应检查行程开关的触头是否良好,KM6、KM7 的主触头接触是否良好,另外还要检查机械机构是否正常。

若行程开关 SQ5、SQ6 或 KM6、KM7 的主触头接触不良,则应修复触头或更换新件;若是机械机构的问题,则应进行机械调整予以解决。

◇◇◇ 第三节 15/3t 桥式起重机电气控制电路

桥式起重机是一种用来起吊和放下重物使重物在短距离内水平移动的起重机械。常见的有 5t、10t 单钩起重机及 15/3t、20/5t 等双钩起重机。现以常用的

15/3t 交流桥式起重机为例进行说明。

15/3t 交流桥式起重机由主钩（15t）、副钩（3t）、大车和小车四部分组成。其外形如图 3-6 所示。

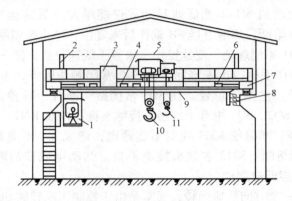

图 3-6　15/3t 交流桥式起重机的外形

1—驾驶室　2—辅助滑线架　3—交流磁力控制屏
4—电阻箱　5—起重小车　6—大车拖动电动机　7—端梁
8—三相主电源滑触线　9—主梁　10—主钩　11—副钩

大车的轨道敷设在沿车间两侧的柱子上，大车可在轨道上沿车间纵向移动；大车上有小轨道，供小车横向移动；主钩和副钩都在小车上。交流起重机的电源为 380V。由于起重机工作时是经常移动的，因此要采用可移动的电源线供电，一种是采用软电缆供电，软电缆可随大、小车的移动而伸缩，这仅适用于小型起重机；而常用的方法是采用滑触线和电刷供电。电源由三根主滑触线通过电刷引入起重机驾驶室内的保护控制盘上，三根主滑触线是沿着平行于大车轨道的方向敷设在车间厂房的一侧。提升机构、小车上的电动机，交流电磁制动器的电源是由架设在大车上的辅助滑触线来供给的；转子电阻也是通过辅助滑触线与电动机连接的。滑触线通常用圆钢、角钢、V 型钢或工字钢轨制成。

一、控制器简介

1. 凸轮控制器

凸轮控制器是利用凸轮来操作动触头动作的控制器，它主要用于功率不大于 30kW 的中小型绕线转子异步电动机电路中，借助其触头系统直接控制电动机的起动、停止、调速、反转和制动。

常用的凸轮控制器有 KTJ1、KTJ15、KT10、KT12 等系列。常见的凸轮控制器如图 3-7 所示。

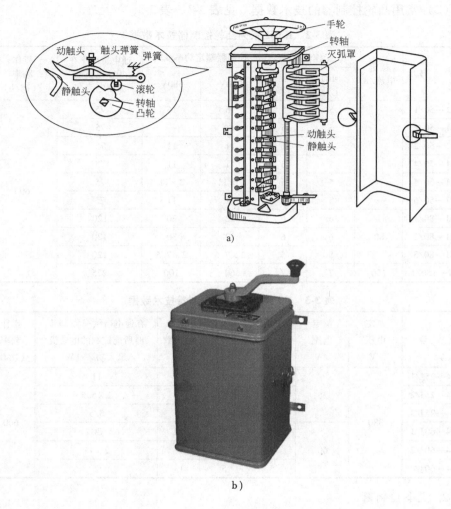

a)

b)

图 3-7 凸轮控制器

a) 结构示意图 b) KT14 系列凸轮控制器

（1）凸轮控制器型号 KT 系列凸轮控制器的意义如下：

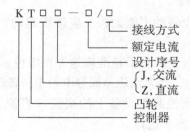

（2）常用凸轮控制器的技术数据 见表 3-2、表 3-3。

表 3-2 KTJ1 系列凸轮控制器技术数据

| 型 号 | 额定电流/A | 工作位置数 | | 控制器额定功率/kW | | 通电持续率在 40% 以下的工作电流/A | 操作频率/(次/h) |
		向前（上升）	向后（下降）	220V	380V		
KTJ1—50/1	50	5	5	16	16	75	600
KTJ1—50/2		5	5	—	—	75	
KTJ1—50/3		1	1	11	11	75	
KTJ1—50/4		5	5	11	11	75	
KTJ1—50/5		5	5	2×11	2×11	75	
KTJ1—50/6		5	5	11	11	75	
KTJ1—80/1	80	6	6	22	30	120	
KTJ1—80/2		6	6	22	30	120	
KTJ1—80/5		5	5	2×7.5	2×7.5	120	
KTJ1—150/1	150	7	7	60	100	225	

表 3-3 KT14 系列凸轮控制器技术数据

| 型 号 | 额定电压/V | 额定电流/A | 工作位置数 | | 触头数 | 在通电持续率为 25% 时所能控制的电动机最大功率/kW | 操作频率/(次/h) |
			向前（上升）	向后（下降）			
KT14—25J/1	380	25	5	5	12	11	600
KT14—25J/2			5	5	17	2×5.5	
KT14—25J/3			1	1	7	5.5	
KT14—60J/1		60	5	5	12	30	
KT14—60J/2			5	5	17	2×11	
KT14—60J/4			5	5	13	2	

2. 主令控制器

主令控制器主要适用于交流 50Hz，电压至 380V 及直流至 220V 的电路中，作频繁地按顺序操纵多个控制回路和转换控制电路之用，多用作起重机磁力控制屏等各类型电子驱动装置的遥远控制。其常见主令控制器的外形如图 3-8 所示。

3. 控制器的使用与维护

1）起动操作时，手轮转动不能太快，应逐级起动，防止电动机的冲击电流超过电流继电器的整定值。

2）控制器停止使用时，应将手轮准确地停在零位。

3）控制器要保持清洁，经常清除金属导电粉尘；转动部分应定期加以润滑。

4）凸轮控制器根据所控起重设备上的交流（直流）电动机的起动、调速、换向的技术要求和额定电流来选择。

图 3-8　主令控制器的外形

4. 凸轮控制器的常见故障与处理方法（见表 3-4）

表 3-4　凸轮控制器的常见故障与处理方法

故 障 现 象	产 生 原 因	处 理 方 法
主电路主触头间短路	① 灭弧罩破裂 ② 触头间绝缘损坏 ③ 手轮转动过快	① 调换灭弧罩 ② 调换凸轮控制器 ③ 降低手轮转动速度
触头熔焊	① 触头弹簧脱落或断裂 ② 触头脱落或磨光	① 调换触头弹簧 ② 更换触头
操作时有卡轧现象及噪声	① 滚动轴承损坏 ② 异物嵌入凸轮鼓或触头	① 调换轴承 ② 清除异物

二、15/3t 桥式起重机的电气控制电路分析

15/3t 交流桥式起重机的电气控制电路如图 3-9（见文后插页）所示。

1. 电气设备及保护装置

15/3t 交流桥式起重机大车两侧的主动轮分别由两台规格相同的电动机 M3 和 M4 拖动，用一台凸轮控制器 QM3 控制，两台电动机的定子绕组并联在同一电源上；YB3 和 YB4 为交流电磁制动器；行程开关 SQ5 和 SQ6 作为大车前后两个方向的终端保护。

主钩提升由一台电动机 M5 拖动，用一台主令控制器 SA 和一台磁力控制屏控制，YB5 和 YB6 为交流电磁制动器，提升限位开关为 SQ9。

副钩提升用一台电动机 M1 拖动，由一台凸轮控制器 QM1 来控制，YB1 为交流电磁制动器，SQ4 为副钩提升的限位开关。

总电源由断路器 QF1 控制，整个起重机电路和各控制电路均用熔断器作为短路保护，起重机的导轨应当可靠地接零。在起重机上，每台电动机均由各自的过电流继电器作为分路过载保护，过电流继电器是双线圈式的，其中任一线圈的电流超过允许值时，都能使继电器动作，断开常闭触头，切断电动机电源；过电流继电器的整定值一般整定在被保护的电动机额定电流的 2.25 ~ 2.5 倍，总电流过载保护的过电流继电器 KUC 是串接在公用线的一相中，它的线圈中电流将是流过所有电动机定子电流的和，它的整定值不应超过全部电动机额定电流总和的 1.5 倍。

为了保障维修人员的安全，在驾驶室舱口门盖及横梁栏杆门上分别装有安全行程开关 SQ1、SQ2、SQ3，其常开触头与过电流继电器的常闭触头相串联，若有人由驾驶室舱口或从大车轨道跨入桥架时，安全行程开关将随门的开启而分断触头，使主接触器 KM1 因线圈断电而释放，切断电源；同时主钩电路的接触器也因控制电源断电而全部释放，这样起重机的全部电动机都不能起动运行，保证了人身的安全。

起重机还设置了零位联锁，所有控制器的手柄都必须扳回零位后，按起动按钮 SB1，起重机才能起动运行；联锁的目的是为了防止电动机在电阻切除的情况下直接起动，否则，会产生很大的冲击电流而造成事故。

在驾驶室的保护控制盘上安装有一个单刀紧急开关 SA2，其串联在主接触器 KM1 的线圈电路中，通常是合上的；当发生紧急情况时，驾驶员可立即拉开此开关，切断电源以防事故扩大。

电源总开关、熔断器、主接触器 KM1 以及过电流继电器都安装在保护控制盘上；保护控制盘、凸轮控制器及主令控制器均安装在驾驶室内，便于司机操纵；电动机转子的串联电阻及磁力控制屏则安装在大车桥架上。

供给起重机的三相交流电源（380V）由集电器从滑触线（导电轨）引接到驾驶室的保护控制盘上，再从保护控制盘引出两相电源送至凸轮控制器、主令控制器、磁力控制屏及各台电机。另外一相，称为电源的公用相，直接从保护控制盘接到各电动机的定子绕组接线端上。

安装在小车上的电动机、交流电磁制动器和行程开关的电源都是从滑触线上引接的。

2. 电气控制电路分析

（1）主接触器 KM1 的控制 在起重机投入运行前，应当将所有凸轮控制器的手柄扳到"零位"，则凸轮控制器 QM1、QM2 和 QM3 在主接触器 KM1 控制电路（7 - 9 区）的常闭触头都处于闭合状态，然后按下保护控制盘上的起动按钮 SB1，KM1 线圈获电吸合，KM1 主触头闭合，使各电动机三相电源进线通电；同时，接触器 KM1 的常开辅助触头闭合（7 区）自锁，主接触器 KM1 线圈便从另一条通路得电。但由于各凸轮控制器的手柄都扳在零位，只有 L1 相电源送入电动机定子，而 L2 和 L3 两相电源没有送到电动机定子绕组，故电动机还不会运转，必须通过凸轮控制器控制电动机运转。

（2）凸轮控制器的控制　15/3t 交流桥式起重机的大车、小车和副钩都是由凸轮控制器控制的。

现以小车为例来分析凸轮控制器 QM2 的工作情况。起重机投入运行前，把小车凸轮控制器的手柄扳到"零位"，此时大车和副钩的凸轮控制器也都放在"零位"，然后按下起动按钮 SB1，主接触器 KM1 线圈获电吸合，KM1 主触头闭合，总电源被接通。当手柄扳到向前位置的任一挡时，凸轮控制器 QM2 的主触头闭合，分别将 V4、2M3 和 W4、2M1 接通，电动机 M2 正转，小车向前移动；反之将手柄扳到向后位置时，凸轮控制器 QM2 的主触头闭合，分别将 V4、2M1 和 W4、2M3 接通，电动机 M2 反转，小车向后移动。

当将凸轮控制器 QM2 的手柄扳到第一挡时，五对常开触头（4 区）全部断开，小车电动机 M2 的转子绕组串入全部电阻器，此时电动机转速较慢；当凸轮控制器 QM2 的手柄扳到第二挡时，最下面一对常开触头闭合，切除一段电阻器，电动机 M2 加速。这样，凸轮控制器手柄从一挡循序转到下一挡的过程中，触头逐个闭合，依次切除转子电路中的起动电阻器至电动机 M2 达到额定的转速下运转。

大车的凸轮控制器，其工作情况与小车的基本类似。但由于大车的一台凸轮控制器 QM 同时控制 M3 和 M4 两台电动机，因此多了 5 对常开触头，以供切除第二台电动机的转子绕组串联电阻器用。

副钩的凸轮控制器 QM1 的工作情况与小车相似，但由于副钩带有负载，并考虑到负载的重力作用，在下降负载时，应把手柄逐级扳到"下降"的最后一挡，然后根据速度要求逐级退回升速，以免引起快速下降造成事故。

当运转中的电动机需反方向运转时，应将凸轮控制器的手柄先扳回到"零位"，并略微停顿一下，再作反向操作，以减小反向时的冲击电流，同时也使传动机构获得较平稳的反向过程。

（3）主令控制器的控制　由于主钩电动机 M5 的功率较大，应使其在转子电阻对称的情况下工作，使三相转子电流平衡，故采用了主令控制器 SA 来控制。

15/3t 交流桥式起重机控制主钩升降的主令控制器有 12 副触头（SA1 ~ SA12），可以控制 12 条回路。

主钩上升时，主令控制器 SA 的控制与凸轮控制器的动作基本类似，但它是通过接触器来控制的。当接触器 KM2 和 KM4 线圈获电吸合时，主钩即上升。

主钩的下降有 6 挡位置，"C""1""2"挡为制动下降位置，即使重负载能低速下降，形成反接制动状态；"3""4""5"挡为强力下降位置，主要用作轻负载快速下降。下面分析主令控制器的工作情况。

先合上电源开关 QS3，并将主令控制器 SA 的手柄扳到"C"位置，触头 SA1 闭合，欠电压继电器 KA 因线圈获电（18 区）而吸合，其常开触头闭合

（19 区）自锁，为主钩电动机 M5 工作做好准备。

1）扳到制动下降"C"时：主令控制器 SA 的 SA3、SA6、SA7、SA8 闭合，行程开关 SQ9 也闭合，接触器 KM2、KM9、KM10 因线圈获电而动作。由于触头 SA4 分断，故制动接触器 KM4 线圈未获电，制动器的抱闸未松开。尽管上升接触器 KM2 已获电而动作，电动机 M5 已获电并产生了提升方向的转矩，但在制动器的抱闸和载重的重力作用下，迫使点动机 M5 不能起动旋转。此时，转子电路接入四段起动电阻器，为起动做准备。

2）扳到制动下降"1"时：当主令控制器 SA 的触头 SA3、SA4、SA6、SA7 闭合时，制动接触器 KM4 线圈获电吸合，电磁制动器 YB5、YB6 的抱闸松开；同时接触器 KM2、KM9 线圈获电吸合。由于触头 SA8 断开，使接触器 KM10 因线圈断电而释放，转子电路接入五段电阻器，同时使电动机 M5 产生的提升方向的电磁转矩减小；若此时载重足够大，则在负载重力的作用下，电动机开始作反向（重物下降）运转，电磁转矩成为反接制动转矩，重负载低速下降。

3）扳到制动下降"2"时：当主令控制器 SA 的触头 SA3、SA4、SA6 闭合时，SA7 断开，接触器 KM9 断电释放，此时转子电阻器全部被接入，使电动机向提升方向的转矩进一步减小，重负载下降速度比"1"位置的增加。这样可以根据重负载情况选择第二挡位置或第三挡位置，作为重负载合适的下降速度。

4）扳到强力下降"3"时：当主令控制器 SA 的触头 SA2、SA4、SA5、SA7、SA8 闭合时，SA3 断开，把上升行程开关 SQ9 从控制回路中切除；SA6 断开，上升接触器 KM2 因线圈断电而释放；SA5 闭合，下降接触器 KM3 因线圈获电而动作；SA7、SA8 闭合，接触器 KM9、KM10 因线圈获电而吸合，使转子电路中有四段电阻器，制动接触器 KM4 通过 KM2 的常开触头（23 区）闭合自锁。若保证在接触器 KM2 与 KM3 的切换过程中保持通电松闸，就不会产生机械冲击。这时，轻负载在电动机 M5 反转矩（下降方向）的作用下开始强力下降。轻负载在电动机转矩作用下下降，称为强力下降。

5）扳到强力下降"4"时：当主令控制器 SA 的触头 SA2、SA4、SA5、SA7、SA8、SA9、SA10、SA11、SA12 闭合时，接触器 KM5 因线圈获电而吸合，KM5 常开触头（28 区）闭合，接触器 KM6、KM7、KM8 因线圈先后获电而吸合，使它们的常开触头依次闭合，电阻器被逐级切除，从而避免过大的冲击电流；最后，电动机 M5 以最高速度运转，负载加速下降。在这个位置上，下降较重负载时，负载转矩大于电磁转矩，转子转速大于同步转速，电动机成为发电制动状态。

如果要取得较低的下降速度。就需要把主令控制器扳回到制动下降"1"、"2"进行反接制动下降。为了避免在转换过程中可能发生过高的下降速度，因此用 KM8 的常开触头（31 区）自锁；同时，为了不影响提升的调速，在联锁电路中再串一副 KM3 的常开触头（26 区）。如果没有以上的联锁装置，则当手柄扳向零位回转时，如果要在下降过程中停下来，或要求低速下降时，若操作人员不小心把手柄停留在位置"3"或"4"上，那么下降速度就要增加，不仅会产生冲击电流，且可能发生事故。

在磁力控制屏电路中，串接在接触器 KM2 线圈电路中的 KM8 常闭触头（22区）与接触器 KM2 的常开触头（21区）并联，只有在接触器 KM8 线圈断电的情况下，接触器 KM2 线圈才能获电并自锁，这就保证了只有在转子电路中保持一定的附加电阻器的前提下才能进行反接制动，以防止反接制动时造成过大的冲击电流。

三、15/3t 桥式起重机常见电气故障的分析与检修

（1）合上断路器 QF1 并按 SB1 后，主接触器 KM1 不吸合

1）线路无电压。可用万用表测试断路器 QF1 进线端电压是否正常，并查清原因，予以清除。

2）熔断器 FU1 熔断。更换熔断器 FU1 的熔体。

3）紧急开关 SA2 或安全行程开关 SQ1、SQ2、SQ3 未合上。只要合上紧急开关 SA2 或安全行程开关 SQ1、SQ2、SQ3 即可。

4）主接触器 KM1 线圈断路。可更换接触器 KM1 线圈。

5）凸轮控制器没在"零位"，则触头 QM1、QM2、QM3 断开。应将所有凸轮控制器的手柄扳到"零位"。

（2）合上熔断器 QF1 并按下按钮 SB1 后，主接触器 KM1 吸合，但过电流继电器动作 这种故障的原因一般是凸轮控制器电路接地。检修时可将保护配电盘上凸轮控制器的导线都断开，然后再将 3 个凸轮控制器逐个接上，根据过电流继电器的动作确定接地的凸轮控制器，并用绝缘电阻表找出接地点。

（3）当电源接通并合上凸轮控制器后，电动机不转动

1）凸轮控制器的接触指与铜片未接触。应检查凸轮控制器的接触指与铜片，并使其接触良好。

2）集电器发生故障。检查集电器并使其接触良好。

3）电动机定子绕组或转子绕组断路。可依次检查电动机定子绕组的接线端、定子绕组和转子绕组，并修复。

（4）当电源接通并合上凸轮控制器后，电动机起动运转，但不能发出额定功率，且转速降低

1）线路电压下降。检查电压下降的原因并修复。

2）制动器未完全松开。检查并调整制动器。

3）转子电路中串接的起动电阻器完全切除。检查凸轮控制器中串接起动电阻器的接线端接触是否良好，并调整接触端。

4）凸轮控制器机械卡阻。检查并排除机械卡阻。

（5）凸轮控制器在工作时接触指与铜片冒火甚至烧坏

1）控制器的接触指与铜片接触不良。应调整控制器的接触指与铜片间的压力。

2）控制器过载。减轻负载或调为较大容量的凸轮控制器。

（6）制动电磁铁响声较大

1）制动电磁铁过载。应减轻负载或调整弹簧压力。

2）铁心板面有油污。应清除油污。

（7）制动电磁铁线圈过热

1）电磁铁线圈电压与线路电压不符。应更换电磁铁线圈，如三相电磁铁，可将三角形联结改成星形联结。

2）电磁铁的牵引力过载。应调整弹簧压力或重锤位置。

3）在工作位置上，电磁铁的可动部分与静止部分有间隙。可调整电磁铁的机械部分，减小间隙。

4）制动器的工作条件与线圈数据不符。可更换符合工作条件的线圈。

5）电磁铁铁心歪斜或机械卡阻。应清除机械卡阻物并调整铁心位置。

◆◆◆ 第四节　B2012A 型龙门刨床电气控制系统

刨床是使用刨刀对加工工件的平面、沟槽或成形表面等进行刨削的机床。刨床主要有牛头刨床、龙门刨床和单臂刨床等。牛头刨床是由滑枕带着刀架作直线往复运动；龙门刨床由工作台带着工件通过龙门框架作直线往复运动；单臂刨床与龙门刨床的区别是只有一个立柱，故适用于宽度较大而又不需在整个宽度上加工的工件。现以 A 系列 B2012A 型龙门刨床为例进行说明，该机床的型号意义如下：

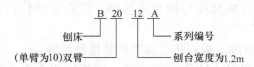

B2012A 型龙门刨床主要用来加工各种平面、斜面、槽以及大型而狭长的机械零件。其运动方式较多，结构复杂，外形如图 3-10a 所示。A 系列龙门刨床电气控制系统既包括交直流电动机、电器的继电-接触式控制，又包括多种反馈控制，属于复合控制系统。

一、生产工艺对电气控制系统的要求

A 系列龙门刨床电气控制系统主要是控制工作台的，其生产工艺主要是刨削（或磨削）大型、狭长的机械零件。控制目标是控制工作台自动往复循环运动和

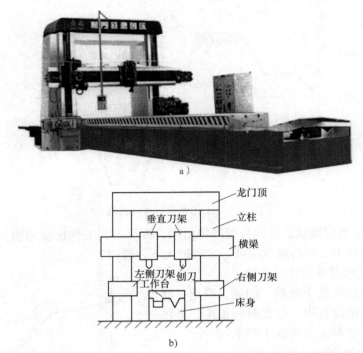

a)

龙门顶
垂直刀架
立柱
横梁
左侧刀架 刨刀
右侧刀架
工作台
床身

b)

图 3-10 A 系列龙门刨床的外形和结构示意图

a）外形 b）结构示意图

调速。其控制要求如下：

1. 调速范围要宽

$D = n_{max}/n_{min} = 10 \sim 30$，低速挡：$6 \sim 60 \mathrm{m/min}$，高速挡：$9 \sim 90 \mathrm{m/min}$，每挡都是 10：1，由电气控制无级调速，高低挡由一级齿轮变速。刨削时最低速为 $4.5 \mathrm{m/min}$，磨削时最低速为 $1 \mathrm{m/min}$。

2. 自动循环，速度可调

切削加工时可以慢速切入和切出，以保护工件和刀具，切削速度可调；返回换向前要自动减速制动，换向后要自动加速起动，返回速度要可调，要高速，以缩短非生产时间，提高生产效率。总之，要完成图 3-11 所示的各种工况。

图中：

$O \sim t_2$ 段表示刨台起动，刨刀切入工件的阶段，为了减小刨刀刚切入工件的瞬间，刀具所受的冲击及防止工件被崩坏，此阶段速度较低。

$t_2 \sim t_4$ 段为刨削段，刨台加速至正常的刨削速度。

$t_4 \sim t_5$ 段为刨刀退出工件段，为防止边缘被崩裂，同样要求速度较低。

$t_5 \sim t_8$ 段为返回段，返回过程中，刨刀不切削工件，为节省时间，提高加工效率，返回速度应尽可能高些。

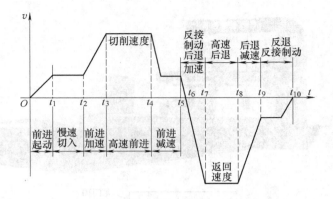

图 3-11　工作台运行速度曲线

$t_8 \sim t_{10}$ 段为缓冲区。返回行程即将结束，再反向到工作速度之前，为减小对传动机械的冲击，应将速度降低，之后进入下一周期。

3. 过渡过程要快速、平稳

工作台经常处于起动、加速、减速、制动及换向的过渡过程中，稳态时间很少，必须尽量缩短过渡过程（为提高生产率）。

4. 静特性要好，静差度要小

为提高加工表面质量，必须尽量减小负载变化所引起的速度波动，一般要求静差度 $s = (n_0 - n_e)/n_0 \leqslant 5\% \sim 10\%$。同时，系统应具有

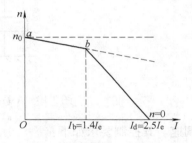

图 3-12　工作台的静特性

"挖土机"一样的软特性，以保护机械及电动机。其静特性如图 3-12 所示。

（1）低速区　刨台运动速度较低时，此时刨刀允许的切削力由电动机最大转矩决定。电动机确定后，即确定了低速加工时的最大切削力。因此，在低速加工区，电动机为恒转矩输出。

（2）高速区　速度较高时，此时切削力受机械结构的强度限制，允许的最大切削力与速度成反比，因此，电动机为恒功率输出。

5. 其他要求

1）进给运动（刀架）要能点动、自动快进与工进。

2）辅助运动（抬刀、放刀、横梁升降、夹紧）要可靠。

3）必须设置必要的过载、联锁、限位等保护环节。

二、B2012A 型龙门刨床电气控制系统的组成

目前国内外龙门刨床采用的主传动系统主要有三种形式：晶闸管-直流电动机系统（SCR-M 系统）、直流发电机-直流电动机系统（G-M 系统）和感应电动

机-电磁离合器系统（I-C系统）。SCR-M系统技术上已很成熟，但因为要实现正反转运行，使得电路复杂程度大大增加，工作可靠性降低，价格较高。G-M系统有良好的控制性能，在刨床中大量采用，但其设备庞大，价格昂贵且效率不高。I-C系统依靠电磁离合器实现正反转，离合器磨损严重，工作稳定性欠佳且不便于调速，仅用于轻型龙门刨床。

我国现行生产的龙门刨床的主拖动方式以直流发电机-电动机组及晶闸管-电动机系统为主，A系列龙门刨床采用交磁扩大机作为励磁调节器的直流发电机-电动机系统，通过调节直流电动机电压来调节输出速度，并采用两级齿轮变速箱变速的机电联合调节方法。

图3-13所示为B2012A型龙门刨床电气设备及控制系统相互关系框图。

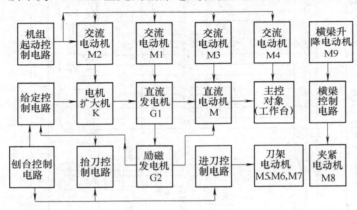

图3-13　A系列龙门刨床电气设备及控制系统相互关系框图

图3-13中，龙门刨床共有13台电机，其中4台直流电机：K、G1、G2、M组成主拖动系统；9台交流电动机辅助主拖动系统完成控制。交流电动机M1用来驱动G1和G2旋转；交流电动机M2拖动电机扩大机K旋转；交流电动机M3给直流电动机M通风用；交流电动机M4为工作台润滑。

龙门刨床的电气控制系统包括有：主拖动机组的控制、工作台的控制、给定控制、刀架自动进给与抬刀控制、横梁升降的控制等。

三、B2012A型龙门刨床电气控制电路的分析

龙门刨床的电气控制电路比较复杂，首先将其分解为若干个相对独立的组成部分，如：交流电动机主电路、给定控制电路、机组起动控制电路、刀架控制电路、横梁控制电路、工作台控制电路等，然后逐个进行研究并简化，这就是"化整为零"、"先易后难"。因为各组成部分并非绝对独立，相互之间彼此关联，最后加以整合。

B2012A型龙门刨床电气控制电路如图3-14所示。

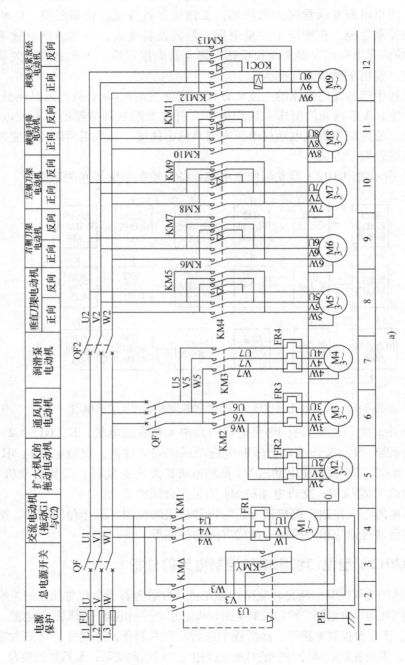

图3-14 B2012A型龙门刨床电气控制电路

a）主电路

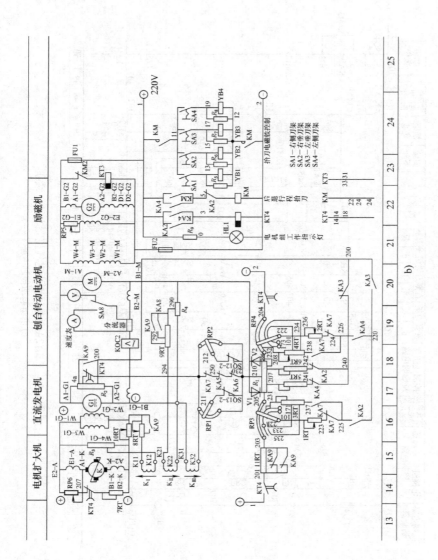

图3-14 B2012A型龙门刨床电气控制电路（续）

b）给定控制电路

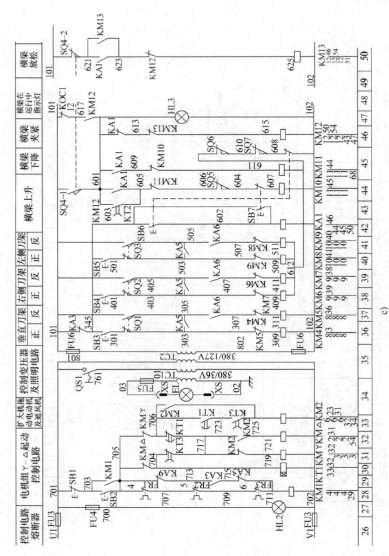

图3-14　B2012A型龙门刨床电气控制电路（续）

c）机组起动控制电路（一）

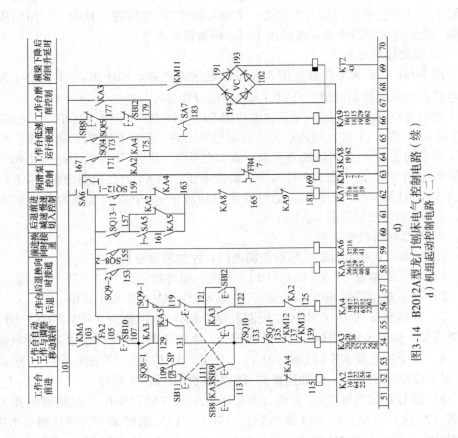

图3-14 B2012A型龙门刨床电气控制电路(续)

d) 机组起动控制电路

1. 交流电动机主电路

图 3-14a 所示为 9 台交流电动机的主电路，其中 M1 与直流发电机 G1 及励磁发电机 G2 同轴连接，并拖动 G1 和 G2 旋转；交流电动机 M2 与交磁电机扩大机 K 同轴连接，并拖动 K 旋转；交流电动机 M3 安装在直流电动机 M 的上面，用做通风；交流电动机 M4 安装在床身右侧，用做润滑；交流电动机 M5 安装在横梁右侧，用做垂直刀架水平进刀和垂直进刀；交流电动机 M6 和 M7 均安装在右侧立柱上，用做左右侧刀架上下运动；交流电动机 M8 安装在立柱顶上，用做横梁升降；交流电动机 M9 安装在横梁中间，用做横梁夹紧。

2. 给定控制电路

图 3-14b 所示为工作台直流调速及电磁抬刀电路。图中 K_I、K_{II}、K_{III} 为交磁电机扩大机的控制绕组，分别引入给定信号和各种反馈信号。

控制绕组 K_{III}（15 区）与调速电位器 RP3（16 区）、RP4（19 区）、电阻 R_1（17 区）及 R_2（17 区）组成扩大机给定信号回路，供给扩大机励磁电压。当需要工作台前进时，G2 发出的直流电压就加在 RP3、R_1 和 RP4 上，并通过 RP3 的滑臂取出相对于 R_1 中点的极性为正的给定电压，经 R_2 加在控制绕组 K_{III} 上；当需要工作台后退时，通过 RP4 的滑臂取出相对于 R_1 中点的极性为负的给定电压，经 R_2 加在控制绕组 K_{III} 上。

3. 机组起动控制电路

图 3-14c、d 所示为机组起动控制电路，控制过程分析如下：

1）合上断路器 QF（2 区），QF1（6 区）电源指示灯 HL2（27 区）亮。

2）按下起动按钮 SB2（28 区），线圈 KM1、KMY 及 KT1 得电。

3）因接触器 KM1（28 区）线圈获电，KM1 常开触头（703、705）闭合，电路自锁；同时 KM1 主触头（4 区）闭合，电动机 M1 定子绕组接通三相电源。

4）由于接触器 KMY 线圈（31 区）获电，其主触头（3 区）闭合，电动机 M1 星形联结减压起动，同轴连接的直流发电机 G1 和 G2 运转。

5）随着励磁发电机 G2 发电，若输出电压升高至 75% U_N，时间继电器 KT3 线圈（23 区）获电，因 KT3 常闭触头（704、717）瞬时断开，使接触器 KMY 线圈断电，则电动机 M1 断电后惯性运转，另一方面 KMY 联锁触头（705、706）复位；同时，KT3 常开触头（723、725）瞬时闭合。

6）时间继电器 KT1 线圈（30 区）获电后，一对触头（706、717）延时（3~4s）断开；另一对触头（706、723）延时（3~4s）闭合。

7）接触器 KM2（33 区）线圈获电，其各对触头动作如下：

① KM2 主触头闭合，电动机 M2 和 M3 运行。

② KM2 的辅助常闭触头（23 区）断开，KT3 线圈断电。

③ KM2 的常闭触头断开（717、719），联锁接触器 KMY。

④ KM2 的常开触头（717、721）闭合。

8）因 KT3 线圈断电，一方面其触头（704、717）延时（1s）闭合，接触器 KM △线圈获电，KM △主触头闭合，电动机 M1 三角形联结运行（M1 起动完毕）；另一方面，其触头（723、725）延时（1s）断开。

9）接触器 KM △的常闭触头（704、705）断开，时间继电器 KT1 线圈断电；KM △（54 区）常开触头（101、103）闭合，为刨台开车创造条件。

由上可见，由于时间继电器 KT3 的存在，保证了只有励磁发电机 G2 正常工作时，KT3 和 KM2 才可能吸合，M1 才可能完成丫-△变换。同时因 KM △的常开触头（54 区）接在工作台的控制电路中，保证了电动机 M 不会在没有磁场或弱磁的情况下运行。电动机 M2 起动后，拖动电机扩大机 K 起动运转。

热继电器 FR1、FR2 和 FR3 分别作为交流电动机 M1、M2 和 M3 的过载保护用。当三台电动机中任一台电动机过载时，使其相关的热继电器常闭触头断开（28 区），由于有中间继电器 KA5、KA3、KA9 触头的一条通路（29 区），接触器 KM1 线圈不会立即断电释放；只有当工作台后退换向时，中间继电器 KA5 的常闭触头断开，接触器 KM1 线圈才会断电释放，从而保证了工作台始终停止在后退终了的位置上。

4. 工作台控制电路

B2012A 型龙门刨床的工作台应能满足三种速度要求，如切削速度与冲击力为刀具所能承受时，利用转换开关可取消慢速切入环节，如图 3-15a 所示；当机床进行磨削加工时，利用转换开关把慢速切入和后退减速环节取消，如图 3-15b 所示。

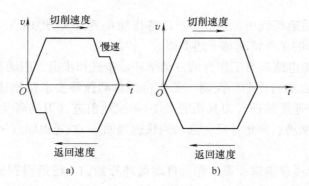

图 3-15 B2012A 型龙门刨床工作台的速度图

a）取消慢速切入环节 b）取消慢速切入和后退减速环节

如图 3-16 所示，工作台自动循环是由装在床身侧面的 6 个行程开关 SQ8、SQ9、SQ10、SQ11、SQ12、SQ13（都采用滚动—瞬动—自动复位式结构），配合工作台交流控制电路及直流部分来完成的。利用开关位置的动作控制交流继电器的通断，而交流继电器触头的通断控制直流电路，使电机扩大机的控制绕组得到了不同的反馈信号，经放大后供给直流发电机励磁绕组以强弱不同的电压；而主拖动电动机根据发电机供给的高低不同的电压，来拖动工作台实现各种工作状态。

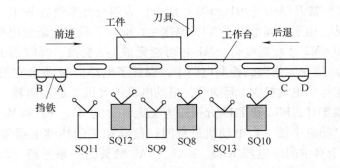

图 3-16　工作台行程开关的零位状态

　　图中挡铁 A、B 和挡铁 C、D 位于不同的平面内，如工作台前进到一定位置时，先是挡铁 A、B 中的撞块 A 碰撞行程开关 SQ12，以发出"前进减速"的控制信号，使刀具在工作台低速下离开工件；然后撞块 B 将压下行程开关 SQ8，发出"前进停止"和"反向后退"的控制信号，工作台经过一段越位（工件离开刀具一段距离）开始后退，若此时行程开关 SQ8 失灵不起作用，工作台继续前进，则撞块致使终端保护的行程开关 SQ10 动作，发出"超程"信号，使工作台立刻停止前进。

　　在工作台后退行程中，挡铁 C、D 各压动位置开关 SQ13、SQ9 和终端保护行程开关 SQ11 的工作情况与上述类似。

　　工作台控制电路具有工作台的自动循环、步进和步退、制动和调速等控制。

　　（1）工作台的自动循环控制　工作台的自动循环要求按慢速前进（刀具切入工件）→工作速度前进（刀具切削工件）→减速前进（刀具离开工件）→反向快速退回（迅速制动、停止并反向起动到快速退回）→减速退回（退回结束前）的程序自动控制。

　　1）工作台慢速前进：设工作台自动循环开始前，已返回到最初位置，即撞块 C、D 压下开关 SQ13 和 SQ9，使常闭触头 SQ13-2（17 区）和 SQ9-1（56 区）断开，常开触头 SQ13-1（60 区）和 SQ9-1（56 区）闭合。此时位置开关 SQ8 和 SQ12 处于未动作状态。

　　按下"前进按钮"SB9（53 区），中间继电器 KA3 线圈获电，KA3 的常开触头（54 区）闭合自锁，中间继电器 KA5 线圈获电。KA3 的常开触头（52 区）

闭合，中间继电器 KA2 线圈获电，KA2 在直流电路中的常开触头（22 区）闭合，使时间继电器 KT4 线圈获电吸合，KT4 的两对常开触头（14 区和 20 区）瞬时闭合，使 K$_{\mathbb{III}}$ 接通直流电源。此时 KA5 常闭触头（55 区）虽已断开，但由于润滑泵电动机 M4 已起动工作，并达到一定的压力，使压力继电器的常开触头 SP（53 区）闭合，故 KA3 线圈仍获电，KA3 在直流励磁电路中的常开触头（220、200）闭合。由于转换开关 SA5（60 区）已处于接通的位置上，当 KA5 的常开触头（60 区）闭合时，中间继电器 KA7 线圈获电。此时，工作台自动工作、工作台前进及前进减速（慢速切入）的电路全部接通。

在直流电路中，中间继电器 KA2 及 KA7 的常开触头（16 区和 17 区）闭合，同时由于 KA5 和 KA7 的常闭触头（18 区）断开，使 RP1 全部电阻与 RP2 部分电阻接入控制绕组 K$_{\mathbb{III}}$ 回路，电机扩大机控制绕组 K$_{\mathbb{III}}$ 中便加入综合电压。此时因励磁电压降低且串入了较大的电阻，故加于电机扩大机控制绕组 K$_{\mathbb{III}}$ 的给定电压较低，扩大机和直流发电机的输出电压也较低，直流电动机即以低速运行，使工作台在慢速下切入工件。

当工作台以工作速度前进或快速后退时，加速电阻调节器 RP1 与 RP2 是被短路的。当工作台减速或换向时，RP1 与 RP2 接入控制绕组 K$_{\mathbb{III}}$ 回路，调节 RP1 的手柄位置，可以调节工作台前进减速及前进换后退时的越位大小和机械冲击力度。同样调节 RP2 的手柄位置，可以调节后退减速及后退反前进时的越位大小和机械冲击力度。

2）工作台以工作速度前进：当刀具切入工件后，要求工作台转以正常工作速度前进，这时撞块 C、D 中的 D 离开开关 SQ9，常闭触头 SQ9-1 恢复闭合，为工作台退回做好准备；常开触头 SQ9-2 恢复断开，使中间继电器 KA5 线圈断电释放，KA5 的常开触头（60 区）恢复断开，中间继电器 KA7 的线圈断电释放，KA7 常开触头（17 区）断开，切断了工作台慢速前进回路。接着，撞块 C 离开开关 SQ13，其常开触头 SQ13-1（60 区）恢复断开，常闭触头 SQ13（17 区）恢复闭合。

由于 KA5 的常闭触头（250、230）、KA7 的两对常闭触头（16 区和 18 区）恢复闭合，此时中间继电器 KA2 的常开触头（16 区）仍闭合，使工作台加速到工作速度前进。调节 RP3 手柄的位置即可调节控制绕组 K$_{\mathbb{III}}$ 的励磁电压，也就改变了扩大机、直流发电机的输出电压，从而改变了直流电动机的转速，使工作台按指定的速度前进。同样，调节 RP4 手柄的位置，可调节工作台快速后退的速度。

3）工作台减速前进：当刀具将要离开工件时，又要求工作台转为减速前进。这时撞块 A 碰撞并压下行程开关 SQ12，使常开触头 SQ12-1 闭合（62 区），中间继电器 KA7 的线圈又获电动作，工作台又减速前进。由于 SQ12-2 常闭触头断开（18 区），电阻 RP2 全部串入控制绕组 K$_{\text{Ⅲ}}$ 回路中，接入部分电阻 RP1，使控制绕组 K$_{\text{Ⅲ}}$ 的励磁电流减小，给定电压降低，工作台转为减速前进。这样限制了反向过程中主回路冲击电流，减小对传动机构的冲击。

4）工作台反向快速退回：当刀具已离开工件，工作台前进行程结束时，撞块 B 将行程开关 SQ8 压动，其常闭触头 SQ8-1（52 区）断开，中间继电器 KA2 线圈断电释放，常开触头 SQ8-2（59 区）闭合，中间继电器 KA6 线圈获电，KA6 的常闭触头（230、210）断开，保证电阻 RP1 和 RP2 在工作台反向时继续串接在控制绕组 K$_{\text{Ⅲ}}$ 中。

由于控制绕组 K$_{\text{Ⅲ}}$ 的给定电压极性相反，所以扩大机和发电机的输出电压极性也相反，电动机在反接制动状态下被制动停止，然后反向起动并加速，使工作台加速退回。

当工作台加速退回时，撞块 B 离开行程开关 SQ8，它的常闭触头 SQ8-1（52 区）恢复闭合，为中间继电器 KA2 线圈获电、工作台转换正向前进做准备。SQ8-2 常开触头（59 区）恢复断开，使中间继电器 KA6 线圈断电释放，KA6 的常闭触头（18 区）恢复闭合，切除了电阻 RP1 和 RP2，使工作台快速退回。

在工作台快速后退的同时，由于 KA4 的常开触头闭合（22 区），接触器 KM 的线圈获电吸合，KM 的两对常开触头（24 区）闭合，接通了抬刀控制电路，转换开关 SA1～SA4 分别控制抬刀电磁铁 YB1～YB4 抬刀。要使用哪一个刀架，就将相应的转换开关扳到接通的位置上，使刀架在工作台快速退回行程时，自动抬刀。

5）工作台转为下一循环工作：工作台后退行程结束时，撞块 D 又碰撞行程开关 SQ9，常闭触头 SQ9-1 断开（56 区），中间继电器 KA4 线圈断电释放，切断工作台后退控制电路。KA4 的常闭触头（52 区）恢复闭合，使中间继电器 KA2 线圈获电吸合，工作台前进，控制电路再次接通。控制绕组所加电压又变为正向给定电压，刀具在工作台慢速前进时再次切入工件。每完成一次循环，就重复一次上述的运行过程，实现了工作台往返自动循环工作。

（2）工作台的步进和步退　有时为了调整机床，需要工作台步进或步退移动。这时与工作台联锁的中间继电器 KA3 未动作，KA3 的常开触头（20 区）断开了工作台自动循环工作时控制绕组 K$_{\text{Ⅲ}}$ 的励磁电路，工作台便可进行步进和步退控制了。

工作台步进控制即工作台点动前进控制。按下步进按钮 SB8，中间继电器 KA2 线圈获电，KA2 的常开触头（22 区）闭合，使时间继电器 KT4 线圈获电，KT4 的两对常开触头（14 区及 20 区）瞬时闭合，控制绕组 K$_{\text{Ⅲ}}$ 加入给定电压，此时 KA2 的常闭触头（18 区）是断开的。工作台便步进，由于中间继电器 KA3 不吸合，故 KA2 不能自锁，松开按钮 SB8，工作台便停止。工作台步进、步退控制电路如图 3-17 所示。

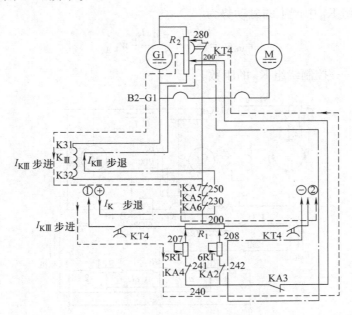

图 3-17　工作台的步进、步退控制电路

此时控制绕组 $K_{Ⅲ}$ 的给定电压较低，加之有限流电阻 5RT 或 6RT（调节 5RT 或 6RT 的阻值即可调节工作台"步进"或"步退"的速度）的限制，所以工作台"步进"或"步退"的速度并不高，这样的速度对于调整机床是合适的。

需要工作台的步退控制时，按动步退按钮 SB12（57 区），工作情况与步进相似，读者可自行分析。

（3）主拖动自动调整系统　龙门刨床主拖动系统的自动调整是一个关键性问题。因为电机扩大机具有较大的放大系数，采用电压负反馈、电流正反馈、电流截止负反馈和桥形稳定环节，用来作为调节发电机 G1 的励磁，从而调整直流电动机的转速和性能。

控制绕组 $K_{Ⅲ}$ 与电阻 R_2 组成电压负反馈电路，如图 3-18 所示。电阻 R_2 与发电机 G1 的电枢并联，从 R_2 的一段电阻上取出电压负反馈信号 U_{FB} 和扩大机给定信号 U_g，以相反的极性串联相接而加于控制绕组 $K_{Ⅲ}$ 上，这个电压负反馈信号用于提高直流电动机 M 机械特性的硬度及加速直流电动机的起动、反向和停止的过渡过程。

控制绕组 $K_{Ⅲ}$ 中的电流为

$$I_{K_{Ⅲ}} = \frac{a_1 U_g - a_2 U_G}{R_3} \tag{3-1}$$

式中　R_3——控制绕组 $K_{Ⅲ}$ 回路的总电阻。

控制绕组 $K_{Ⅲ}$ 中产生的磁动势为

$$F_{MKⅢ} = \frac{a_1 U_g - a_2 U_G}{R_3} W_{KⅢ} \tag{3-2}$$

式中　$W_{KⅢ}$——控制绕组 $K_{Ⅲ}$ 的匝数。

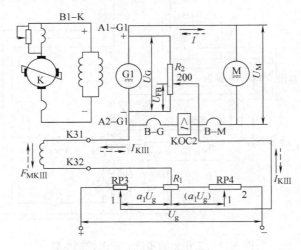

图 3-18　给定电压信号和电压负反馈电路

I—主电路电流　U_G—发电机端电压　U_g—给定信号电源电压

U_{FB}—反馈电压　$a_1 U_g$—前进及后退工作速度的给定电压

控制绕组 $K_{Ⅲ}$ 与电阻 R_1、加速调节器 RP1、RP2、二极管 VD1（或 VD2）及 VD2 组成电流截止负反馈电路，简化电路如图 3-19 所示。当直流发电机 G1 的换向绕组和电动机 M 的换向绕组与过电流继电器 KOC2 线圈以及加速调节器 RP1、RP2 上的电压降，大于电阻 R_1 上的 210～205 段或 210～206 段电压时，二极管 VD1（或 VD2）就导通，使控制绕组 $K_{Ⅲ}$ 有电流截止负反馈信号输入，以限制直流电动机 M 的最大电枢电流，防止过载。

控制绕组 $K_{Ⅱ}$ 与电阻 R_4 组成电流正反馈电路，如图 3-19 所示。当直流发电机 G1 的输出电压，经电阻 R_4 分压后形成的电流正反馈信号输入控制绕组 $K_{Ⅱ}$ 时，可进一步提高直流电动机机械特性的硬度，并加速起动、反向

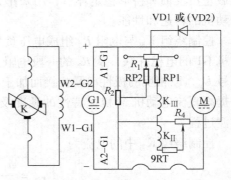

图 3-19　电流反馈电路

和停止的过渡过程。

控制绕组 K_I 与接在电机扩大机 K 输出端的电阻 R_3、10RT、发电机的励磁绕组和电阻 8RT 组成电桥稳定电路，如图 3-20 所示，以消除直流电动机的振荡现象。

（4）停车制动及自消磁电路　为了防止直流电动机因剩磁而在停车后出现"爬行"现象，以使工作台停车迅速、准确，工作台采用电压负反馈环节和欠补偿环节组成的自消磁电路，如图 3-21 所示，使电机扩大机与发电机消磁。

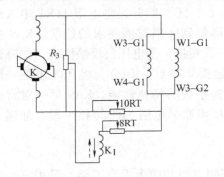

图 3-20　电桥稳定电路

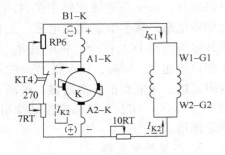

图 3-21　停车制动及自消磁电路

当工作台停车时，电机扩大机控制绕组 K_{III} 的励磁电压立即消失，而时间继电器 KT4 线圈断电释放，KT4 的一对常闭触头（18 区）延时闭合将发电机剩磁电压的大部分从电阻 R_2 中以电压负反馈的形式接入 K_{III} 控制绕组中，电机扩大机反向励磁，使扩大机消磁，改变输出电压极性，从而使直流发电机 G1 也消磁。发电机 G1 的剩磁电压迅速减小，输出电压也随之减小。这时，由于机械系统的惯性，电动机的反电动势暂时不变，因此直流电动机 M 的反电动势大于直流发电机 G1 的感应电动势，电枢回路电流倒流，电动机发电制动，使工作台迅速停车。

此时从电阻 R_4 上分压流入控制绕组 K_{II} 的电流正反馈环节，也对发电机消磁。

KT4 的另一对常闭触头（14 区）延时闭合，将电阻 7RT 并联到电机扩大机电枢两端，由于控制绕组的反向励磁，在扩大机电枢绕组 K_{III} 和电阻 7RT 上流过电流，这样就使扩大机补偿绕组中的电流更加小于电枢电流，扩大机处于过渡的欠补偿状态。扩大机的输出电压迅速下降，大大减小了对发电机的励磁，加强了停车的稳定性，使工作台准确停车，能消除高速停车时的振动。改变电阻 7RT 的阻值或时间继电器 KT4 的延时时间，能起到调节欠补偿能耗制动的作用。

（5）工作台的低速和磨削工作　中间继电器 KA9 的线圈串接在工作台磨削控制电路（66 区）中，当工作台不磨削时，KA9 的常闭触头（29 区）是闭合的。

当需要工作台低速工作时，可调整电位器 RP3 或 RP4 的触头，使中间继电器 KA8 线圈获电吸合，KA8 的常闭触头（62 区）断开，使继电器 KA7 不能获电；KA8 的常开触头（290、292）闭合，将控制绕组 K_{II} 所串联的电阻 9RT 短接了一段，加强了电流正反馈的作用，使工作台在低速下运行。

当需要龙门刨床磨削时，将操纵台上的转换开关 SA7（66 区）扳到磨削位置，使继电器 KA9 线圈获电，KA9 的常闭触头（62 区）断开，工作台前进减速电路断开，KA9 在直流回路中的常闭触头（15 区）断开，将电阻 11RT 串入给定励磁电路，减小给定励磁电压，工作台降低到磨削时所要求的速度。KA9 的常开触头（18 区）闭合，将电阻 R_2 上面一段短接，使电压负反馈增强，能降低工作台的速度。同时，KA9 的另一对常开触头（19 区）闭合，将 9RT 上的一段电阻短接，使电流正反馈增强，提高了调速系统的稳速性能。KA9 另一对常开触头（16 区）闭合，将稳定控制绕组 K_I 所串联的电阻 8RT 短接一段，加强了稳定作用。

5. 刀架控制电路

B2012A 型龙门刨床装有左侧刀架、右侧刀架和两个垂直刀架，采用三台交流电动机 M5、M6 和 M7 来拖动。

刀架的控制电路能实现刀架的快速移动与自动进给，它是用装在刀架进刀箱上的机械手柄来选择的。刀架快速移动时，刀架进刀电动机的传动通过蜗轮、蜗杆和端面锯齿形离合器传给进刀齿轮，实现刀架快速移动。刀架要自动进给时，进刀电动机的传动，则通过双向超越离合器传递给进刀齿轮，实现刀架的自动进给。

（1）垂直刀架控制电路　两个垂直刀架都有快速移动和自动进给两种工作状态，每种工作状态有水平左右进刀、垂直上下进刀四个方向的动作，这些都是由一台交流电动机 M5 来完成的。

在调整机床时，有时为了缩短调整时间，需要刀架作快速移动，这时可将装在进刀箱上的机械手柄扳到快速移动位置，位置开关 SQ1 的常闭触头（36 区）闭合，常开触头（37 区）断开；并将装在进刀架侧面的进刀手柄和装在进刀箱上选择方向的有关手柄放在所需位置，按下按钮 SB3（36 区），接触器 KM4 线圈获电，KM4 主触头（8 区）闭合，垂直刀架电动机 M5 起动运转，通过机械机构，带动垂直刀架向所需方向快速移动。垂直刀架快速移动时，中间继电器 KA5 和 KA6 的常开触头（36 区和 37 区）是断开的，故反转接触器 KM5 线圈不会获电。垂直刀架电动机 M5 能正反转，但刀架的上下和左右运动方向的改变是靠操作机械手柄来实现的。

当需要垂直刀架作自动进给时，将手柄扳到自动进给位置，使位置开关 SQ1

压下，则常闭触头断开，常开触头闭合。当工作台后退换前进时，KA5 的常开触头（303、305）闭合，接触器 KM4 线圈获电，垂直刀架电动机 M5 正转，使刀架随选定的方向进刀；当工作台前进换后退时，中间继电器 KA6 的常开触头（305、307）闭合，接触器 KM5 线圈获电，垂直刀架电动机 M5 反转，使刀架复位，准备下一次进刀。

（2）左、右侧刀架控制电路 左、右侧刀架的工作情况与垂直刀架基本相似，不同的是左、右侧刀架只有上、下两个方向的移动；另一个不同点是左、右侧刀架电路是经过位置开关 SQ6 和 SQ7 的常闭触头和按钮 SB6 接通电源。按下按钮 SB5，电动机 M7 起动运转，左侧刀架作快速移动；当按下按钮 SB4 时，电动机 M6 起动运转，右侧刀架作快速移动。

SQ6 和 SQ7 是刀架与横梁的位置开关。当开动左、右侧刀架向上运动或横梁向下运动时，碰到横梁上位置开关 SQ6 或 SQ7，就会使刀架电动机自动停止转动，防止刀架与横梁碰撞。

6. 横梁控制电路

横梁有放松、夹紧及上、下移动等动作。横梁的放松与夹紧是由电动机 M9 来实现的；横梁上、下移动则由电动机 M8 来完成。

（1）横梁的上升 按横梁上升按钮 SB6（42 区），中间继电器 KA1 线圈获电，KA1 的常开触头（50 区）闭合；接触器 KM13 线圈获电动作，KM13 主触头闭合（12 区），电动机 M9 反转起动，通过机械机构使横梁放松；同时 KA1 的另一对常开触头（44 区）闭合，为横梁上升作准备。当横梁放松后，位置开关 SQ4 的常闭触头 SQ4-2（50 区）断开，使接触器 KM13 线圈断电，电动机 M9 停止运转，同时常开触头 SQ4-1（44 区）闭合，接触器 KM10 线圈获电，KM10 主触头闭合，电动机 M8 起动正转，横梁上升。

当横梁上升到所需位置时，松开按钮 SB6，KA1 线圈断电，KA1 的常开触头（44 区）断开，接触器 KM10 断电，电动机 M8 停转，横梁停止上升；同时 KA1 的常闭触头（46 区）恢复闭合，接触器 KM12 线圈获电，KM12 主触头（12 区）闭合，电动机 M9 正转，使横梁夹紧，随着横梁不断被夹紧，横梁夹紧电动机 M9 的电流逐渐增大；使过电流继电器 KOC1 动作，KOC1 的常闭触头（47 区）断开；接触器 KM12 线圈断电，电动机 M9 停转，横梁上升过程完成。

（2）横梁的下降 按横梁下降按钮 SB7，中间继电器 KA1 线圈获电，KA1 的常开触头（45 区）闭合，为横梁下降作准备；KA1 的另一对常开触头（50 区）闭合，接触器 KM13 线圈获电吸合，KM13 主触头闭合，电动机 M9 反转，横梁放松；当横梁完全放松时，位置开关 SQ6 的常闭触头 SQ4-2（50 区）断开，接触器 KM13 线圈断电，电动机 M9 停转，同时常开触头 SQ4-1（44 区）闭合，使接触器 KM11 线圈获电，KM11 主触头闭合，电动机 M8 反转，横梁下降；

KM11 的常开触头（68 区）闭合，直流时间继电器 KT2 的线圈获电动作，KT2 的常开触头瞬时闭合（43 区），为横梁下降后的回升做好准备；当横梁下降到需要位置时，松开按钮 SB7，中间继电器 KA1 线圈断电，KA1 常开触头（45 区）恢复断开，接触器 KM11 线圈断电，KM11 主触头断开，电动机 M8 停转，横梁停止下降；同时因 KA1 的常闭触头（46 区）恢复闭合，接触器 KM12 线圈获电，KM12 主触头闭合，电动机 M9 正转使横梁被夹紧；同时 KM12 的常开触头（43 区）闭合，使接触器 KM10 线圈获电吸合，KM10 主触头闭合，电动机 M8 同时正转，使横梁在夹紧过程中同时回升。

此时，由于 KM11 的常开触头已断开（68 区），时间继电器 KT2 线圈已断电，KT2 的常开触头（43 区）延时断开，接触器 KM10 线圈断电，电动机 M8 停转，横梁回升完毕。此时，电动机 M9 继续正转，直至横梁完全被夹紧，过电流继电器 KOC1 动作，KOC1 的常闭触头（47 区）断开，接触器 KM10 线圈断电，电动机 M9 断电停转。横梁的夹紧程度可由过电流继电器 KOC1 的动作电流来调节。

四、B2012A 型龙门刨床电气控制电路故障的分析与检修

1. 直流电机组的常见故障与修理

（1）励磁发电机 G2 的常见故障

1）励磁发电机 G2 不发电。主要有以下原因：

① 剩磁消失而不能发电。可断开并励绕组与电枢绕组的连接线，然后在并励励磁绕组中加入低于额定励磁电压的直流电源（一般在 100V 左右）使其磁化，充磁时间约为 2～3min 。如仍无效，将极性变换一下。

② 励磁绕组与电枢绕组连接极性接反而不能发电。只要将励磁绕组与电枢绕组连接正确即可。接线盒或控制柜内绕组接线端松脱，应将接线端拧紧。

2）励磁发电机空载电压较高。主要原因：如果电刷在中性线上，一般为调节电阻与励磁发电机性能配合不好，可将励磁发电机的电刷顺旋转方向移动 1～2 片换向片距离，使输出电压为额定值。

3）励磁发电机空载电压正常，加负载后电压显著下降。出现这种情况，一般是平复励励磁发电机的串励励磁绕组极性接反造成的，可在接线盒内将串励绕组接头互换即可。

若换向极绕组接反，也会使励磁发电机输出电压下降，而使换向严重恶化，可以看到火花随负载的增加而明显增大。

（2）直流发电机 G1 不能发电　直流发电机励磁绕组接线错误，造成励磁绕组开路或接线端接错，同时造成两励磁绕组磁通方向相反，都会使发电机不能发电。

（3）直流电动机 M 接线后不能起动　当直流电动机励磁绕组的出线端 W1-M、W2-M 或 W3-M、W4-M 中有一组出端极性接反时，则在这两组励磁绕组串联后，磁场被抵消，造成直流电动机不能起动。

（4）电机扩大机 K 出现故障

1）电机扩大机空载电压很低或不发电。

首先检查控制绕组是否有断路或短路现象。若是断路，则不能励磁，但由于剩磁存在，故仍能发出 3%～15% 的额定电压；若是短路，则电阻值比原来记录值小，这时励磁电流虽达到原记录中的额定励磁值，但所产生的磁通却很小，交轴电枢反应亦很小，故输出的电压很低。

如果控制绕组正常，若电刷顺电枢旋转方向移动太多，或交轴助磁绕组极性接反，则都会产生去磁作用，使输出电压降低，助磁绕组的极性可用感应法来校核。

此外，换向器及电枢绕组短路或开路、助磁绕组断路、电刷卡死在刷盒内不能与换向器接触、补偿绕组及换向绕组断路、各绕组引出线接线端脱焊等，均会造成无电压输出或输出电压很低的现象。

2）电机扩大机空载时发电正常，带负载时输出电压很低。

应检查电枢绕组、换向极绕组、补偿绕组的极性是否接反或有否短路。与补偿绕组并联的调节电阻是否接反或有否短路。如果在额定负载下输出电压只有空载电压的 30% 以下或无电压，甚至为负值，可初步判断为电枢绕组或补偿绕组极性接反；如果输出电压只有空载电压的 50% 左右，且直轴电刷下火花又较大，则可能是换向极绕组极性接反或有部分电枢绕组短路了；如果火花正常，则可能是补偿绕组或补偿绕组的调节电阻短路了。

3）电机扩大机换向时火花大，输出电压摆动大。

换向时火花大的原因有：机械和电气两个方面。机械方面的原因有：换向器表面变形、云母片突出、电刷压力不当、电刷与刷盒配合过紧而卡死、轴承磨损、电枢与定子不同轴等；电气方面的原因有：电刷偏离中性线、助磁绕组极性接反或短路、换向极绕组极性接反或短路、换向器片间短路、导线与换向器升高片或焊接不良、电刷损坏等；另外，当交流去磁绕组内部连接极性接反时，也会产生输出电压有规则的摆动。

2. 交流电机组的常见故障与修理

（1）按起动按钮 SB2 后，接触器 KM1 不动作

1）三相交流电源电压过低。可检查三相交流电源电压是否正常，如电网电压过低应调整电压，可观察交流电压指示灯的亮度是否正常。

2）热继电器 FR1、FR2、FR3 的常闭触头脱扣或接触不良，应检查各热继电器的脱扣机构，发现脱扣应将其复位并检查各接线端。

（2）按下按钮 SB2 后，电动机 M1 不能丫-△自动切换

1）若时间继电器 KT1 的线圈烧坏或触头接触不良，应调换线圈或修复触头。

2）若接触器 KM丫的常闭触点接触不良或线圈烧坏，应调换线圈或检修 KM丫的常闭触头。

3）接触器 KM2 的常开触头接触不良或不能自锁，检查接触器 KM2 的常开触头（34 区），使其接触良好。

4）励磁发电机 G2 不发电或电压很低，应检查励磁发电机 G2 有无剩磁电压，调整励磁回路电阻，并检查电刷是否接触良好。

3. 工作台控制系统的常见故障与修理

（1）工作台步进、步退控制电路故障

1）工作台步进或步退开不动。按下步进或步退按钮，工作台不动，此时应先观察继电器 KA2 或 KA4 是否吸合；如不能吸合，则应检查控制电路电压是否正常；如电源正常，可采用分段测量或分阶测量的方法查找故障点。

若中间继电器吸合，则故障原因有以下几方面：

① 润滑油黏度太低。先使工作台自动循环工作一两个行程，停车后再操作步进或步退。如工作台移动正常，一般是润滑油太稀、黏度太低，使床身导轨和工作台的接触面油膜太薄，摩擦力增大，工作台运动困难。应检查油的黏度是否适当。

② 电阻器 R_1（17 区）上各接点位置调整不当。电阻器上接点 207、208 的位置决定步进、步退的速度快慢，207 与 205、206 与 208 的接线位置太远，就可能使步进、步退的速度太慢或工作台开不动。

③ 电流正反馈太弱。可适当调整电阻器 R_4（20 区）上导线标号 290 的位置，加大反馈量。

④ 直流电路中有断路故障。先测量绕组 K_{III} 的电阻是否正常，然后按下按钮 SB8（或 SB12），逐级检查各接线端有无脱落或松动。

2）工作台步进、步退电路不平衡。当按下按钮 SB8 时，工作台步进；而松开按钮时，工作台倒退一下。当按下按钮 SB12 时，工作台步退；松开按钮时，工作台向后退方向滑行一下。这种现象一般发生在步进或步退按钮松开后到时间继电器 KT4 释放之前。故障主要原因是步进、步退电路的电阻 5RT 和 6RT 不平衡。如电阻 5RT 的短路点接触不良或短路导线断路，使 5RT 的实际电阻值大大超过步退电路 6RT 的实际电阻值。

如图 3-22 所示，从松开步进或步退按钮停车到时间继电器 KT4 的常开触头延时断开前，由于中间继电器 KA2 和 KA4 的常闭触头均已闭合，在 210～240 之间就有电压，电压的极性是 210 为正、240 为负，在控制绕组 K_{III} 中形成了一个使工作台后退的信号，因此造成上述现象。

3）按下步进或步退按钮后，工作台都是前进且速度很高。故障的原因一般

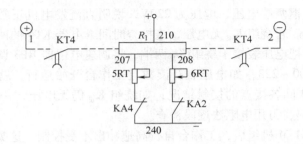

图 3-22　步进、步退电路不平衡

多是直流电路中的二极管 VD1 被击穿。当时间继电器 KT4 的常开触头闭合后，在控制绕组 $K_{Ⅲ}$ 中会有很大的击穿电流流过，其在控制绕组 $K_{Ⅲ}$ 中的方向如图 3-23 所示。

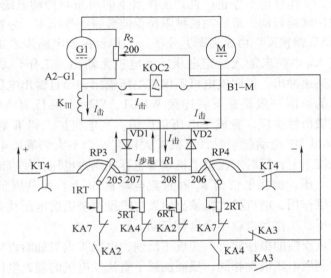

图 3-23　电流截止负反馈环节二极管 VD1 击穿后的电路

如按下步进按钮 SB8，在控制绕组 $K_{Ⅲ}$ 中的步进电流 $I_{步进}$ 电流方向与 $I_{击}$ 同向，故电机扩大机和发电机会发出较高的电压，使工作台高速步进。如按下步退按钮 SB12 时，在控制绕组 $K_{Ⅲ}$ 中的步退电流 $I_{步退}$ 与 $I_{击}$ 方向相反，但由于 $I \gg I_{步退}$，所以工作台仍为步进方向，不会步退，只不过前进的速度略低于步进时的前进速度。

（2）工作台前进或后退均不能起动　应先测量控制绕组 $K_{Ⅲ}$ 的给定电压。如电压正常，故障在电机扩大机电枢回路或主拖动回路中。可测量 W1-G1、W2-G1 两点间电压，最高速时应为 55V，若电压正常，说明电机扩大机无故障。然后测量直流发电机电枢两端电压，电压为 220V，说明直流发电机正常，则故障一般在主拖动回路中。若绕组 $K_{Ⅲ}$ 无电压，应检查时间继电器 KT4 的两对常开触头闭合的情况，然后把电压表接于绕组 $K_{Ⅲ}$ 两端，将调速电位器 RP3 调到最高转速并用短接法短接 200～223，如电压表有读数且工作台开始运行，就改用电压法分段检查 200～223 间各接点的接触情况；如绕组 $K_{Ⅲ}$ 仍无电压，一般是 RP3 电位器或 R_2 接线断路，可用电阻法逐段检查。

（3）起动 G1-M 机组后，工作台自行高速冲出不受控制　这类故障一般产生在检修安装时，当接线完毕，起动 G1-M 机组时，机组刚旋转加速尚未进行任何操作，工作台即自行高速前进或后退。虽立即按下工作台停止按钮 SB10，工作台仍不停止；只有按下停止按钮 SB1，才能使工作台停止。在这段时间内，工作台已移动一段很长的距离，它先撞到换向行程开关，但工作台并不换向，再撞到终端位置开关，工作台也不停止；直到工作台下的齿条与传动系统齿轮脱开时，工作台仍以惯性继续运动，最后在机械限位保险装置的作用下，才被制动停止。

1）电压负反馈接反。由原理图上分析，工作台控制电路尚未工作，电机扩大机控制绕组 $K_{Ⅲ}$ 中尚未加入给定电压，发电机无输出，工作台是不应该运动的。若工作台高速冲出，说明发电机不仅有电压输出，而且输出电压很高。

此类故障的原因一般是在安装连接 W1-G1、W2-G1 两行引线时极性接反，即将电压负反馈极性接反，变成了电压正反馈。当电机扩大机 K 和直流发电机 G1 被交流电动机 M1 拖动起来时，电机扩大机有一个不大的剩磁电压加到直流发电机的励磁绕组上，同时直流发电机本身也存在剩磁电压，使直流发电机也输出一个不大的电压，加在电位器 R_2 和直流电动机 M 上。如电压负反馈接线正确，通过自消磁作用，电机扩大机输出给发电机励磁绕组的电压就会削弱直流发电机的剩磁电压，工作台也就不会自行起动。

由于电压负反馈的极性接反，变成正反馈，电机扩大机加给直流发电机励磁绕组的电压与剩磁电压极性相同，反而加强了直流发电机的剩磁电压，使直流发电机输出电压增高，同时由于电压正反馈信号的加强，又使电机扩大机和直流发电机的输出电压再增加，如此不断循环，使拖动系统自励，以致使电机扩大机和发电机输出电压很快超过额定电压，达到极大的数值，电动机的转速也迅速上升，带动工作台以超过最高的速度前进（或后退）以致冲出。由于这时并不是按下工作台起动按钮，接通相应电器而运动，所以按下工作台停止按钮和碰撞终端位置开关，都不能使工作台停下来。

因此，当安装接线完毕进行试车时，可将工作台与直流电动机 M 脱离啮合，并将工作台暂时吊离床身，或者解开直流电动机电枢绕组某一端的接线，使它不旋转，即使自励也会安全一些。

2）直流发电机励磁绕组接反。发电机的励磁绕组接反后，发电机的剩磁电压通过自消磁电路，把产生抵消剩磁电压的作用变成加强剩磁电压的作用，使发电机自励，发电机与电机扩大机输出过电压，使工作台高速"飞车"。

3）电机扩大机剩磁电压过高。电机扩大机的剩磁电压过高时，当直流电机组起动后，电机扩大机就会输出一个很高的电压给直流发电机强励磁，使发电机过电压，工作台自行向前或向后高速运行。造成剩磁电压过高的原因是控制绕组过电压或流过一个很大的短路电流。例如一台 1.2kW 的电机扩大机，过电压后造成的剩磁电压高达 150V，遇此情况时电机扩大机必须消磁后才能使用。

4）工作台运行时速度过高。

① 电压负反馈断线。当电位器 R_2 上的中间抽头 200 与 A1-G1 间的电阻丝断路或接触不良时，开车后控制绕组 K_{III} 中失去了电压负反馈作用，只有给定信号电压，控制绕组 K_{III} 中的电流增大，使电机扩大机和直流发电机输出过电压，一开车工作就呈现高速甚至飞车，同时电位器 R_2 因严重过载而烧毁。

② 直流电动机 M 的磁场太弱。因直流电动机励磁绕组接线松动或接触不良，造成励磁电流减小，而使直流电动机转速升高。

③ 电机扩大机过补偿。电机扩大机补偿绕组的并联电阻 RP6 断路，使它工作在过补偿状态，造成电机扩大机和直流发电机输出过电压，甚至烧毁电机扩大机。

5）工作台运行时速度过低。

① 空载时工作台速度过低且调不高。将两个调速电阻 RP3、RP4 的手柄都调到最高转速，工作台速度仍达不到规定值。故障原因一般为减速中间继电器 KA7 的铁心不能释放，使工作台只能在减速状态下运行。如电阻 R_2 的大小调整不当，也会使工作台运行时速度调不高。电阻 R_2 由两块 140Ω 的板形电阻串联而成，上面有A1-G1、4a、280、200、A2-G1 五个接点。

标号 200 的正常位置应调整到中间稍偏向 A2-G1，为发电机输出电压的 1/2以下。如调整得过于接近 A1-G1，就会使电压负反馈太强；当标号 200 与 A2-G1间电阻丝断路时，电压负反馈将比正常值大两倍，使控制绕组 K_{III} 中的电流减小较多，直流发电机的输出电压将下降，使工作台速度过低。另外，如电机扩大机的交轴电刷接触电阻增大，使电机扩大机的放大倍数减小或电机扩大机补偿绕组断路，并联电阻 RP6 短路及局部短路，都会导致电机扩大机和直流发电机输出电压降低，使工作台速度过低。再就是误将 SA7 扳到磨削位置，也会使工作台速度过低。

② 带重负载时工作台速度下降较多。主要原因是电流正反馈太小。可调整电阻 R_4 上 290 号点的位置和 9RT 上 292 号点的位置，使控制绕组 K_{III} 至 R_4 上290 号点的电阻大于 10Ω，绕组 K_{II} 到 9RT 上 292 号点的电阻为 21Ω。调好后试车，如仍不能改善其转速，可测量绕组 K_{III} 和 K_{II} 极性，如绕组 K_{III} 和 K_{II} 极性相反，表明电流正反馈接反。

除上述原因之外，电机扩大机电刷顺转向移动过多或补偿过弱等原因，也会出现这种故障，有时会出现切削时速度明显降低然后慢慢升高的现象。这样不仅对加工质量不利，同时也降低了生产率，可通过适当加大电阻 8RT 的阻值来解决。

6）工作台低速时"蠕动"。工作台在低速时，特别在磨削时，可能产生停止与滑动相交替的运动，在机械上称为"爬行"，在电气上为了与停车爬行区分起见，把这种"爬行"称为"蠕动"。

产生"蠕动"的原因一般是润滑油的黏度太低。在电气上消除"蠕动"的方法，可以适当加强低速时的电压负反馈和电流正反馈等稳定环节；另外可通过提高润滑油的黏度来消除工作台的"蠕动"。如果因工件很重或速度很低时会产生"蠕动"，可采用抗压强度较大的 5～7 号导轨油；如润滑油选择号数低了，可换号数较高的润滑油，若是由于导轨上油膜建立不起而产生"蠕动"，可在导轨表面涂一层二硫化钼。

4. 工作台换向时的常见故障与修理

（1）换向越位过大或工作台跑出　工作台换向越位。在刨床产品说明书上规定：最高速时不得超过 250～280mm，如果越位过大，就容易造成工作台脱出蜗杆，严重时会造成人身和设备事故，而且由于越位过大，造成不敢高速运行，降低生产率。

造成工作台前进或后退越位均过大的主要原因如下：

1）加速调节器在工作台高速运行时应放在"越位减小"一边，实际却放在"反向平稳"一边，并根据越位大小和反向平稳情况来调节加速调节器。

2）换向前工作台不减速，主要是减速制动回路不通或接触不良所致，可依次检查减速位置开关 SQ13-2 和 SQ12-2（17 区和 18 区）、KA8 常闭触头、KA9 常闭触头、KA4 常闭触头、KA2 常闭触头及 KA7 的线圈是否断路或接触不良。

3）挡铁 A 与 B、C 与 D 的距离太小，应调大，以便在最长行程时能降低工作台的速度。

4）电阻 3RT、4RT 调整不当或接点接触不良。

在最长行程工作时，应降低工作速度，使越位小于 100mm。最长行程一般规定为工作台长度加上 150mm。

（2）工作台换向时越位过小　工作台换向时越位过小，会引起主电路制动电流过大，使直流电动机 M 电刷下火花较大，并会给机械部分带来过大的冲击，影响电动机和机械设备的寿命；另外，在进给量较大时，还会产生进刀进不完的缺点，因为进刀的时间主要取决于换向时越位的时间；从后退未完，碰撞位置开关 SQ9 开始并经过一段时间越位，到由后退变为前进时使换向开关复位为止的一段时间。换向越位的最小距离规定在最高速时不小于 30～50mm。

造成换向越位过小的原因和处理方法正好与越位过大时相反。

（3）工作台换向时，传动机构有反向冲击 此类故障有时是属于电气方面的原因造成的，如电压负反馈和电流正反馈过强，截止电压过高，稳定过弱，减速制动过强等；也有时是属于机械方面的原因所致，如传动机构间隙过大或缺乏润滑等。

对于传动机构间隙过大时，可与机修钳工配合检查，如蜗杆螺母松动、联轴器内外齿窜动、减速箱齿轮窜动等均会造成反向冲击。可根据实践经验，可关闭直流电动机 M 的电源，转动电动机至减速箱的轴，如果活动范围小于 30，可认为间隙不太大；另外，也可在开始时反复操作步进和步退按钮，如果明显地听到机械冲击声，说明机械间隙大。

如果是属于电气方面的原因，其处理方法与换向越位过小时相同。

（4）换向时加速调节器不起作用 加速调节器是两个阻值为 300Ω 的电位器。如将加速调节器放在"反向平稳"一边（即加大电阻值），控制绕组 $K_{\text{Ⅲ}}$ 回路中在减速换向时串入的电阻大，减速时起减弱制动强度的作用，换向时起减小强励磁倍数的作用，所以过渡过程比较平稳，冲击较小，但越位加大；如放在"越位减小"一边，则减速换向过渡过程较快，冲击也较大。使用时应根据加工工件的需要加以调节。

若使用中发现加速调节器不起作用，一般是由于接线错误，某触头接触不良或由于位置开关 SQ12-1、SQ13-1 接触不良所造成。接线错误时一般为 RP1 上211 接线与 RP2 上的 212 接线互换了位置，所以在前进减速换向时，调节加速度调节器 RP1 不起作用了，而 RP2 反而起作用。

5. 工作台停车时的常见故障与修理

（1）停车冲程过大 龙门刨床的产品说明书中规定，刨台最高速停车时的冲程不超过 400~500mm；在低于最高速时，停车冲程应相应减小。

停车冲程过大的原因在于停车制动强度弱。主要原因是 5RT 或 6RT 的短接线接触不良或稳定环节过强（如 8RT 上的短接连线短路电阻过大）造成的。

如果实际现象是二级停车制动太弱，在 KT4 常开触头断开后，工作台继续有一段滑行，则应适当增加 280~A2-G1 间的电压或增大 7RT 阻值，以增强二级制动，减小停车冲程。

同时应配合调整时间继电器 KT4 的延时值，一般取 0.9s 左右。如停车冲程过大，可适当减小延时，使二级制动提前起作用。

（2）停车太猛及停车倒退 停车太猛，机械冲击严重，甚至出现倒退，其原因是停车制动过强。检查这种故障时，应首先判断停车太猛是发生在一级制动还是二级制动。因为两级制动的时间很短，不易判断，但因停车太猛，机械冲击很强，可根据机械冲击发生在时间继电器 KT4 触头断开前还是断开后来加以区别。如果一级制动太猛，可能是 5RT、6RT 阻值太小，稳定环节、电流截止环节调整不适当造成的。

以上情况多数在检修调整后才出现，若平时各环节已调好，而且运转正常，此故障又是突然出现，可能的原因是电流截止负反馈的一个二极管开路，失去限流作用，造成单方向停车过猛。

如果是二级制动过猛，故障可能在自消磁或欠补偿能耗制动环节。可调整 280 在 R_2 上的位置及 7RT 的阻值，并检查时间继电器 KT4 的延时时间是否正常。

（3）停车爬行 爬行是指直流发电机-电动机系统在无输入条件下，工作台仍以较低的速度运行，爬行发生的时间一是开车前，一是停车后，造成爬行的原因是剩磁电压的影响。如有的刨床发电机剩磁电压在 4~5V 时，就能使直流电动机带动工作台爬行了，停车爬行有如下两种情况：

1）消磁作用太弱。由于电压负反馈、自消磁环节及欠补偿能耗制动环节调整不当，电路中某触头接触不良或断路，7RT 电阻值太大等，都会使消磁作用太弱，造成工作台停车爬行。对于这种故障，应检查有关触头、接头等接触情况。

2）消磁作用太强，造成反向磁化，形成停车后反向爬行。可对自消磁和欠补偿能耗制动环节进行适当的调整。

（4）停车振荡 在工作台停车时，直流电动机与工作台来回摆动几次，叫做停车振荡。一般这种振荡幅度是逐渐减小的，但有时振动幅度不变，甚至振荡幅度越来越大，以致必须立即切断电源。另外，不仅停车有振荡，而且步进、步退或前进、后退时也会发生振荡。

产生振荡的原因是由于桥形稳定环节不起作用，如控制绕组 K_1 断线或桥形稳定环节电路断路；控制绕组 K_1 接反，不但不能抑制电机扩大机输出电压的突变，反而起到增强的作用，致使振荡幅度越来越大。

电机扩大机电刷位置调整不当也会造成停车振荡。

◆◆◆ 第五节 机床电气控制电路的安装与维修技能训练实例

● 训练1 X62W 型万能铣床电气控制电路的维修

1. 训练目的

1）熟悉 X62W 型万能铣床电气控制电路的工作原理。

2）掌握 X62W 型万能铣床电气控制电路的检修方法。

2. 训练工具、仪表及器材

1）工具和仪表：螺钉旋具、尖嘴钳、断线钳、剥线钳、MF47 型万用表等。

2）器材：X62W 型万能铣床电气控制板，导线、走线槽若干；针形及叉形冷轧片等。

3．训练内容

（1）故障设置　在控制电路或主电路中人为设置电气故障三处。

（2）故障检修　检修步骤如下：

1）用通电试验法观察故障现象，若发现异常情况，应立即断电检查。

2）用逻辑分析法判断故障范围，并在电路图上用虚线标出故障部位的最小范围。

3）用测量法准确迅速 地找出故障点。

4）采用正确方法快速排除故障。

5）排除故障后通电试车。

（3）注意事项

1）检修前要掌握电路的构成、工作原理及操作顺序。

2）在检修过程中严禁扩大和产生新的故障。

3）带电检修必须有指导教师在现场监护，并确保用电安全。

（4）配分、评分标准（见表3-5）

表 3-5　X62W 型万能铣床电气控制电路的维修配分、评分标准

定额时间：45min

项目内容	配分	评 分 标 准	扣分	得分
自编检修步骤	10 分	检修步骤不合理、不完善，扣 2～5 分		
故障分析	20 分	1．检修思路不正确，扣 5～10 分		
		2．标错电路故障范围，每个扣 10 分		
排除故障	60 分	1．停电不验电，每次扣 3 分		
		2．工具及仪表使用不当，每次扣 5 分		
		3．排除故障的顺序不对，扣 5～10 分		
		4．不能查出故障，每个扣 20 分		
		5．查出故障、但不能排除，每个故障扣 10 分		
		6．产生新的故障：不排除，每个扣 10 分；已经排除，每个扣 5 分		
		7．损坏电动机，扣 30 分		
		8．损坏元器件，每只扣 5～10 分		
		9．排除故障后，通电试车不成功，扣 10 分		
安全文明操作	10 分	违反安全规程或烧坏仪表，扣 10～20 分		
操作时间	每超过 5min 扣 10 分			
考评员签名			年　月　日	

● 训练 2　B2012A 型龙门刨床电气控制电路的维修

1. 训练目的

1）熟悉 B2012 型龙门刨床电气控制电路的工作原理。

2）掌握 B2012 型龙门刨床电气控制电路的检修方法。

2. 训练工具、仪表及器材

（1）工具和仪表　螺钉旋具、尖嘴钳、断线钳、剥线钳、MF47 型万用表等。

（2）器材　B2012A 型龙门刨床电气控制板，导线、走线槽若干；针形及叉形冷扎片等。

3. 训练内容

（1）故障设置　在控制电路或主电路中人为设置电气故障三处。

（2）故障检修　检修步骤如下：

①用逻辑分析法判断故障范围，并在电路图上用虚线标出故障部位的最小范围。

②用通电试验法观察故障现象，若发现异常情况，应立即断电检查。

③用测量法准确迅速地找出故障点。

④采用正确方法快速排除故障。

⑤排除故障后通电试车。

（3）注意事项

1）检修前要掌握路线的构成、工作原理及操作顺序。

2）在检修过程中严禁扩大和产生新的故障。

3）带电检修必须有指导教师在现场监护，并确保用电安全。

（4）配分、评分标准（见表 3-6）

表 3-6　B2012A 型龙门刨床电气控制电路的维修配分、评分标准

定额时间：45min

项目内容	配分	评 分 标 准	扣分	得分
自编检修步骤	10 分	检修步骤不合理、不完善，扣 2 ~ 5 分		
故障分析	20 分	1. 检修思路不正确，扣 5 ~ 10 分		
		2. 标错电路故障范围，每个扣 10 分		
排除故障	60 分	1. 停电不验电，每次扣 3 分		
		2. 工具及仪表使用不当，每次扣 5 分		
		3. 排除故障的顺序不对，扣 5 ~ 10 分		
		4. 不能查出故障，每个扣 20 分		

（续）

项目内容	配分	评 分 标 准	扣分	得分
排除故障	60 分	5. 查出故障、但不能排除，每个故障扣 10 分		
		6. 产生新的故障：不排除，每个扣 10 分　已经排除，每个扣 5 分		
		7. 损坏电动机，扣 30 分		
		8. 损坏元器件，每只扣 5～10 分		
		9. 排除故障后通电试车不成功，扣 10 分		
安全文明操作	10 分	违反安全规程或烧坏仪表，扣 10～20 分		
操作时间	每超过 5min 扣 10 分			
考评员签名			年　月　日	

复习思考题

1. X62W 型万能铣床的运动形式有哪些？
2. X62W 型万能铣床工作台的上、下和前、后运动是如何完成控制的？
3. X62W 型万能铣床电气控制线路具有哪些电气联锁措施？
4. X62W 型万能铣床主轴电动机的变速冲动是如何实现的？
5. 叙述 X62W 型万能铣床工作台快速移动的方法。
6. 对于 T68 型镗床的主轴电动机有哪些控制要求？
7. T68 型镗床主轴电动机的变速冲动有何作用？
8. 凸轮控制器的用途是什么？
9. 15/3t 桥式起重机的运动形式有哪些？
10. 15/3t 桥式起重机电气控制线路的保护环节主要有哪些？
11. 15/3t 桥式起重机在起动前，对各控制手柄的位置有何要求？
12. 对于 15/3t 桥式起重机的主钩，是如何完成起动、调速和停止控制的？
13. 龙门刨床的运动形式有哪些？
14. B2012A 型龙门刨床的电气控制系统主要由哪些部分组成？
15. B2012A 型龙门刨床的电机有哪些？相互之间的控制有哪些联系？
16. 龙门刨床的交流电机组是如何完成起动控制的？
17. A 系列龙门刨床的主拖动系统采用了哪些自动调整环节？

第 四 章

可编程序控制器技术的应用

培训学习目标 掌握可编程序控制器的硬件结构、系统配置以及工作原理；掌握三菱 FX2 系列可编程序控制器的指令系统；能够用可编程序控制器的语言进行电气控制系统工作过程的程序编写、系统调试；掌握可编程序控制器控制系统故障维修方法。

◇◇◇ 第一节　可编程序控制器概述

可编程序控制器（Programmable Logic Controller，简称 PLC），它是在自动控制技术、计算机技术及通信技术的基础上发展起来的一种新型工业自动控制装置。它具有结构简单、性能优越、易于编程、使用方便等优点。PLC 从诞生至今虽然只有 30 多年的历史，但它的发展却异常迅猛，其技术和产品日趋先进，代表了当前电气自动化控制的最高水平。尤其是近几年来，其在电气控制、工业控制、机电一体化等领域均得到了广泛应用。

一、PLC 的特点及应用

1. PLC 的技术特点

PLC 作为一种新型的工业自动控制装置，具有以下特点：

（1）可靠性高，抗干扰能力强　PLC 是针对专门在工业环境下应用而设计的，它可以直接安装于工业现场而稳定可靠地工作。目前，各厂家生产的 PLC，其平均无故障工作时间可达几十万小时，大大超过了国际电工委员会（IEC）规定的 10 万 h 的标准。

（2）通用性强，应用灵活　PLC 产品现在已经形成系列化和模块化，品种齐全。绝大多数的 PLC 均采用模块式的硬件结构，组合和扩展极为方便，用户可根据自己的需要灵活选用，以满足各种不同的控制要求。一个控制对象的硬件配置确定后，可通过修改或重新编写用户程序，使一台 PLC 实现不同的控制功能，方便、简捷地适应生产过程的变化。

（3）编程方便，易于使用 PLC 的主要编程语言为梯形图语言。梯形图语言是一种面向用户的编程语言，它的表达方式与继电器-接触器控制系统的电路原理图极为相似，具有形象直观、易学易懂的特点，深受电气技术人员的欢迎。近年来又发展了面向对象的顺序控制流程图语言，也称为顺序功能图语言，使编程更简单方便。

（4）功能强，适应面广 现代 PLC 不仅具有逻辑运算、定时、计数、顺序控制等功能，还具有 A-D（模-数）、D-A（数-模）转换以及数值运算和数据处理等功能。它既可对开关量进行控制，也可对模拟量进行控制；既可控制一台生产机械，也可控制一条自动生产线乃至一个生产过程。PLC 还具有通信联网功能，可与上位计算机构成分布式控制系统。用户只需根据控制的规模和要求，合理选择 PLC 型号和硬件配置，就可组成所需要的控制系统。

（5）安装调试简单，维修方便 PLC 用编程软元件代替了继电器-接触器控制系统中大量的中间继电器、时间继电器等，使控制柜的安装、接线工作量大为减少。PLC 的用户程序大都可在实验室模拟调试，既安全又方便，大大缩短了程序设计和调试周期。PLC 还具有完善的自诊断、履历情报存储及监视功能，对其内部的工作状态、通信状态、异常状态和 I/O 点的状态均有显示。如有故障发生，工作人员可根据 PLC 有关器件提供的信息，迅速查明故障原因。

2. PLC 的应用领域

随着 PLC 功能的不断完善，性能价格比的不断提高，PLC 的应用范围也越来越广泛。目前，PLC 在国内外已广泛应用于钢铁、采矿、水泥、化工、电力、机械制造、汽车、装卸、造纸、纺织、环保、娱乐等各行各业。PLC 的应用领域主要有以下 5 个方面。

（1）逻辑控制 这是 PLC 最基本最广泛的应用领域，它取代了继电器-接触器控制系统，可实现组合逻辑控制、定时控制和顺序逻辑控制。PLC 的逻辑控制功能相当完善，可用于单机控制、多机群控，也可用于自动生产线的控制。

（2）运动控制 PLC 使用专用的运动控制模块，可对直线运动或圆周运动的位置、速度和加速度进行控制，实现单轴、双轴和多轴位置控制，并使运动控制和顺序控制有机结合起来。PLC 的运动控制功能广泛应用于各种机械设备，如金属切削机床、金属成形机械、装配机械、机器人和电梯等的控制。

（3）过程控制 闭环过程控制是指对温度、压力、流量等各种连续变化模拟量的控制。PLC 通过模拟量 I/O 模块，实现模拟量与数字量的转换，对模拟量进行闭环控制。现代的大中型 PLC 一般都有 PID 闭环控制功能，可用于热处理炉、加热炉、锅炉、塑料积压成形机等设备的控制。

（4）数据处理　现代 PLC 都具备数值运算、数据传送、转换、排序和查表等功能，可以完成数据的采集、分析和处理。PLC 的数据处理功能一般应用于大中型控制系统，如无人柔性制造系统，也可用于过程控制系统，如冶金、造纸、食品加工中的一些大中型控制系统。

（5）联网通信　PLC 的通信包括 PLC 之间的通信、PLC 与上位计算机的通信、PLC 与其他智能设备的通信。PLC 与其他智能控制设备一起，可以组成"集中管理、分散控制"的分布式控制系统。

二、PLC 的组成与控制原理

1. 可编程序控制器的硬件结构

PLC 实质上是一种用于工业控制的专用计算机，它与计算机的结构十分相似，主要由中央处理器、存储器、输入接口电路、输出接口电路、电源部件等组成。其外形和结构如图 4-1 所示。如图 4-1a 所示为 FX2N-64MR 型 PLC 的主机外形，其面板部件如图 4-1b 所示。该机型采用继电器输出，输出侧左端 4 个点公用一个 COM 端，右边多输出点公用一个 COM 端，如图 4-1c 所示。对于晶体管输出型 PLC，其公用端子更多，如图 4-1d 所示为 FX2N-16MT 的输出端子。

FX 系列 PLC 型号的命名格式如下：

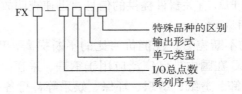

系序列号：0、0S、0N、2、2C、1S、2N、2NC。

I/O 总点数：10~256。

单元类型：M——基本单元；E——输入/输出混合扩展单元及扩展模块；EX——输入专用扩展模块；EY——输出专用扩展模块。

输出形式：R——继电器输出；T——晶体管输出；S——晶闸管输出。

特殊品种区别：D——DC 电源，DC 输入；A1——AC 电源，AC 输入；H——大电流输出扩展模块（1A/1 点）；V——立式端子排的扩展模块；C——接插口输入/输出方式；F——输入滤波器 1ms 的扩展模块；L——TTL 输入扩展模块；S——独立端子（无公共端）扩展模块。

例 1：FX2N-48MRD 含义为 FX2N 系列，输入输出总点数为 48 点、继电器输出、DC 电源、DC 输入的基本单元。

例 2：FX-4EYSH 的含义为 FX 系列，输入点数为 0 点，输出 4 点，晶闸管输出，大电流输出扩展模块。

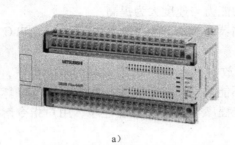

a）

电源输入端子（L、　输入端子（X0～X7、X10～X17、
N、接地）　　　　X20～X27、X30～X37、COM）

输入LED指示灯

PLC状态指示灯

输出LED指示灯

存储器

串行通信口

输出端子（Y0～Y7、Y10～Y17、
Y20～Y27、Y30～Y37、COM）

b）

| ⏚ | | ● | COM | COM | XD | X2 | X4 | X6 | | X10 | X12 | X14 | X16 | X20 | X22 | X24 | X26 | X30 | X32 | X34 | X36 | ● |
| L | N | ● | 24+ | 24+ | X1 | X3 | X5 | X7 | | X11 | X13 | X15 | X17 | X21 | X23 | X25 | X27 | X31 | X33 | X35 | X37 |

输入及电源端子

| Y0 | Y2 | ● | Y4 | Y6 | ● | Y10 | Y12 | | Y14 | Y16 | ● | Y20 | Y22 | Y24 | Y26 | Y30 | Y32 | Y34 | Y36 | COM6 |
| COM1 | Y1 | Y3 | COM2 | Y5 | Y7 | COM3 | Y11 | Y13 | COM4 | Y15 | Y17 | COM5 | Y21 | Y23 | Y25 | Y27 | Y31 | Y33 | Y35 | Y37 |

输出端子

c）

| ● | Y0 | Y1 | Y2 | Y3 | Y4 | Y5 | Y6 | Y7 | ● |
| ● | COM0 | COM1 | COM2 | COM3 | COM4 | COM5 | COM6 | COM7 | ● |

d）

图 4-1　可编程序控制器的外形和结构

a）外形　b）结构　c）FX2N-64MR 型 PLC 接线端子　d）FX2N-16MT 型 PLC 晶体管输出接线端子

（1）中央处理器　不同型号的 PLC 可使用不同的 CPU 芯片，有的厂家采用通用 CPU 芯片，如 8031、8051、8086、80286、80386 等，也有的厂家采用自行设计的专用 CPU 芯片。目前，大多数 PLC 都采用 8 位或 16 位的单片机作 CPU，使 PLC 处理控制信号的能力与速度大为提高。

（2）存储器　存储器是具有记忆功能的电子电路，PLC 的存储器包括系统存储器和用户存储器。

系统存储器用来存放由 PLC 生产厂家编写的系统程序，并固化在只读存储器（ROM）中，用户不能访问和随意更改。系统程序的好坏，在很大程度上决定了 PLC 的功能。系统程序包括系统管理程序、用户指令解释程序和标准程序模块三部分。

用户存储器包括用户程序存储器和用户功能存储器。用户程序存储器用来存放用户根据控制任务编写的各种用户程序。用户程序存储器分为 RAM、EPROM 和 EEPROM 三种类型。用户程序随机存储器 RAM 通常由锂电池作为后备电源，这样，当 PLC 断电时存放在 RAM 中的用户程序不会丢失。为了防止由于错误的操作而损坏程序，可将调试后不需再修改的用户程序写入 EPROM 或 EEPROM 可擦除的只读存储器中，这样用户程序可永久保存。小型 PLC 用户程序存储器的容量一般在 8KB 以下，中型 PLC 的容量一般在 64KB 以下，而大型 PLC 的容量一般在 64KB 以上。

用户功能存储器用来存放（记忆）用户程序中使用的 ON/OFF 状态、数值数据等，它构成 PLC 的各种内部编程元件，也称为"软元件"。

（3）输入接口电路　输入接口电路是输入设备与 CPU 之间的桥梁，用来接收和采集输入信号，并将接收和采集到的输入信号转换成 CPU 能够接收的信号。输入接口电路接收和采集的输入信号有两种类型：一类是按钮、选择开关、行程开关、接近开关、光敏开关、数字拨码开关、继电器触点等送来的开关量输入信号；另一类是由电位器、测速发电机和各种变送器等送来的模拟量输入信号。为了防止输入信号中夹带的杂散电磁波干扰 CPU 的正常工作，在输入接口电路中一般都设置光耦合电路，以隔离 CPU 与输入信号之间的联系。

（4）输出接口电路　输出接口电路是 CPU 与外部负载之间的桥梁，它将 CPU 送出的弱电信号转换成强电信号，以驱动外部负载，如接触器、继电器、电磁阀、指示灯等。PLC 的输出接口电路有继电器输出、晶体管输出和晶闸管输出 3 种方式。

1）继电器输出接口电路。无论对直流负载或交流负载此电路都适用，负载电流可达 2A。但其机械触点使用寿命较短，转换频率低，响应速度慢，触点断开时会产生电弧，容易产生干扰。

2）晶体管输出接口电路。此电路是无触点输出，故使用寿命长，且可靠性高，响应速度快，可以高速通断，能满足一些直流负载的特殊要求。但晶体管输出的电流较小，约为 0.5A。若外接负载工作电流较大时，需增加固态继电器驱动。

3）晶闸管输出接口电路。此电路仅适用于交流负载。由于晶闸管输出也是无触点输出，故使用寿命长，响应速度快，但输出电流较小，约为 0.3A。若外接负载工作电流较大时，需增加大功率晶闸管驱动。

（5）电源部件　PLC 电源部件的功能是将交流电源转换成 CPU、存储器等电子电路工作所需要的直流电源，它是整个 PLC 的能源供给中心。它一方面可为 CPU、存储器等提供 DC 5V 的工作电源，另一方面还可为外部输入元件提供 DC 24V 的稳压电源，从而简化了外围配置，给用户带来了极大方便。目前，大多数 PLC 采用高质量的开关型稳压电源，其工作稳定性好，抗干扰能力强。

2. 可编程序控制器的工作原理

PLC 采用循环扫描串行工作方式，它是连续地顺序逐条扫描用户程序，在任一时刻只能执行一条指令，即一个继电器线圈被驱动时，它的所有触点并不立即动作，必须等 CPU 扫描到该触点时才会动作。

PLC 的每个扫描过程分为输入采样、程序执行和输出刷新三个阶段。在 PLC 整个运行期间，PLC 的 CPU 以一定的扫描速度重复执行上述三个阶段，如图 4-2 所示。

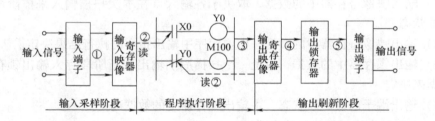

图 4-2　PLC 扫描工作过程

（1）输入采样阶段　在此阶段，PLC 以扫描方式依次顺序读入各输入点的状态，并将各输入点的状态（"0" 或 "1"）存入输入映像寄存器，此时，输入映像寄存器被刷新。在输入采样结束后，即使输入点状态发生变化，输入映像寄存器中相应单元的状态也不会改变，直到下一个扫描周期的输入采样阶段，才能重新写入输入点的新状态。

（2）程序执行阶段　在此阶段，PLC 在系统程序的控制下，逐条解释并执行存放在用户程序存储器中的用户程序。对用户以梯形图形式编写的程序，按照从左到右、从上到下的顺序逐一扫描，并从输入映像寄存器中取出上一次读入的所有输入点的状态，从输出映像寄存器中取出各输出元件的状态，然后根据用户程序进行逻辑运算，并将运算结果再存入输出映像寄存器中，而不是送到输出端。随着程序执行进程的变化，输出映像寄存器中的内容也不断发生变化。但值得注意的是，由于扫描执行程序是从上到下进行的，所以前面的运行结果会影响到后面相关程序的运行结果；而后面程序的运行结果却不能改变前面相关程序的运行结果，只有等到下一个扫描周期再次扫描前面的程序时才可能起作用。

（3）输出刷新阶段　当 CPU 扫描执行到 END 指令时，结束对用户程序的扫描，进入输出刷新阶段。此时，输出映像寄存器中所有要输出的信号转存到输出锁存器中，然后由输出锁存器去驱动 PLC 的输出电路，最后成为 PLC 的实际输出，驱动外接负载。

PLC 按上述三个阶段周期性地循环扫描，每扫描一次，输入、输出的数据就被刷新一次，用户程序就被执行一次。PLC 完成一个循环扫描过程所用的时间称为一个扫描周期。实际上，PLC 在一个扫描周期内除了执行用户程序和输入、输出刷新外，还要进行各种错误检测（自诊断功能），并与编程器通信。

循环扫描的工作方式是 PLC 的一大特点，这一特点决定了 PLC 在输入输出处理方面必须遵守以下规则：

1）输入映像寄存器中的数据，取决于各输入点在本次扫描输入采样阶段所刷新的状态。

2）输出映像寄存器中的数据，由本程序中输出指令的执行结果决定。

3）输出锁存器中的数据，由上一个扫描周期输出刷新阶段存入输出锁存器的数据来决定。

4）输出端子的通、断状态，由输出锁存器中的数据决定。

3. 可编程序控制器控制的实质

用可编程序控制器实施控制，其实质是按一定算法进行输入/输出变换，并将这个变换予以物理实现。输入/输出变换、物理实现是 PLC 实施控制的两个基本点。输入/输出变换实际上就是信息处理，PLC 应用微处理技术，并使其专业化应用于工业现场。物理实现即 PLC 要考虑实际的控制要求，要求 PLC 的输入应当排除干扰信号，输出应放大到工业控制的水平，能为实际控制系统方便使用，这就要求 PLC 的 I/O 电路专门设计。

三、使用 PLC 的注意事项

PLC 为工业控制装置，一般不需要采取特别的措施，可直接用于工业环境。

但必须严格按技术指标应用，才能保证长期安全运行，同时还应考虑与 PLC 连接的外部电路的可靠性。一般情况下，PLC 的故障多在电源及外围输入/输出电路。

1. PLC 工作环境和安装注意事项

1）技术指标规定 PLC 的工作环境温度为 0～55℃，相对湿度为 85% RH 以下（无结霜）。因此，不要把 PLC 安装在高温、结露、雨淋的场所，也不宜安装在多灰尘、油烟、导电多尘腐蚀性气体和可燃性气体的场所，也不要将其安装在振动、冲击强烈的地方。如果环境条件恶劣，应采取相应的通风、防尘、防振措施，必要时可将其安装在控制室内。

2）PLC 不能与高压电器安装在一起，控制柜中应远离强干扰和动力线，如大功率可控硅装置、高频焊机、大型动力设备等，两者间距应大于 200mm。

3）PLC 的 I/O 连接线与控制线应分开布线，并保持一定距离。如不得已要在同一线槽中布线应使用屏蔽线。交流线与直流线、输入线与输出线最好分开走线，开关量与模拟量最好分开敷设，传送模拟量的信号可采取屏蔽线，其屏蔽层应在模拟量模块一端接地。

2. 系统供电与接地注意事项

系统多数干扰往往通过电源进入 PLC。在干扰较强或可靠性要求高的场合，动力部分、控制部分、PLC 自身电源及 I/O 电路的电源应分开配线，用带屏蔽层的隔离变压器给 PLC 供电，隔离变压器与 PLC 之间采用双绞线连接。隔离变压器一次侧应接交流 380V，可避免地电流干扰。用这种方式供电，在紧急停止时 PLC 的输出电路可在 PLC 外部切断。输入电路用外接直流电源最好采用稳压电源，一般的整流滤波电源有较大的纹波容易引起误动作。另外，PLC 电源线截面积大小应根据容量进行选择，一般情况下不能小于 $2mm^2$。

良好的接地是保证 PLC 安全可靠运行的重要措施。PLC 系统接地的基本原则是单点接地。PLC 最好采用专用接地，其接地装置与其他设备分开使用。一般采用第三种接地，接地电阻小于 100Ω，接地线长度尽可能短，一般不超过 20m，截面积应大于 $2mm^2$。

3. 输入/输出电路的接线注意事项

1）根据负载性质并结合输出点的要求，确定负载电源的种类及电压等级，能用交流的就不选直流，220V 可行时就不选 24V。

2）正确确定负载电源容量。应考虑接触器、电磁阀等负载同时工作等因素，不宜简单采用总容量乘以系数的办法估算。尤其是在大型系统中，容量若不满足，容易引起电压损失过大，影响负载正常工作。

3）负载电源不宜直接取自电网，应采取屏蔽隔离措施。而且同一系统的基本单元、扩展单元的电源与其输出电源应取自同一相。

4）在电源线配线施工中，输出模块的电源配线必须采用放射式，不能采用链式跨接。因为跨接很容易造成首块模块的电源端子过电流。

5）输入传感元件的选配。一般情况下，PLC 一经选定，输入元件的技术参数也就确定了，选购时必须妥善考虑技术参数的匹配。

目前的 PLC 多采用正逻辑输入，要求接近开关动作时输出 24V 高电平。另外，凡作为 PLC 输入元件的开关、传感器不论其容量是否允许，不允许再接其他负载，必须保证每个输入通道是独立的，以防止干扰和损坏 PLC 的内部输入电路。

在采用无触点输入元件时，要注意输入漏电流。PLC 的输入灵敏度高，FX2 系列 PLC 的输入为 DC 24V、7mA。引起输入动作的最小电流为 2.5～3mA，但要确保输入有效，输入电流必须大于 4.5mA。反之要保证输入信号无效，输入电流必须小于 1.5mA，输入电流在 1.5～4.5mA 时会产生错误信号。必要时可在输入元件两端并接阻值适当的泄放电阻，以减小输入阻抗。

6）PLC 一般可直接驱动接触器、继电器和电磁阀等负载。但是，在环境恶劣、输出电路接地短路故障较多的场所，最好在输出电路上加装熔断器作短路保护。采用继电器输出的 PLC 接感性负载时，应在负载两端并接 RC 浪涌电流抑制器，接直流负载时，应并接续流二极管。采用可控硅输出的 PLC，输出时会伴有较大的开路漏电流，可能会引起小电流负载的误动作，应加入 RC 或泄放电路，提高系统的可靠性。

4. 用户程序存储注意事项

用户程序宜存储在 EPROM 或 EEPROM 当中，当后备电池失电时程序不丢失，若程序存储在 RAM 中，应时常注意 PLC 的后备电池异常信号 BATT.V。当后备电池异常时，必须在一周内更换，且更换时间不超过 5min，另外还应做好程序备份工作。

四、常用程序设计方法

用户程序的设计是 PLC 应用中的最关键的问题。在掌握 PLC 指令以及操作方法的同时，还需掌握正确的程序设计方法，才能有效地利用可编程序控制器，使它在工业控制中发挥巨大作用。一般用户程序的设计可分为经验设计法、逻辑设计法和状态流程图设计法等。

1. 经验设计法

经验设计法沿用了传统继电器-接触器控制电路来设计梯形图。它是在基本控制单元和典型控制环节基础上，根据被控对象对控制系统的具体要求，依靠经验直接设计控制系统，并不断修改和完善梯形图的一种设计方法。这种方法没有规律可循，具有很大的随意性，最后的结果也不唯一。

经验设计法的基本步骤如下：

1）在准确了解控制要求后，合理地为控制系统中的事件分配输入、输出口。选择必要的机内器件，如定时器、计数器、辅助继电器等。

2）对于一些控制要求较简单的输出，可直接写出它们的工作条件，以启-保-停电路模式完成相关的梯形图设计。

3）对于那些控制要求较复杂的输出，为了能用启-保-停电路模式绘出各输出口的梯形图，要正确分析控制要求，并确定组成总的控制要求的关键点。在空间类逻辑为主的控制中（如抢答器）关键点为影响控制状态的点；在时间类逻辑为主的控制中（如交通灯）关键点为控制状态转化的时间。

4）将关键点用梯形图表达出来。关键点总是要用机内器件来代表的，在安排机内器件时需考虑并安排好。绘关键点的梯形图时，可使用常见的基本环节，如定时器计时环节、振荡环节、分频环节等。

5）在完成关键点梯形图的基础上，针对系统最终的输出进行梯形图的绘制。使用关键点综合给出最终输出的控制要求。

6）审查以上草绘图样，在此基础上补充遗漏的功能，更正错误，进行最后的完善。

2. 逻辑设计法

逻辑设计法是以控制系统中各种物理量的逻辑关系为出发点的设计方法。这种方法既有严密可循的规律性和可行的设计步骤，又有简便、直观和十分规范的特点。

逻辑设计法的理论基础是逻辑代数，它是从传统的继电器逻辑设计方法继承而来的。它的基本设计思想是，控制过程由若干个状态组成，每个状态都由于接受了某个主令信号而建立；各记忆元件用于区分各状态，并构成执行元件的输入变量；正确地写出各中间记忆元件的逻辑函数式和执行元件的逻辑函数式，也就完成了程序设计的首要任务。因为这两个逻辑函数式，既是生产机械或生产过程内部逻辑关系和变化规律的表达式，又是构成控制系统实现控制目标的具体程序。逻辑设计法适用于单一顺序问题的程序设计，如果系统复杂，包含了大量的选择序列和并行序列，那么采用逻辑设计法就很困难。

逻辑设计法的基本步骤如下：

1）通过工艺过程分析，结合控制要求，绘制控制系统循环图和检测元件分布图和电器执行元件功能表。

2）绘制控制系统状态转换表。它通常由输出信号状态表、输入信号状态表、状态转换主令表和中间记忆状态表四部分组成。

3）根据系统状态转换表，进行控制系统的逻辑设计。它包括写中间记忆元件的逻辑函数式和执行元件的逻辑函数式。

4）将逻辑函数式转化为梯形图或语句表。由于语句表的结构和形式与逻辑函数式非常相似，很容易直接由逻辑函数式转化；而梯形图可以通过语句表过渡一下，或直接由逻辑函数式转化。

5）程序的完善和补充。它包括手动工作方式的设计、手动与自动工作方式的选择、自动工作循环、保护措施等。

3. 状态流程图设计法

状态编程的思想是 PLC 进行顺序控制的程序设计中一种重要思想。目前，PLC 状态编程的方法主要有三种：第一种是借助于可编程序控制器本身的步进顺控指令及大量专用的状态元件实现状态编程；第二种是借助于可编程序控制器辅助继电器实现状态编程；第三种是借助于可编程序控制器的移位寄存器实现状态编程。可见，PLC 状态编程的方法都是借助于一定的"过渡性"软元件来实现的。

状态流程图又叫做功能表图、状态转移图或状态图。它是完整地描述控制系统的控制过程、功能和状态的一种图形，是分析和设计电气控制系统顺序控制程序的一种重要工具。顺序功能图语言又称为状态流程图语言，是一种较新的编程语言。这种语言的作用是用功能图来表达一个顺序控制过程，它将一个控制过程分为若干阶段，这些阶段称为状态，每一状态对应于一个控制任务。状态与状态之间有一定的转移条件，当相邻两个状态之间的转移条件得到满足时，就实现状态转移，即上一状态的控制任务完成而下一状态的控制任务开始实施。

对于有些厂家的 PLC 因为内部没有状态元件，或者没有开发步进顺控指令，所以应用状态流程图法进行程序设计便不适合，目前发展起来一种状态编程的推广方法——逻辑流程图法，可以不受约束地在各种机型上使用。这种方法结合了逻辑设计法和状态编程的思想，可以更直观地描述工作过程。

五、PLC 的维修与故障诊断

1. PLC 的维护

PLC 的维护主要包括以下方面：

1）对大中型 PLC 系统，应制定维护保养制度，做好运行、维护、保养记录。

2）定期对系统进行检查保养，时间间隔为半年，最长不超过一年，特殊场合应缩短时间间隔。

3）检查设备安装、接线有无松动现象及焊接点、连接点有无松动或脱落，除去尘污，清除杂质。

4）检查供电电压是否在允许的范围内。

5）重要器件或模块应有备份。

6）校验输入元件信号是否正常，有无出现偏差异常现象。

7）机内后备电池应定期更换，锂电池寿命通常为 3～5 年，当电池电压降到一定值时，电池电压指示 BATT. V 亮。

8）加强 PLC 维护和使用人员的思想教育和业务素质的提高。

2. PLC 的自诊断与故障检查

（1）自诊断 PLC 本身具有一定的自诊断能力，使用者可从 PLC 面板上各种指示灯的发亮和熄灭，判断 PLC 系统是否存在故障，这给用户初步诊断故障带来很大的方便。PLC 基本单元面板上的指示功能如下：

1）POWER 电源指示：当供给 PLC 的电源接通时，该指示灯亮。

2）RUN 运行指示：SW1 置于"RUN"位置或基本单元的 RUN 端与 COM 端的开关合上，则 PLC 处于运行状态，该指示灯亮。

3）BATT. V 机内后备电池电压指示：PLC 的电源接通，如果锂电池电压下降到一定数值时，该指示灯亮。

4）PROG. E（CPU. E）程序出错指示：若出现程序语法有错，程序线路有错，定时器或计数器没有设置常数，锂电池电压跌落，以及由于噪声干扰或导线头落在 PLC 内导致"求和"检查出错等情况时，该指示灯闪烁。

当发生程序执行时间超过允许值致使监视器动作或由于电源浪涌电压的影响，造成有噪声瞬时加到 PLC 内，致使程序执行出错时，该指示灯持续亮。

5）输入指示：PLC 输入端有正常输入时，输入指示灯亮。有输入而指示灯不亮的或无输入而指示灯亮则有故障。

6）输出指示：若有输入且输出继电器触点动作，输出指示灯亮。如果指示灯亮而触点不动作，可能输出继电器触点已烧坏。

（2）故障检查 利用 PLC 基本单元面板上各种指示灯运行状态，可初步判断出发生故障的范围，在此基础上可进一步查明故障。先检查确定故障出现在哪一部分，即先进行 PLC 系统的总体检查，检查的顺序和步骤如下：

1）电源系统的检查：从 POWER 指示灯的亮或灭，较容易判断电源系统是否正常。因为只有电源正常工作时，才能检查其他部分的故障，所以应先检查或修复电源系统。电源系统故障往往发生在供电电压不正常、熔断器熔断或连接不好、接线或插座接触不良，有时也可能是指示灯或电源部件损坏了。

2）系统异常运行检查：先检查 PLC 是否置于运行状态，再监视检查程序是否有错，若还不能查出，应接着检查存储器芯片是否插接良好；仍查不出时，则应检查或更换微处理器。

3）输入部分检查：输入部分常见故障及可能原因和处理建议，见表 4-1。

4）输出部分检查：输出部分常见故障及可能原因和处理建议，见表 4-2。

表 4-1　输入部分检查

故 障 现 象	可 能 原 因	处 理 建 议
输入均不能接通	（1）未向输入信号源供电 （2）输入信号源电源电压过低 （3）端子螺钉松动 （4）端子板接触不良	（1）接通有关电源 （2）调整合适 （3）拧紧 （4）处理后重接
输入全部异常	输入单元故障	更换输入部件
某特定输入继电器不能接通	（1）输入信号源（器件）故障 （2）输入配线断 （3）输入端子松动 （4）输入端接触不良 （5）输入接通时间过短 （6）输入电路故障	（1）更换输入器件 （2）重接 （3）拧紧 （4）处理后重接 （5）调整有关参数 （6）查电路或更换
某特定输入继电器关闭	输入电路故障	查电路或更换
输入随机性动作	（1）输入信号电平过低 （2）输入接触不良 （3）输入噪声过大	（1）查电源及输入器件 （2）检查端子接线 （3）加屏蔽或滤波措施
动作正确，但指示灯灭	LED 损坏	更换 LED

表 4-2　输出部分检查

故 障 现 象	可 能 原 因	处 理 建 议
输出均不能接通	（1）未加负载电源 （2）负载电源已坏或电压过低 （3）接触不良（端子排） （4）熔管已坏 （5）输出回路（电路）故障 （6）I/O 总线插座脱落	（1）接通电源 （2）调整或修理 （3）处理后重接 （4）更换熔管 （5）更换输出部件 （6）重新连接
输出均不能关断	输出电路故障	更换输出部件
特定输出继电器不能接通 （指示灯灭）	（1）输出接通时间过短 （2）输出电路故障	（1）修改输出程序或数据 （2）更换输出部件
特定继电器（输出） 不接通（指示灯亮）	（1）输出继电器损坏 （2）输出配线断开 （3）输出端子接触不良 （4）输出驱动电路故障	（1）更换继电器 （2）重接或更新 （3）处理后更新 （4）更换输出部件

5）电池检查：机内电池部分出现故障，一般是用于电池装接不好或使用时间过长所致，把电池装接牢固或更换电池即可。

6）外部环境检查：PLC控制系统工作正常与否，与外部条件环境也有关系，有时发生故障的原因可能就在于外部环境不符合PLC系统工作的要求。

① 如果环境温度高于55℃，应安装电风扇或空调器，以改善通风条件；假如温度低于0℃，应安装加热设备。

② 如果相对湿度高于85%，这很容易造成控制柜中结霜或滴水，引起电路故障，应安装空调器等，确保相对湿度不应低于35%。

③ 周围有无大功率电气设备产生不良影响，如果有就应采取隔离、滤波、稳压等抗干扰措施。

④不能忽视检查交流供电电源是否经常性波动及波动幅度的大小，如果经常性波动且幅度大时，就应加装交流稳压器。

⑤ 其他方面也不能忽视，例如周围环境粉尘、腐蚀性气体是否过多，振动是否过大等。

查找PLC系统故障，尤其是查找大中型PLC系统的故障，是比较困难的。上面介绍了查找PLC系统故障的思路和基本方法，但重要的是使用者对系统的熟悉程度和检修经验。

◈◈◈ 第二节 FX2系列PLC简介

FX2系列PLC是日本三菱公司生产的小型PLC，较早进入中国市场，在各行各业使用较为普遍。它采用功能强大的16位微处理器和专用逻辑处理芯片作为中央处理器，是目前运行速度最快的小型PLC之一。

一、FX2系列PLC的硬件结构

FX2系列PLC为整体式结构，由基本单元、扩展单元、扩展模块和特殊适配器等组成。

（1）基本单元 基本单元由CPU、存储器、I/O电路、电源等组成一个完整的控制系统，可单独使用。

（2）扩展单元 扩展单元与基本单元在外形上相似，但内部没有CPU、存储器，所以不能单独使用，只能与基本单元连接在一起作为输入、输出点数的扩充。FX2系列PLC的基本单元和扩展单元见表4-3。

（3）扩展模块 扩展模块以8为单位扩充输入、输出点数，也可只扩充输入点数或只扩充输出点数，从而改变输入、输出的点数比率。与扩展单元不同，扩展

表 4-3 FX2 系列 PLC 的基本单元和扩展单元

单　　元	输入/输出点数	输出形式	
		继电器输出	晶体管输出
基本单元	8/8	FX2N－16MR	FX2N－16MT
	12/12	FX2N－24MR	FX2N－24MT
	16/16	FX2N－32MR	FX2N－32MT
	24/24	FX2N－48MR	FX2N－48MT
	32/32	FX2N－64MR	FX2N－64MT
	40/40	FX2N－80MR	FX2N－80MT
扩展单元	16/16	FX－32ER	—
	24/24	FX－48ER	FX－48MT

模块内部既没有 CPU、存储器，也没有电源，而由基本单元或扩展单元供给。

（4）特殊适配器　特殊适配器是 PLC 特殊功能单元与基本单元连接的桥梁。FX2 系列 PLC 有许多专用的特殊功能单元，如模拟量 I/O 单元、高速计数单元、位置控制单元、数据输入输出单元等。有的特殊功能单元需要通过特殊适配器与基本单元连接。

二、FX2 系列 PLC 的主要技术指标及外部接线

1. FX2 系列 PLC 的主要技术指标

PLC 的主要技术指标包括硬件指标与软件指标两个方面。FX2 系列 PLC 的硬件指标见表 4-4，软件指标见表 4-5。

表 4-4 FX2 系列 PLC 的硬件指标

项　　目	性 能 指 标
环境温度	使用温度 0～55℃，储存温度 －20～70℃
环境湿度	使用时 35%～85% RH（不结露）
抗振性能	JIS C0911 标准，10～55Hz，0.5mm（最大 2G），3 轴方向各 2 次
抗冲击性能	JIS C0912 标准，10G，3 轴方向各 3 次
抗噪声干扰能力	用噪声仿真器产生峰-峰值电压为 1000V，噪声脉冲宽度为 1μs，周期为 30～100Hz，在此噪声干扰下 PLC 工作正常
绝缘耐压	交流 1500V，1min（各端子与接地端之间）
绝缘电阻	5MΩ 以上（各端子与接地端之间）
接地	第 3 种接地[①]。不能接地时，也可浮空
使用环境	禁止腐蚀性气体，严禁尘埃

① 是指接地电阻 100Ω 以下的接地方式。

表 4-5　FX2 系列 PLC 的软件指标

项　目		性　能　指　标		注　释
操作控制方式		反复扫描程序		由逻辑控制器 LSI 执行
I/O 刷新方式		批处理方式（在 END 指令执行时成批刷新）		有直接 I/O 指令及输入滤波器时间常数调整指令
操作处理时间		基本指令：0.48μs/步		功能指令：几百微秒/步
编程语言		继电器符号语言（梯形图）＋步进顺控指令		可用状态流程图设计法编程
程序容量/存储器类型		2K B RAM（标准配置）		
		4K B EEPROM 卡盒（选配）		
		8K B RAM，EEPROM，EPROM 卡盒（选配）		
指令数		基本逻辑指令 20 条，步进顺控指令 2 条，功能指令 85 条		
输入继电器	直流输入	直流 24V，7mA，光电隔离		X0 ～ X177（8 进制）
输出继电器	继电器	交流 250V，直流 30V，2A（电阻负载）		Y0 ～ Y177（8 进制）
	晶闸管	交流 242V，0.3A/点，0.8A/4 点		
	晶体管	直流 30V，0.5A/点，0.8A/4 点		
辅助继电器	通用型			M0 ～ M499（500 点）
	锁存型	电池后备		M500 ～ M1023（524 点）
	特殊型			M8000 ～ M8225（256 点）
状态	初始化用	用于初始状态		S0 ～ S9（10 点）
	通用			S10 ～ S499（490 点）
	锁存	电池后备		S500 ～ S899（400 点）
	报警	电池后备		S900 ～ S999（100 点）
定时器	100ms	0.1 ～ 3276.7s		T0 ～ T199（200 点）
	10ms	0.01 ～ 327.67s		T200 ～ T245（46 点）
	1s（积算）	0.001 ～ 32.767s	电池后备	T246 ～ T249（4 点）
	100ms（积算）	0.1 ～ 3276.7s		T250 ～ T255（6 点）

注：辅助继电器范围可通过参数设置来改变；状态可通过参数设置改变其范围。

（续）

项　　目	性 能 指 标			注　　释	
计数器	加计数器	16 位 1 ~ 32767	通用型	C0 ~ C99 （100 点）	范围可通过参数设置
			电池后备	C100 ~ C199 （100 点）	
	加/减计数器	32 位 – 2147483648 ~ 2147483647	通用型	C200 ~ C219 （20 点）	范围可通过参数设置
			电池后备	C220 ~ C234 （15 点）	
	高速计数器	32 位加/减计数	电池后备	C235 ~ C255（6点）（单相计数）	
寄存器	通用数据 寄存器	16 位	一对处理 32 位	通用型	D0 ~ D199 （200 点）	范围可通过参数设置 改变
		16 位		电池后备	D200 ~ D511 （312 点）	
	特殊寄存器	16 位		D8000 ~ D8255（256 点）	
	变址寄存器	16 位		V，Z（2 点）	
	文件寄存器	16 位（存于程序中）	电池后备	D1000 ~ D2999，最大 2000 点，由 参数设置	
指针	JUMP/CALL			P0 ~ P63（64 点）	
	中断	用 X0 ~ X5 作中断输入， 定时器中断		I0□□ ~ I8□□（9 点）	
嵌套标志		主控线路用		N0 ~ N7（8 点）	
常数	十进制	16 位：– 32768 ~ 32767 32 位：– 2147483648 ~ 2147483647			
	十六进制	16 位：0 ~ FFFFH　　32 位：0 ~ FFFFFFFFH			

2. FX2 系列 PLC 的外部接线

（1）输入回路的连接　FX2 系列 PLC 输入电路的连接如图 4-3 所示。输入回路的连接是 COM（公共）端通过具体的输入设备（如按钮、行程开关、继电器触点、传感器等），连接到对应的输入点 X 上，通过输入点将外部信号传送到 PLC 内部。当某个输入设备的状态发生变化时，对应输入点 X 的状态就随之变化，这样 PLC 可随时检测到这些外部信号的变化。

（2）输出电路的连接　输出回路就是 PLC 的负载回路，FX2 系列 PLC 输出回路的连接如图 4-4a 所示。PLC 提供输出端子，通过输出端子将负载和负载电

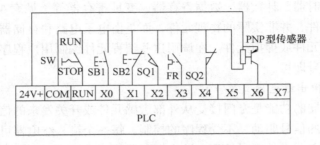

图 4-3 PLC 输入电路的连接

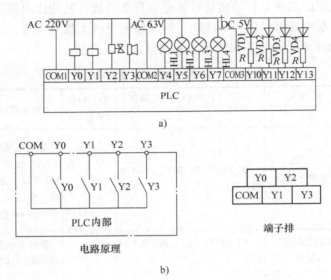

a)

b)

图 4-4 FX2 系列 PLC 输出端

a) PLC 输出电路的连接 b) 输出公共端 COM 的连接

源连接成一个回路。这样，负载的状态就由输出端子对应的输出继电器进行控制，输出继电器的常开触点闭合，负载即可得电。

在设计输出回路的接线时，应注意输出回路的公共端问题。一般情况下，每一路输出应有两个输出端子。为了减少输出端子的个数，以减小 PLC 的体积，在 PLC 内部将每路输出其中的一个输出端子采用公共端连接，即将几路输出的一端连接到一起，形成公共端 COM。FX2 系列 PLC 采用四路输出共用一个公共端 COM，如图 4-4b 所示。

三、FX2 系列 PLC 内部编程元件

FX2 系列 PLC 内部编程元件有输入继电器、输出继电器、辅助继电器、状

态继电器、定时器、计数器、数据寄存器、变址寄存器等，见表4-6。这些功能不同的编程元件，并非实际的物理元件，而是由电子电路和存储器组成的，通常把它们称作软元件或虚拟元件。在调用这些编程元件编制用户程序时，只注重它们的功能及编号即可。

1. 输入/输出继电器（X/Y）

输入继电器的功能是专门接受从外部敏感元件或开关发来的信号，其状态由外部控制现场的信号驱动，不受程序的控制。每一个输入继电器可提供无数对常开、常闭软触点，供编程时使用。输入继电器用 X 来表示，其编号采用八进制。

输出继电器的功能是将输出信号传递给外部负载，其动作由程序中的指令控制。每个输出继电器可提供一个线圈，同时还可提供无数对常开、常闭软触点供编程使用。输出继电器用 Y 来表示，其编号采用八进制。

表4-6　FX2 系列 PLC 内部编程元件

输入 继电器 X	DC 输入	DC 24V，74mA，光电隔离	X0 ~ X177 （八进制）	I/O 点数一共 128 点
	—	—		
输出 继电器 Y	继电器（MR）	AC 250V，DC 30V，2A（电阻负载）	Y0 ~ Y177 （八进制）	根据电流的大小（0.5 ~ 0.1A）使用寿命为 20 万 ~ 100 万次，直流负载最好并联一个反向二极管，交流负载并加 *RC* 滤波器
	双向晶闸管（MS）	AC 242V，0.3A/点，0.8A/4 点		最好并联 0.1μF 电容，串联 100Ω 电阻的滤波器
	晶体管（MT）	DC 30V，0.5A/点，0.8A/4 点		内部输出端已加稳压二极管，50V
辅助 继电器 M	通用型		M0 ~ M499 （500 点）	范围可通过参数设置来改变
	断电保持型	电池后备	M500 ~ M1023 （524 点）	
	特殊型		M8000 ~ M8255（256 点）	
状态 元件 S	初始化用	用于初始状态	S0 ~ S9（10 点）	
	通用型		S20 ~ SS499 （480 点）	可通过参数设置改变其范围
	断电保持型	电池后备	S500 ~ S899 （400 点）	
	报警型	电池后备	S900 ~ S999（100 点）	

（续）

	100ms	0.1～3276.7s		T0～T199（200点）	
定时器 T	10ms	0.01～327.67s		T200～T245（46点）	
	1ms（积算）	0.001～32.67s	电池后备	T246～T249（4点）	
	100ms（积算）	0.1～3276.7s	（保持）	T250～T255（6点）	
计数器 C	加计数器	16bit， 1～32767	通用型	C0～C99 （100点）	范围可通过参数设置
			断电保持型	C100～C199 （100点）	
	加/减计数器	32bit， −2147483648～ +2147483648	通用型	C200～C219 （20点）	范围可通过参数设置
			断电保持型	C220～C234 （15点）	
	高速计数器	32bit 加/减计数	断电保持型	C235～C255（21点）（单相计数）	
寄存器 D/V/Z	通用数据寄存器	16bit	一对处理 32bit	通用型	D0～D199 （200点）	范围可通过参数设置改变
	断电保持 数据寄存器	16bit		断电 保持型	D200～D511 （312点）	
	特殊数据寄存器	16bit			D8000～D8255（256点）	
	变址寄存器	16bit			V、Z（2点）	
	文件数据寄存器	16bit （存于程序中）		断电 保持型	D1000～D2999，最大2000点，由参数设置	
指针 P/I	JUMP/CALL				P0～P63（64点）	
	中断	用X0～X5作中断输入，计时器中断			I0□□～I8□□（9点）	
常数 K/H	十进制	16bit：−32768～32767 32bit：−2147483648～2147483647				
	十六进制	16bit：0～FFFFH 32bit：0～FFFFFFFFH				

2. 辅助继电器 M

PLC 内部有许多辅助继电器，其动作由程序中的指令控制。它不能接受外部信号，也不能输出信号，其作用相当于继电器-接触器控制电路中的中间继电器，经常用作状态暂存移位运算等。每一个辅助继电器可提供无数对常开、常闭软触点，供编程使用。

辅助继电器分为通用型辅助继电器、断电保持型辅助继电器和特殊型辅助继电器三大类，其编号采用十进制。

（1）通用型辅助继电器　在FX2系列PLC中通用型辅助继电器的编号是M0~M499，共500点，每个通用型辅助继电器包括一个线圈和若干常开、常闭触点。PLC在运行中若发生停电，通用型辅助继电器将全部处于复位状态，通电后再运行时，除去PLC运行时就接通的以外，其他仍处于复位状态。

（2）断电保持型辅助继电器　在生产中，某些控制系统要求保持断电前的状态，断电保持型辅助继电器由于有PLC内部的锂电池作为后备电源，具有断电保持功能，就能够用于这种场合。

断电保持型辅助继电器的编号是M500~M1023，共524点。

（3）特殊型辅助继电器　FX2系列PLC内部有256个特殊型辅助继电器，其编号是M8000~M8255。这些特殊型辅助继电器各自都具有特定的功能，可以分成以下两大类：

1）只能利用其触点的特殊型辅助继电器。这类特殊型辅助继电器线圈的通、断由PLC的系统程序控制。其功能如下：

M8000——在PLC运行期间始终保持接通。

M8001——在PLC运行期间始终保持断开。

M8002——在PLC开始运行的第一个扫描周期接通，此后就一直断开。

M8011——周期为0.01s的时钟脉冲（5ms通，5ms断）。

M8012——周期为0.1s的时钟脉冲（0.05s通，0.05s断）。

M8013——周期为1s的时钟脉冲（0.5s通，0.5s断）。

M8014——周期为1min的时钟脉冲（30s通，30s断）。

2）可驱动线圈的特殊型辅助继电器。这类特殊型辅助继电器在用户驱动线圈后，PLC将做一些特定动作。其功能如下：

M8030——使BATTLED（锂电池欠电压指示灯）熄灭。

M8033——PLC停止运行时输出保持。

M8034——禁止全部输出。

M8039——定时扫描。

3. 状态元件S

状态元件S是编制步进顺控程序的重要元件。它与步进顺控指令STL组合使用。在FX2系列PLC中，共有1000个状态元件，其编号为S0~S999，分为以下5种类型：

1）S0~S9为初始状态元件，共10点。

2）S10~S19为回零状态元件，共10点。

3）S20~S499为通用型状态元件，共480点。

4）S500~S899为断电保持型状态元件，共400点。

5) S900～S999 为外部故障诊断及报警状态元件，共 100 点。

各状态元件可提供无数对常开、常闭触点。不用步进顺控指令时，状态元件 S 可作为辅助继电器在程序中使用。

4. 定时器 T

定时器在 PLC 中的作用相当于继电器-接触器控制系统中的时间继电器，可用于定时操作。每个定时器都能提供无数对常开、常闭触点，供编程时使用。PLC 中的定时器是根据时钟脉冲累积计时的，时钟脉冲有 1ms、10ms 和 100ms 三档，当所计时间到达设定值时定时器动作，其常开触点闭合，常闭触点断开。定时器可以用常数 K 作为设定值，也可以用数据寄存器 D 中的内容作为设定值。

根据定时器的工作方式不同，分为非积算定时器和积算定时器。

（1）非积算定时器 FX2 系列 PLC 内部共有 246 个非积算定时器，其中编号为 T0～T199 的 200 个定时器的计时单位为 100ms，其时间设定值范围为 0.1～3276.7s；编号为 T200～T245 的 46 个定时器的计时单位为 10ms，其时间设定值范围为 0.01～327.67s。

非积算定时器线圈的控制电路只有一条，定时器工作与否都由该控制电路决定。当控制电路接通时，定时器线圈接通开始工作，根据设定的定时值计时。若定时时间到，则定时器动作，其常开触点闭合，常闭触点断开。一旦控制电路断开或发生断电，定时器的线圈则断开，其所有触点全部复位。

（2）积算定时器 FX2 系列 PLC 内部共有 10 个积算定时器，其中编号为 T246～T249 的 4 个定时器的计时单位为 1ms，其时间设定值范围为 0.001～32.767s；编号为 T250～T255 的 6 个定时器的计时单位为 100ms，其时间设定值范围为 0.1～3276.7s。

积算定时器线圈的控制电路有两条：一条为计时控制电路；另一条为复位控制电路。当复位控制电路断开，计时控制电路接通时，定时器开始计时，当定时时间到，定时器动作，其常开触点闭合、常闭触点断开。当复位控制电路接通时，不论计时控制电路是处于接通状态还是处于断开状态，定时器计时当前值清零，定时器不会工作。若在计时中途其计数控制电路常开触点断开或 PLC 断电，计数当前值可保持不变。当其计数控制电路常开触点再次接通或 PLC 恢复供电时，计数从当前值开始继续进行。使用积算定时器时，一般要用 RST 复位指令将定时器复位。

5. 计数器 C

在 FX2 系列 PLC 中有 235 个内部计数器和 21 个高速计数器，这里主要介绍内部计数器。

内部计数器是在执行扫描操作时对内部器件（如 X、Y、M、S、T 和 C）的信号进行计数的计数器，其接通时间和断开时间应比 PLC 的扫描时间稍长。根据内部计数器的工作方式，内部计数器可分为 16 位加计数器和 32 位双向计数器。

（1）16 位加计数器　FX2 系列 PLC 内部有 200 个 16 位加计数器，其中C0 ～ C99 为 100 个通用型计数器，C100 ～ C199 为 100 个断电保持型计数器，计数设定值范围均为 1 ～ 32767。计数值的设定可直接用常数 K 或间接用数据寄存器 D 中的内容设定。

16 位加计数器线圈的控制电路也有两条：一条为计数控制电路；另一条为复位控制电路。

（2）32 位双向计数器　双向计数器就是既可设置为加计数又可设置为减计数的计数器，双向计数器也称为可逆计数器。FX2 系列 PLC 内部有 35 个 32 位双向计数器，其中 C200 ～ C219 为 20 个通用型计数器，C220 ～ C234 为 15 个断电保持型计数器，计数设定值范围均为 − 2147483648 ～　＋2147483647。与 16 位加计数器的计数设定值不同，双向计数器的计数设定值允许为负数。

因为双向计数器有加计数和减计数两种工作方式，所以除了有计数控制电路和复位控制电路以外，还必须有可逆控制电路。双向型计数器的工作方式由特殊型辅助继电器 M8200 ～ M8234 来控制，特殊型辅助继电器与计数器一一对应，例如：特殊型辅助继电器 M8200 控制计数器 C200，当特殊型辅助继电器 M8200 接通时，C200 为减计数器；当特殊型辅助继电器 M8200 断开时，C200 为加计数器。计数值的设定可直接用常数 K 或间接用数据寄存器 D 中的内容设定。间接设定时，要用编号连在一起的两个数据寄存器。

计数器的设定值若为正数，则当计数当前值等于设定值时，计数器动作，其常开触点闭合，常闭触点断开；若计数器的设定值为负数，则只有当计数当前值从小于设定值变到等于设定值时，计数器才动作。

使用断电保持型计数器时，计数器的计数当前值和触点均保持断电时的状态。

6. 数据寄存器 D

PLC 在进行数据输入/输出处理、模拟量控制、位置量控制时，需要许多数据寄存器存储数据和参数。每一个数据寄存器都是 16 位，最高位为符号位。可以用两个数据寄存器合并起来存放 32 位数据，最高位也是符号位。

数据寄存器可分为以下几种类型：

（1）通用数据寄存器　FX2 系列 PLC 内部有 200 个通用数据寄存器，编号为 D0 ～ D199。其特点是，只要不写入其他数据，已写入的数据就不会发生变化。当 PLC 停止工作时，数据全部清零。但是，当特殊型辅助继电器 M8033 置 1 时，即使 PLC 停止工作，数据仍可保存。

（2）断电保持数据寄存器 FX2 系列 PLC 内部有 312 个断电保持数据寄存器，编号为 D200～D511。其特点是：不论电源接通与否，PLC 运行与否，只要不写入其他数据，已写入的数据不会丢失，也不会发生变化。

（3）特殊数据寄存器 FX2 系列 PLC 内部有 256 个特殊数据寄存器，编号为 D8000～D8255，这些数据寄存器用来监控 PLC 中各种元件的运行方式。其中的内容在 PLC 接通电源时由系统 ROM 写入初始值，用户只能读取它的数据，从而了解 PLC 的故障原因，但不能改写它的内容。

（4）文件数据寄存器 FX2 系列 PLC 内部有 2000 个文件数据寄存器，编号为 D1000～D2999。文件数据寄存器实际上是一类专用数据寄存器，用于存储大量的数据。例如：采集数据、统计计算数据、多组控制数据等。文件数据寄存器占用用户程序存储器（RAM、EPROM 及 EEPROM）内的一个存储区，以 500 点为一个单位，在参数设置时，最多可设置 2000 点，用编程器可进行写入操作。

7. 变址寄存器 V/Z

变址寄存器通常用于修改元件的地址编号。V 和 Z 都是 16 位的寄存器，可进行数据的读写。当进行 32 位操作时，可将 V 和 Z 合并使用，规定 Z 为低位。

8. 常数 K/H

在 FX2 系列 PLC 中，常数 K 和 H 也被视为编程元件，它在存储器中占有一定的空间。十进制常数用 K 表示，如 18 表示为 K18；十六进制常数用 H 表示，如 18 表示为 H12。

9. 指针 P/I

分支指令用指针 P0～P63，共 64 点。指针 P0～P63 作为标号，用来指定条件跳转、子程序调用等分支指令的跳转目标。

中断用指针 I0□□～I8□□，共 9 点。其中，I0～I5 用于输入中断，I6～I8 用于定时器中断。中断指针的格式如下：

输入中断 I □ 0 □

1）第 1 个□中输入号为 0～5，每个输入只能用一次。

2）第 2 个□中输入 0 或 1。0 代表下降沿中断；1 代表上升沿中断。

定时器中断 I □ □□

1）第 1 个□中输入定时器中断号 6～8，每个定时器只能用一次。

2）第 2、3 个□中输入时间数字：10～99ms。

例如：I001 表示输入 X0 由断开到闭合时，执行标号为 I001 后面的中断程序；I750 表示每隔 50ms 就执行标号为 I750 后面的中断程序。

◈◈◈ 第三节　FX2 系列 PLC 指令系统及编程方法

一、FX2 系列 PLC 基本指令及其应用

1. 触点取用及线圈驱动指令 LD、LDI、OUT

（1）LD　取指令是指从左母线开始，取用常开触点。

（2）LDI　取反指令是指从左母线开始，取用常闭触点。

（3）OUT　线圈驱动指令用于继电器线圈、定时器、计数器的输出。

LD、LDI 与 OUT 指令的应用如图 4-5 所示。

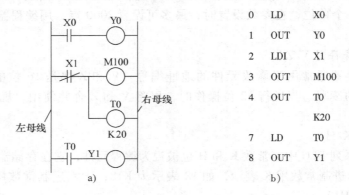

0	LD	X0
1	OUT	Y0
2	LDI	X1
3	OUT	M100
4	OUT	T0
		K20
7	LD	T0
8	OUT	Y1

图 4-5　LD、LDI 与 OUT 指令的应用

a）梯形图　b）语句表

LD、LDI 与 OUT 指令的使用说明：

1）LD、LDI 指令既适用于与左母线相连接的触点，也适用于分支电路的起始触点。

2）LD、LDI 指令的操作数是：X、Y、M、S、T、C。

3）OUT 指令可以连续使用，无次数限制，称为并行输出。

4）OUT 指令的操作数是：Y、M、S、T、C。

5）OUT 指令不能用于输入继电器。

6）在对定时器、计数器使用 OUT 指令后，一定要设定常数 K。

2. 触点串联指令 AND、ANI

（1）AND　与指令用于单个常开触点的串联。

（2）ANI　与非指令用于单个常闭触点的串联。

AND、ANI 指令的应用如图 4-6 所示。

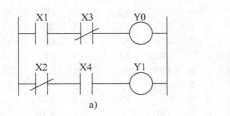

0	LD	X1
1	ANI	X3
2	OUT	Y0
3	LDI	X2
4	AND	X4
5	OUT	Y1

a)　　　　　　　　　　　　b)

图 4-6　AND、ANI 指令的应用

a) 梯形图　b) 语句表

3. 触点并联指令 OR、ORI

（1）OR　或指令，用于单个常开触点的并联。

（2）ORI　或非指令，用于单个常闭触点的并联。

OR、ORI 指令的应用如图 4-7 所示。

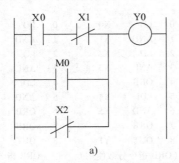

0	LD	X0
1	ANI	X1
2	OR	M0
3	ORI	X2
4	OUT	Y0

a)　　　　　　　　　　　　b)

图 4-7　OR、ORI 指令的应用

a) 梯形图　b) 语句表

4. 并联电路块的串联指令 ANB

ANB 作为与块指令，用于两个并联电路块的串联。

ANB 指令的应用如图 4-8 所示。图中输入继电器触点 X0 和 X1、X2 和 X3、X4 和 X5 分别组成 3 个并联电路块。各并联电路块之间的连接要用 ANB 指令才能完成。

ANB 指令的使用说明：

1）用 ANB 指令编写语句表时，若分散使用，使用次数不受限制；若集中使用，使用次数不能超过 8 次。

2）ANB 指令没有操作数。

5. 串联电路块的并联指令 ORB

ORB 作为或块指令，用于两个串联电路块的并联。

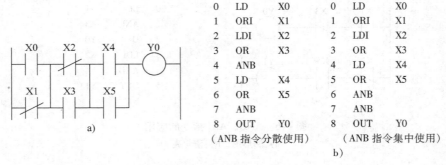

图 4-8　ANB 指令的应用

a）梯形图　b）语句表

ORB 指令的应用如图 4-9 所示。图中输入继电器触点 X0 和 X1、X2 和 X3、X4 和 X5 分别组成 3 个串联电路块。各个串联电路块之间的连接要用 ORB 指令才能完成。

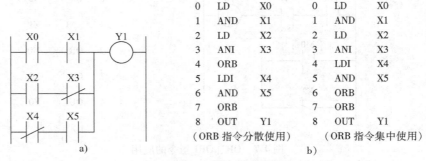

图 4-9　ORB 指令的应用

a）梯形图　b）语句表

ORB 指令的使用说明：

1）用 ORB 指令编写语句表时，若分散使用，使用次数不受限制；若集中使用，使用次数不能超过 8 次。

2）ORB 指令没有操作数。

6. 逻辑堆栈的操作指令 MPS、MRD、MPP

设计程序时，通常有某一触点或某一触点组的状态需多次使用的情况，在 PLC 中专门设置了 3 条完成此类任务的指令即栈操作指令。它是把运算结果暂时存入栈存储器中，用户可以随时调用，这样可以使用户程序编写简单，功能更强。

FX2 系列 PLC 中有 11 个栈存储器。

（1）MPS　进栈指令，用于将前面触点或触点组的运算结果存入第一个栈存储器。执行一次 MPS 指令，各栈存储器中的内容依次下移一层，最后一个存储器中的内容丢弃。

（2）MRD　读栈指令，用于将第一个栈存储器中的数据读出。这时，各栈存储器中的内容保持不变。

（3）MPP　出栈指令，用于将第一个栈存储器中的数据弹出。这时，各栈存储器中的内容依次上移一层。

MPS、MRD 和 MPP 指令的使用说明：

1）MPS 和 MPP 指令必须成对使用，缺一不可。

2）MPS、MPP 指令连续使用次数最多不能超过 11 次，MRD 指令连续使用次数没有限制。

3）MPS、MRD 和 MPP 指令没有操作数。

一层堆栈的应用如图 4-10 所示。

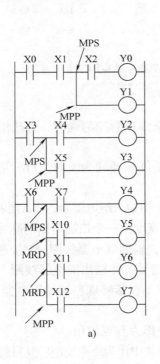

0	LD	X0
1	AND	X1
2	MPS	
3	AND	X2
4	OUT	Y0
5	MPP	
6	OUT	Y1
7	LD	X3
8	MPS	
9	AND	X4
10	OUT	Y2
11	MPP	
12	AND	X5
13	OUT	Y3
14	LD	X6
15	MPS	
16	AND	X7
17	OUT	Y4
18	MRD	
19	AND	X10
20	OUT	Y5
21	MRD	
22	AND	X11
23	OUT	Y6
24	MPP	
25	AND	X12
26	OUT	Y7

b）

图 4-10　一层堆栈的应用

a）梯形图　b）语句表

7. 置位与复位指令 SET、RST

（1）SET　置位指令，用于驱动线圈，并使其具有自锁功能。

（2）RST　复位指令，用于线圈的复位。

SET、RST 指令的应用如图 4-11 所示，当输入继电器触点 X2 接通时，输出继电器线圈 Y0 接通，当触点 X2 断开时，输出继电器线圈 Y0 仍然保持接通，直到输入继电器触点 X3 接通时，输出继电器线圈 Y0 才断开。

SET、RST 指令的使用说明：

1）SET 指令的操作数是 Y、M、S。

2）RST 指令的操作数是 Y、M、S、T、C、D、V、Z。

3）如果 SET 指令和 RST 指令的输入条件同时接通时，先执行 RST 指令，即复位优先执行。在图 4-11 中，触点 X2 和 X3 同时闭合时，线圈 Y0 不会接通。

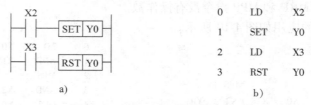

图 4-11　SET、RST 指令的应用
a）梯形图　b）语句表

8. 微分指令 PLS、PLF

（1）PLS　上升沿微分指令，当输入条件从断变为通时，PLS 指令使其操作数的线圈接通一个扫描周期。

（2）PLF　下降沿微分指令，当输入条件从通变为断时，PLF 指令使其操作数的线圈接通一个扫描周期。

PLS、PLF 指令的应用如图 4-12 所示。当输入继电器触点 X2 接通时，辅助继电器线圈 M0 接通一个扫描周期，产生一个宽度为一个扫描周期的脉冲信号，使输出继电器线圈 Y0 接通；当触点 X2 断开时，辅助继电器线圈 M1 接通一个扫描周期，产生一个宽度为一个扫描周期的脉冲信号，使输出继电器线圈 Y0 断开。

PLS、PLF 指令的操作数为 Y、M，但不包括特殊型辅助继电器。

9. 主控指令（MC、MCR）

（1）MC　主控指令，在主控电路块中作为起点使用。

（2）MCR　主控复位指令，在主控电路块中作为终点使用。其目的操作数〔D〕的选择范围为输出线圈 Y 和逻辑线圈 M，常数 n 为嵌套数，选择范围为 N0 ~ N7。

MC、MCR 指令的应用如图 4-13 所示。

MC、MCR 指令的使用说明：

1）输入接通时，执行 MC 与 MCR 之间的指令。如图 4-13 所示，当 X0 接通时，执行该指令。当输入断开时，扫描 MC 与 MCR 指令之间梯形图。

2）MC 指令后，母线（LD、LDI）移至 MC 触点之后，返回原来母线的返回指令是 MCR。MC、MCR 指令必须成对出现。

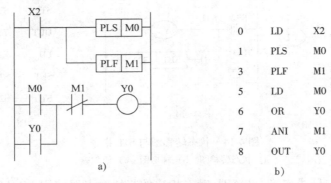

图 4-12 PLS 、PLF 指令的应用
a）梯形图 b）语句表

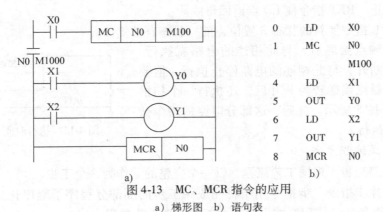

图 4-13 MC、MCR 指令的应用
a）梯形图 b）语句表

3）使用不同的 Y、M 元件号，可多次使用 MC 指令。

4）在 MC 指令内使用 MC 指令时，嵌套级的编号必须顺次增大（按程序顺序由小到大），返回时用 MCR 指令，从大的嵌套级开始解除（按程序由大到小）。

二、FX2 系列 PLC 步进指令及编程

1. 步进指令

步进指令有两条：STL 和 RET。

状态转移图也可以用梯形图表示，如图 4-14 所示。

状态转移图与梯形图有严格的对应关系。每个状态具有 3 个功能：驱动有关负载、指定转移目标和指定转移条件。

这里用单独触点作为转移条件。此外，可用 X，Y，M，S，T，C 等各种元件的逻辑组合作为转移条件。各种负载（Y，M，S，T，C）可由 STL 触点直接驱动，也可以由各种元件触点的逻辑组合来驱动。

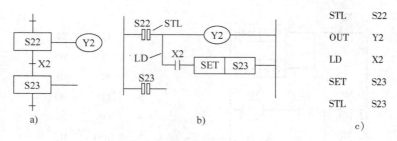

图 4-14　状态转移图与 STL 指令

a）状态转移图　b）梯形图　c）语句表

STL 触点与母线连接。与 STL 触点相连的起始触点要使用 LD/LDI 指令。使用 STL 指令后，LD 点移至 STL 触点的右侧，一直到出现下一条 STL 指令或出现 RET 指令为止。RET 指令使 LD 点返回母线。

使用 STL 指令使新的状态 S 置位，前一状态自动复位。

当 STL 触点接通后，与此相连的电路就执行。当 STL 触点断开，与此相连的电路停止执行。但要注意在 STL 触点接通转为断开后，还执行一个扫描周期，如图 4-15 所示。此后，这部分电路的指令被跳过，不再执行。

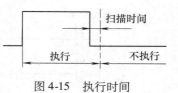

图 4-15　执行时间

2. 步进式编程方法

（1）确定工步　根据工艺流程，以一个完整的动作为一个工步。

（2）选择步指令　步指令用于将完成一工步的那部分程序子程序化。步指令借助步逻辑条件，使程序按步执行，正确实现工艺流程。

（3）输出逻辑设计　输出逻辑设计分为两步以上复用输出（即两步以上对同一输出点进行操作）和不复用输出两种。

（4）分支逻辑设计　它反映不同的加工零件需要采用不同的工艺，要求正确选用不同的逻辑条件。

三、FX2 系列 PLC 的功能指令

在 PLC 基本指令中所使用的元件是基于继电器、定时器、计数器类软元件，主要用于逻辑处理，这些软元件在 PLC 内部反应的是"位"的变化，主要用于开关量信息的传递、变换及逻辑处理。而 PLC 的功能指令主要处理大量的数据信息，需设置大量的用于存储数值数据的软元件。另外，一定量的软元件组合也可用于数据存储，上述这些能处理数值数据的软元件称为"字软件"。

1. 常用数据类软元件

常用数据类软元件有数据寄存器、变址寄存器（V，Z）、文件数据寄存器

（D1000～D2999）、指针（P/I）。

2. 数据类软元件的结构形式

（1）基本形式 即为"字元件"，每个"字元件"16 位，最高位为符号位。

（2）双字元件 由两个相邻的字元件组成，共 32 位，第 32 位为符号位。在指令中使用双字元件时一般只用低位元件，自然隐含高位元件。习惯上偶数作为双字元件的元件号。

（3）位组合元件 FX2 系列 PLC 中使用 4 位 BCD 码表示一位十进制数据，由此产生位组合元件，这是由 4 位位元件成组一起使用的情况，其表达形式为 KnX、KnY、KnM、KnS 等形式，Kn 指有 n 组这样的数据，例如 K1X0 指由 X0、X1、X2、X3 四位输入继电器的组合；当 n 为 2 时，则是 8 位组合 X0～X7 的组合使用。

3. 功能指令的使用

功能指令不含表达梯形图符号间相互关系的成分，而是直接表达该指令要做什么。现以算术运算指令中的加法指令为例，介绍功能指令的使用要素。图 4-16 中 X0 常开触点是功能指令的执行条件，其后的矩形框即为功能框。使用功能指令需注意指令要素，现说明如下：

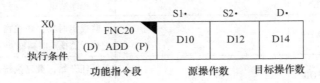

图 4-16 功能指令的格式及要素

（1）指令编号 每条功能指令都有一定的编号。

（2）助记符 该指令的英文缩写。

（3）数据长度 功能指令的数据长度分为 16 位和 32 位，有（D）表示 32 位，无（D）表示 16 位。

（4）执行形式 指令中标（P）为脉冲执行型，在执行条件满足时仅执行一个扫描周期。无（P）表示为连续执行方式，即在执行条件满足时每个扫描周期都要执行一次。某些指令在连续方式下应特别注意，加"▼"起警示作用。

（5）操作数 ［S］表示源操作数，［D］表示目标操作数，m 和 n 表示其他操作数，某种操作数不止一个时，可用下标数码区别，如［S1］［S2］。

（6）变址功能 操作数旁加"·"即为具有变址功能。如［S1·］［S2·］。

（7）程序步数 一般 16 位指令占 7 个程序步，32 位指令占 13 个程序步。

4. FX2 系列 PLC 功能指令

现将 FX2 系列 PLC 功能指令列于表 4-7，以便读者使用时查阅。

表 4-7　FX2 系列 PLC 功能指令

分类	指令编号 FNC	指令助记符	指令格式、操作数（可用软元件）				指令名称及功能简介	D 命令	P 命令
程序流程	00	CJ	S· (P0～P63)				条件跳转；程序跳转到 [S·] P 指针指定处，P63 为 END 步序，不需指定		○
	01	CALL	S· (P0～P62)				子程序调用；程序调用 [S·] P 指针指定的子程序，嵌套 5 层以下		○
	02	SRET					子程序返回；从子程序返回主程序		
	03	IRET					中断返回主程序		
	04	EI					中断允许		
	05	DI					中断禁止		
	06	FEND					主程序结束		
	07	WDT					监视定时器；顺控指令中执行监视定时器刷新		○
	08	FOR	S· (W4)				循环开始；重复执行开始，嵌套 5 层		
	09	NEXT					循环结束；重复执行结束		
传送和比较	010	CMP	S1· (W4)	S2· (W4)	D· (B′)		比较；[S1·] 同 [S2·] 比较→ [D·]	○	○
	011	ZCP	S1· (W4)	S2· (W4)	S· (W4)	D· (B′)	区间比较；[S·] 同 [S1·]～[S2·] 比较→ [D·]，[D·] 占 3 点	○	○
	012	MOV	S· (W4)	D· (W2)			传送；[S·] → [D·]	○	○
	013	SMOV	S· (W4)	m1 (W4″)	m2 (W4″)	D· (W2)	n (W4″)	移位传送；[S·] 第 m1 位开始的 m2 个数位移到 [D·] 的第 n 个位置，m1、m2、n = 1～4		○
	014	CML	S· (W4)	D· (W2)			取反传送；[S·] 取反→ [D·]	○	○

（续）

分类	指令编号FNC	指令助记符	指令格式、操作数（可用软元件）			指令名称及功能简介	D命令	P命令
传送和比较	015	BMOV	S·（W3′）	D·（W2′）	n（W4″）	成批传送；［S·］→［D·］（n点→n点）；［S·］包括文件寄存器，n≤512		○
	016	FMOV	S·（W4）	D·（W2′）	n（W4″）	多点传送；［S·］→［D·］（1点→n点）；n≤512	○	○
	017	XCH ◥	D1·（W2）	D2·（W2）		数据交换；［D1·］←→［D2·］	○	○
	018	BCD	S·（W3）	D·（W2）		求BCD码；［S·］16/32位二进制数转换成4/8位BCD→［D·］	○	○
	019	BIN	S·（W3）	D·（W2）		求二进制码；［S·］4/8位BCD转换成16/32位二进制数→［D·］	○	○
四则运算和逻辑运算	020	ADD	S1·（W4）	S2·（W4）	D·（W2）	二进制加法；［S1·］+［S2·］→［D·］	○	○
	021	SUB	S1·（W4）	S2·（W4）	D·（W2）	二进制减法；［S1·］-［S2·］→［D·］	○	○
	022	MUL	S1·（W4）	S2·（W4）	D·（W2′）	二进制乘法；［S1·］×［S2·］→［D·］	○	○
	023	DIV	S1·（W4）	S2·（W4）	D·（W2′）	二进制除法；［S1·］÷［S2·］→［D·］	○	○
	024	INC ◥	D·（W2）			二进制加1；［D·］+1→［D·］	○	○
	025	DEC ◥	D·（W2）			二进制减1；［D·］-1→［D·］	○	○
	026	AND	S1·（W4）	S2·（W4）	D·（W2）	逻辑字与；［S1·］∧［S2·］→［D·］	○	○
	027	OR	S1·（W4）	S2·（W4）	D·（W2）	逻辑字或；［S1·］∨［S2·］→［D·］	○	○
	028	XOR	S1·（W4）	S2·（W4）	D·（W2）	逻辑字异或；［S1·］∀［S2·］→［D·］	○	○
	029	NEG ◥	D·（W2）			求补码；［D·］按位取反→［D·］	○	○

（续）

分类	指令编号 FNC	指令助记符	指令格式、操作数（可用软元件）				指令名称及功能简介	D 命令	P 命令
循环移位与移位	030	ROR ◥	D·（W2）		n（W4″）		循环右移；执行条件成立，[D·] 循环右移 n 位（高位→低位→高位）	○	○
	031	ROL ◥	D·（W2）		n（W4″）		循环左移；执行条件成立，[D·] 循环左移 n 位（低位→高位→低位）	○	○
	032	RCR ◥	D·（W2）		n（W4″）		带进位循环右移；[D·] 带进位循环右移 n 位（高位→低位→＋进位→高位）	○	○
	033	RCL ◥	D·（W2）		n（W4″）		带进位循环左移；[D·] 带进位循环左移 n 位（低位→高位→＋进位→低位）	○	○
	034	SFTR ◥	S·（B）	D·（B′）	n1（W4″）	n2（W4″）	位右移；n2 位 [S·] 右移→n1 位的 [D·]，高位进，低位溢出		○
	035	SFTL ◥	S·（B）	D·（B′）	n1（W4″）	n2（W4″）	位左移；n2 位 [S·] 左移→n1 位的 [D·]，低位进，高位溢出		○
	036	WSFR ◥	S·（W3′）	D·（W2′）	n1（W4″）	n2（W4″）	字右移；n2 位 [S·] 右移→[D·] 开始的 n1 字，高位进，低字溢出		○
	037	WSFL ◥	S·（W3′）	D·（W2′）	n1（W4″）	n2（W4″）	字左移；n2 位 [S·] 左移→[D·] 开始的 n1 字，低位进，高字溢出		○
	038	SFWR ◥	S·（W4）	D·（W2′）	n（W4″）		FIFO 写入；先进先出控制的数据写入，2 ≤ n≤512		○
	039	SFRD ◥	S·（W2′）	D·（W2）	n（W4″）		FIFO 读出；先进先出控制的数据读出，2 ≤ n≤512		○

（续）

分类	指令编号 FNC	指令助记符	指令格式、操作数（可用软元件）			指令名称及功能简介	D命令	P命令
数据处理	040	ZRST ◥	D1·（W1′、B′）	D2·（W1′、B′）		成批复位；［D1·］～［D2·］复位，［D1·］<［D2·］		○
	041	DECO ◥	S·（B、W1、W4″）	D·（B′、W1′）	n（W4″）	解码；［S·］的n（n=1～8）位二进制数解码为十进制数α→［D·］，使［D·］的第α位为"1"		○
	042	ENCO ◥	S·（B、W1、W4″）	D·（W1′）	n（W4″）	编码；［S·］的2^n（n=8～1）位中的最高"1"位代表的位数（十进制数）编码为二进制数后→［D·］		○
	043	SUM	S·（W4）	D·（W2）		求置 ON 位的总和；［S·］中"1"的数目存入［D·］	○	○
	044	BON	S·（W4）	D·（B′）	n（W4″）	ON 位判断；［S·］中第n位为 ON 时，［D·］为 ON（n=0～15）	○	○
	045	MEAN	S·（W3′）	D·（W2）	n（W4″）	平均值；［S·］中n点平均值→［D·］（n=1～64）		○
	046	ANS	S·（T）	m（K）	D·（S）	标志置位；若执行条件为 ON，［S·］中定时器定时时间到后，标志位［D·］置位。［D·］为 S900～S999		
	047	ANR ◥				标志复位；被置位的定时器复位		○
	048	SOR	S·（D、W4″）	D·（D）		二进制平方根；［S·］平方根→［D·］	○	○
	049	FLT	S·（D）	D·（D）		二进制整数与二进制浮点数转换；［S·］内二进制整数→［D·］二进制浮点数	○	○

（续）

分类	指令编号 FNC	指令助记符	指令格式、操作数（可用软元件）				指令名称及功能简介	D命令	P命令
高速处理	050	REF	D·（X、Y）	n（W4″）			输入输出刷新；指令执行，［D·］立即刷新。［D·］为 X000、X010、…、Y000、Y010、…，n 为 8，16……256		○
	051	REFF	n（W4″）				滤波调整；输入滤波时间调整为 n ms，刷新 X0～X17，n = 0～60		○
	052	MTR	S·（X）	D1·（Y）	D2·（B′）	n（W4″）	矩阵输入（使用一次）；n 列 8 点数据以［D1·］输出的选通信号分时将［S·］数据读入［D2·］		
	053	HSCS	S1·（W4）	S2·（C）	D·（B′）		比较置位（高速计数）；［S1·］=［S2·］时，［D·］置位，中断输出到 Y，［S2·］为 C235～C255	○	
	054	HSCR	S1·（W4）	S2·（C）	D·（B′C）		比较复位（高速计数）；［S1·］=［S2·］时，［D·］复位，中断输出到 Y，［D·］为 C 时，自复位	○	
	055	HSZ	S1·（W4）	S2·（W4）	S·（C）	D·（B′）	区间比较（高速计数）；［S·］与［S1·］～［S2·］比较，结果驱动［D·］	○	
	056	SPD	S1·（X0～X5）	S2·（W4）	D（W1）		脉冲密度；在［S2·］时间（ms）内，将［S1·］输入的脉冲存入［D·］		
	057	PLSY	S1·（W4）	S2·（W4）	D·（Y0 或 Y1）		脉冲输出（使用一次）；以［S1·］的频率从［D·］送出［S2·］个脉冲；［S1·］：1～1000Hz	○	

（续）

分类	指令编号 FNC	指令助记符	指令格式、操作数（可用软元件）				指令名称及功能简介	D 命令	P 命令
高速处理	058	PWM	S1·（W4）	S2·（W4）	D·（Y0 或 Y1）		脉宽调制（使用一次）；输出周期［S2·］、脉冲宽度［S1·］的脉冲至［D·］。周期为 1 ~ 36767ms，脉宽为 1 ~ 36767ms		
	059	PLSR	S1·（W4）	S2·（W4）	S3·（W4）	D·（Y0 或 Y1）	可调速脉冲输出（使用一次）；［S1·］最高频率：10 ~ 20000（Hz）；［S2·］总输出脉冲数；［S3·］增减速时间：5000ms 以下。［D·］：输出脉冲	○	
便利命令	060	IST	S·（X、Y、M）	D1·（S20 ~ S899）	D2·（S20 ~ S899）		状态初始化（使用一次）；自动控制步进顺控中的状态初始化。［S·］为运行模式的初始输入；［D1·］为自动模式中的实用状态的最小号码；［D2·］为自动模式中的实用状态的最大号码		
	061	SER	S1·（W3′）	S2·（W4）	D·（W2′）	n（W4″）	查找数据；检索以［S1·］为起始的 n 个与［S2·］相同的数据，并将其个数存于［D·］	○	○
	062	ABSD	S1·（W3′）	S2·（C）	D·（B′）	n（W4″）	绝对值式凸轮控制（使用一次）；对应［S2·］计数器的当前值，输出［D·］开始的 n 点由［S1·］内数据决定的输出波形		

（续）

分类	指令编号 FNC	指令助记符	指令格式、操作数（可用软元件）				指令名称及功能简介	D命令	P命令
便利命令	063	INCD	S1·（W3'）	S2·（C）	D·（B）	n（W4"）	增量式凸轮顺控（使用一次）；对应［S2·］的计数器当前值，输出［D·］开始的 n 点由［S1·］内数据决定的输出波形。［S2·］的第二计数器计数复位次数		
	064	TTMR	D·（D）		n（0~2）		示数定时器；用［D·］开始的第二个数据寄存器测定执行条件 ON 的时间，乘以 n 指定的倍率存入［D·］		
	065	STMR	S·（T）	m（W4"）	D·（B'）		特殊定时器；m 指定的值转成［S·］指定的定时器的设定值，［D·］开始的为延时断开定时器，其次的为输入 ON→OFF 后的脉冲定时器、再次的是输入 OFF→ON 后的脉冲定时器、最后的是与前次状态相反的脉冲定时器		
	066	ALT▼	D·（B'）				交替输出；每次执行条件由 OFF→ON 的变化时，［D·］由 OFF→ON、ON→OFF、OFF→ON…交替输出	○	
	067	RAMP	S1·（D）	S2·（D）	D·（D）	n（W4"）	斜坡信号；［D·］的内容从［S1·］的值到［S2·］的值慢慢变化，其变化时间为 n 个扫描周期。n:1~32767		

156

（续）

分类	指令编号 FNC	指令助记符	指令格式、操作数（可用软元件）					指令名称及功能简介	D命令	P命令
便利命令	068	ROTC	S·(D)	m1(W4″)	m2(W4″)	D·(B′)		旋转工作台控制（使用一次）；[S·]指定开始的D为工作台位置检测计数寄存器，其次指定的D为取出位置号寄存器，再次指定的D为要取工件号寄存器，m1为分度区数，m2为低速运行行程。完成上述设定，指令就自动在[D·]指定输出控制信号		
	069	SORT	S·(D)	m1(W4″)	m2(W4″)	D·(D)	n(W4″)	表数据排序（使用一次）；[S·]为排序表的首地址，m1为行号，m2为列号。指令将以n指定的列号，将数据从小开始进行整理排列，结果存入以[D·]指定的为首地址的目标元件中，形成新的排序表；m1：1~32，m2:1~6，n:1~m2		
外部机器 I/O	070	TKY	S·(B)	D1·(W2)	D2·(B′)			十键输入（使用一次）；外部十键键号依次为0~9，连接于[S·]，每按一次键，其键号依次存入[D1·]，[D2·]指定的位元件依次为ON	○	
	071	HKY	S·(X)	D1·(Y)	D2·(W1)	D3·(B′)		十六键（十六进制）输入（使用一次）；以[D1·]为选通信号，顺序将[S·]所按键号存入[D2·]，每次按数字键以二进制存入，上限为9999，超出此值溢出；按A~F键，[D3·]指定的位元件依次为ON	○	

（续）

分类	指令编号 FNC	指令助记符	指令格式、操作数（可用软元件）				指令名称及功能简介	D命令	P命令
外部机器 I/O	072	DSW	S·（X）	D1·（Y）	D2·（W1）	n（W4″）	数字开关（使用二次）；四位一组（n=1）或四位二组（n=2）BCD数字开关由〔S·〕输入，以〔D1·〕为选通信号，顺序将〔S·〕所键入数字送到〔D2·〕		
	073	SEGD	S·（W4）		D·（W2）		七段码译码；将〔S·〕低四位指定的0~F的数据译成七段码显示的数据格式存入〔D·〕，〔D·〕高8位不变		○
	074	SEGL	S·（W4）	D·（X）		n（W4″）	带锁存七段码显示（使用二次）；四位一组（n=0~3）或四位二组（n=4~7）七段码，由〔D·〕的第2四位为选通信号，顺序显示由〔S·〕经〔D·〕的第1四位或〔D·〕的第3四位输出的值		○
	075	ARWS	S·（B）	D1·（W1）	D2·（Y）	n（W4″）	方向开关（使用一次）；〔S·〕指定位移位和各位数值增减用的箭头开关的位元件，〔D1·〕数值经〔D2·〕的第1四位由〔D2·〕的第2四位为选通信号，顺序显示。按位移位开关，顺序选择所要显示位；按位数值增减开关，〔D1·〕数值由0~9或9~0变化。n为0~3，选择选通位		

158

（续）

分类	指令编号 FNC	指令助记符	指令格式、操作数（可用软元件）				指令名称及功能简介	D命令	P命令
外部机器 I/O	076	ASC	S·（字母数字）		D·（W1′）		ASCⅡ码转换；[S·] 由微机输入的8个字节以下的字母数字。指令执行后，将 [S·] 转换为 ASC 码后送到 [D·]		
	077	PR	S·（W1′）		D·（Y）		ASCⅡ码打印（使用二次）；将 [S·] 的 ASC 码→[D·]		
	078	FROM	m1（W4″）	m2（W4″）	D·（W2）	n（W4″）	BFM 读出；将特殊单元缓冲存储器（BMF）的 n 点数据读到 [D·]，m1=0~7，特殊单元特殊模块 No；m2=0~32767，缓冲存储器（BFM）号码；n=0~32767，传送点数	○	○
	079	TO	m1（W4″）	m2（W4″）	S·（W4）	n（W4″）	写入 BFM；将可编程序控制器 [S·] 的 n 点数据写入特殊单元缓冲存储器（BFM），m1=0~7，特殊单元特殊模块 No；m2=0~32767，缓冲存储器（BFM）号码；n=0~32767，传送点数	○	○
外部设备 SER	080	RS	S·（D）	m（W4″）	D·（D）	n（W4″）	串行通信传送；使用功能扩展板进行发送接收串行数据。发送 [S·] m 点数据至 [D·] n 点数据。m、n：0~256		
	081	PRUN	S·（KnM、KnX）（n=1~8）		D·（KnY、KnM）（n=1~8）		八进制位传送；[S·] 转换为八进制，送到 [D·]	○	○

(续)

分类	指令编号 FNC	指令助记符	指令格式、操作数（可用软元件）				指令名称及功能简介	D命令	P命令
外部设备 SER	082	ASCI	S·(W4)	D·(W2′)	n(W4″)		HEX→ASCII变换；将[S·]内HEX（十六进制）数据的各位转换成ASCII码向[D·]的高低各8位传送。传送的字符数由n指定，n:1~256		○
	083	HEX	S·(W4′)	D·(W2)	n(W4″)		ASCII→HEX变换；将[S·]内高低各8位的ASCII字符码转换成HEX数据，每4位向[D·]传送。传送的字符数由n指定，n:1~256		○
	084	CCD	S·(W3′)	D·(W1′)	n(W4″)		校验码；用于通信数据的校验。以[S·]指定的元件为起始的n点数据，将其高低各8位数据的总和校验检查[D·]与[D·]+1的元件		○
	085	VRRD	S·(W4″)		D·(W2)		模拟量输入；将[S·]指定的模拟量设定模板的开关模拟值0~255转换为BIN8位传送到[D·]		○
	086	VRSC	S·(W4″)		D·(W2)		模拟量开关设定；[S·]指定的开关刻度0~10转换为BIN8位传送到[D·]。[S·]：开关号码0~7		○
	088	PID	S1(D)	S2(D)	S3(D)	D(D)	PID回路运算；在[S1]设定目标值；在[S2]设定测定现在值；在[S3]~[S3·]+6设定控制参数值；执行程序时，运算结果被存入[D]，[S3]：D0~D975		○

（续）

分类	指令编号 FNC	指令 助记符	指令格式、操作数 （可用软元件）				指令名称及功能简介	D命令	P命令
F₂ 外部模块	090	MNET	S（X）		D（Y）		与F-16NP/NT Mini 网通信模块，与 FX2-23EI 一起使用		○
	091	ANRD	S （X）	D1 （Y）	D2· （W2）	n （W4″）	从 F2-6A 中将模拟量读入 FX₂		○
	092	ANWR	S1· （W2）	S2 （X）	D （Y）	n （W4″）	将数据写入 F2-6A		○
	093	RMST	S （X）	D1 （Y）	D2· （B′）	n （0~1）	与 F2-32RM 通信		
	094	RMWR	S1· （B′）	S2 （X）	D （Y）		F2-32RM 输出禁止	○	○
	095	RMRD	S （X）	D1 （Y）	D2· （B′）		FX2-32RM 单元 ON/OFF 状态读入	○	○
	096	RMMN	S （X）	D1 （Y）	D2· （W2）		FX2-32RM 单元中转速及角位置读入 FX		○
	097	BLK	S1· （W4）	S2 （X）	D （Y）		指定 FX2-30GM 程序块号		○
	098	MCDE	S （X）	D1 （Y）	D2 （B′）		由 FX2-30GM 读出机器码		○

◈◈◈ 第四节　可编程序控制器技术的应用技能训练实例

● 训练 1　用 PLC 实现对三相异步电动机的控制

1. 训练目的

1）应用 PLC 技术实现对三相异步电动机的控制。

2）学习 PLC 系统编程的思想和方法。

3）熟悉 PLC 的使用，提高应用 PLC 的能力。

2. 训练要求

（1）三相异步电动机的正反停控制

1）可实现正反停控制。

2）具有防止相间短路的措施。

3）具有过载保护环节。

（2）三相异步电动机的丫-△减压起动控制

1）电动机丫联结起动，经 8s 延时后，改为△联结运行。

2）具有防止相间短路的措施。

3）具有过载保护环节。

3. 训练内容

（1）三相异步电动机的正反停控制

1）系统配置：三相异步电动机正反停控制电路如图 4-17 所示。PLC 控制的输入/输出配置及接线如图 4-18 所示，电动机在正反转切换时，由于接触器动作的滞后，可能会造成相间短路，所以在输出回路利用接触器的常闭触点采取了互锁措施。

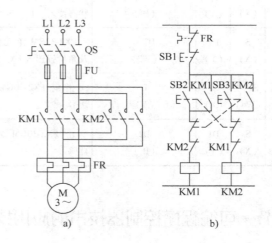

图 4-17 三相异步电动机正反停控制电路

a）主电路 b）控制电路

2）程序设计：采用 PLC 控制的梯形图如图 4-19a 所示。对应的语句表如图 4-19b 所示。类似于继电器-接触器控制系统，图中利用 PLC 输入继电器 X2 和 X3 的常闭触点，实现双重互锁，以防止反转换接时的相间短路。

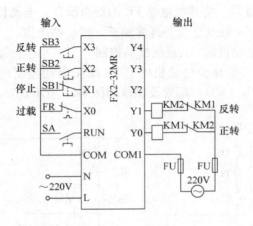

图 4-18 PLC I/O 配置及接线

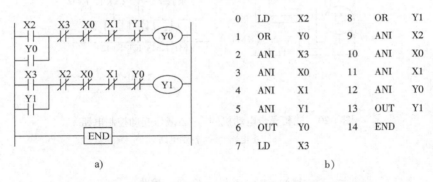

0	LD	X2	8	OR	Y1
1	OR	Y0	9	ANI	X2
2	ANI	X3	10	ANI	X0
3	ANI	X0	11	ANI	X1
4	ANI	X1	12	ANI	Y0
5	ANI	Y1	13	OUT	Y1
6	OUT	Y0	14	END	
7	LD	X3			

图 4-19 三相异步电动机正反停控制的梯形图及指令程序表

a) 梯形图 b) 语句表

按下正向起动按钮 SB2 时，输入继电器 X2 的常开触点闭合，接通输出继电器 Y0 线圈并自锁，接触器 KM1 得电吸合，电动机正向起动并稳定运行。

按下反转起动按钮 SB3 时，输入继电器 X3 的常闭触点断开，输出继电器 Y0 线圈断电，从而使接触器 KM1 失电释放，同时 X3 的常开触点闭合接通 Y1 线圈并自锁，接触器 KM2 得电吸合，电动机反向起动，并稳定运行。

按下停机按钮 SB1 或过载保护（FR）动作，都可使 KM1 或 KM2 失电释放，电动机停止运行。

3）运行并调试程序：

① 按正转按钮 SB2，输出继电器 Y0 接通，电动机正转。

② 按停止按钮 SB1，输出继电器 Y0 断开，电动机停转。

③ 按反转按钮 SB3，输出继电器 Y1 接通，电动机反转。

④ 模拟电动机过载，将热继电器 FR 的触点断开，电动机停转。

⑤ 将热继电器 FR 触点复位，再重复正、反、停操作。

（2）三相异步电动机的丫-△减压起动控制

1）系统配置：三相异步电动机的丫-△减压起动控制电路如图 4-20 所示。PLC 控制的输入/输出（I/O）配置及接线如图 4-21 所示。

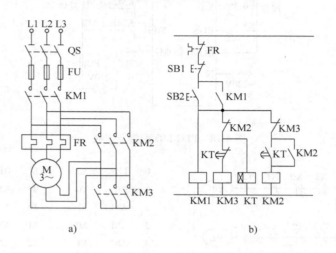

图 4-20　三相异步电动机的丫-△减压起动控制电路

a）主电路　b）控制电路

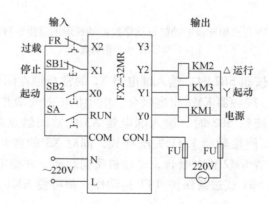

图 4-21　PLC 控制的输入/输出（I/O）配置及接线

2）程序设计：采用 PLC 控制的梯形图如图 4-22a 所示。对应的指令程序如图 4-22b 所示。图中输出继电器 Y1（丫联结）和 Y2（△联结）的常闭触点实现电气互锁，以防止丫-△换接时的相间短路。

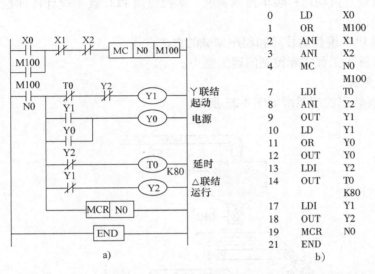

0	LD	X0
1	OR	M100
2	ANI	X1
3	ANI	X2
4	MC	N0
		M100
7	LDI	T0
8	ANI	Y2
9	OUT	Y1
10	LD	Y1
11	OR	Y0
12	OUT	Y0
13	LDI	Y2
14	OUT	T0
		K80
17	LDI	Y1
18	OUT	Y2
19	MCR	N0
21	END	

图 4-22　三相异步电动机丫－△减压起动控制的梯形图及指令程序表
a）梯形图　b）语句表

按下起动按钮 SB2 时，输入继电器 X0 的常开触点闭合，并通过主触点（M100 常开触点）自锁，输出继电器 Y1 接通，接触器 KM3 得电吸合，接着 Y0 接通，接触器 KM1 得电吸合，电动机丫联结起动；同时定时器 T0 开始计时，8s 后 T0 动作使 Y1 断开，Y1 断开后 KM3 失电释放，互锁解除使输出继电器 Y2 接通，接触器 KM2 得电吸合，电动机便在△联结下运行。

按下停机按钮 SB1 或过载保护（FR）动作，不论是起动或运行情况下都可使主触点断开，电动机停止运行。

3）运行并调试程序：按起动按钮 SB2，输出继电器 Y1、Y0 接通，电动机定子绕组接成丫联结减压起动，延时 8s 后输出继电器 Y1 断开，Y2 接通，电动机定子绕组接成△联结全压运行。

① 按停止按钮 SB1，主触点断开，电动机停转。

② 重新起动电动机。

③ 模拟电动机过载，将热继电器 FR 常闭触点断开，电动机停转。

④ 重复上述操作。

训练2 用 PLC 实现对自动送料装车的控制

1. 训练目的

1）通过建立自动送料装车控制系统，掌控应用 PLC 技术设计传动控制系统的思想和方法。

2）掌握 PLC 编程的技巧和程序调试的方法。

3）训练解决工程实际控制问题的能力。

2. 训练要求

自动送料装车控制系统如图 4-23 所示。

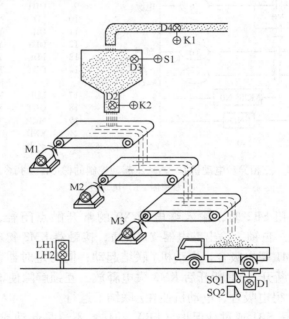

图 4-23 自动送料装车控制系统

（1）初始状态 红灯 LH1 灭，绿灯 LH2 亮，表明允许汽车开进装料。料斗出料口 K2 关闭，电动机 M1、M2 和 M3 皆为 OFF。

（2）装车控制

1）进料：如料斗中料不满（S1 为 OFF），5s 后进料阀 K1 开启进料；当满料（S1 为 ON）时，中止进料。

2）装车：当汽车开进到装车位置（SQ1 为 ON）时，红灯 LH1 亮，绿灯 LH2 灭；同时起动 M3，经 2s 后起动 M2，再经 2s 后起动 M1，再经 2s 后打开料斗（K2 为 ON）出料。

当车装满（SQ1 为 OFF）时，料斗 K2 关闭，2s 后 M1 停止，M2 在 M1 停止

2s 后停止，M3 在 M2 停止 2s 后停止，同时红灯 LH1 灭，绿灯 LH2 亮，表明汽车可以开走。

（3）停机控制　按下停止按钮 SB2，整个系统中止运行。

3．训练内容

（1）系统配置

1）FX2N － 32MR PLC 一台。

2）自动送料装车控制系统模拟实训板一块。

根据自动送料装车控制的要求，I/O 配置及其接线如图 4-24 所示。考虑到车在位指示信号和红灯信号的同步性。故用一个输出点 Y2 驱动红灯 LH1 和车在位信号 D1。电动机 M1 ~ M3 通过接触器 KM1 ~ KM3 控制。注意：可以在实训板上用信号灯模拟电动机的运行。

（2）程序设计

1）用基本逻辑指令编程。自动送料装车控制系统进料阀 K1 受料位传感器 S1 的控制，S1 无监测信号，表明料不满，经 5s 后进料；S1 有监测信号，表明料已满，中止进料。送料系统的起动，可以通过台秤下面的限位开关 SQ1 实现。当汽车开进装车位置时，在其自重作用下，接通 SQ1，送料系统起动；当车装到吨位时，限位开关 SQ2 断开，停止送料。

该自动送料装车控制系统的指令程序如下：

0	LD	X0	16	OUT	Y0	31	SET	Y5	48	RST	Y4
1	OR	M0	17	LDI	M3	32	OUT	T2	49	OUT	T5
2	ANI	X1	18	OUT	Y3		K	20		K	20
3	OUT	M0	19	LDI	Y3	35	LD	T2	52	LD	T5
4	LD	M0	20	OUT	Y2	36	SET	Y4	53	RST	Y5
5	MC	N0	21	LD	X3	37	OUT	T3	54	OUT	T6
		M1	22	OR	M3		K	20		K	20
8	LD	X2	23	ANI	X4	40	LD	T3	57	LD	T6
9	OUT	M2	24	OUT	M3	41	SET	Y1	58	RST	Y6
10	OUT	Y7	25	LD	M3	42	LDI	M3	59	MCR	N0
11	LDI	M2	26	SET	Y6	43	RST	Y1	61	END	
12	OUT	T0	27	OUT	T1	44	OUT	T4			
	K	50		K	20		K	20			
15	LD	T0	30	LD	T1	47	LD	T4			

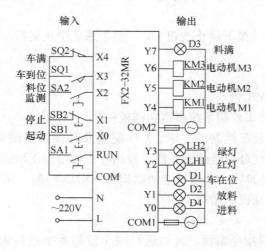

图 4-24　PLC I/O 配置及接线

2）用基本逻辑指令设计自动送料装车控制系统梯形图，如图 4-25 所示。

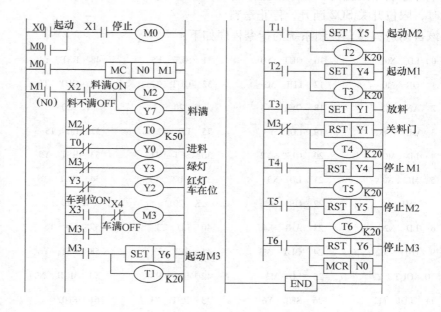

图 4-25　自动送料装车控制系统梯形图

3）将指令程序（或自动设计梯形图和编写程序）写入 PLC 的 RAM 中，并按图 4-24 连接好 I/O 设备，运行并调试程序，使程序运行结果与控制要求一致。

● 训练3 用 PLC 实现 T68 型镗床电气控制系统的改造

1. 训练目的

1）用 PLC 实现 T68 型镗床电气控制系统的改造。

2）学习 PLC 系统编程的思想和方法。

3）熟悉 PLC 的使用，提高 PLC 的应用能力。

2. 训练要求

1）确保原镗床的加工工艺不变。

2）在保留主电路原有元器件的基础上，不改变原电气控制系统的操作方法。

3）确保电气控制系统控制元件（包括接触器、热继电器、按钮、行程开关）的作用与原电气线路相同。

4）确保主轴和进给电动机起动、制动、低速、高速和变速冲动的操作方法不变。

5）改造原继电器-接触器控制系统中的硬件接线，改为 PLC 编程实现。

3. 训练内容

采用三菱 FX2N-48 MR PLC 对 T68 型镗床进行电气控制系统的改造。

（1）分析改造对象　T68 型镗床的电气原理图，了解各台电动机的改造方式，T68 型镗床有 2 台电动机，主轴电动机 M1 拖动主轴旋转和工件进给，电动机 M2 实现工作台的快移。电动机 M1 是双速电动机，低速是△联结，高速是YY联结，主轴旋转和进给都由齿轮变速，停车时采用了反接制动，主轴和进给的齿轮变速采用了断续自动低速冲动。T68 型镗床的主电路如图 4-26 所示。

（2）T68 型镗床 PLC 改造 I/O 分配　PLC 改造 T68 型镗床电气控制系统的 I/O 分配如图 4-27 所示。

（3）T68 型镗床 PLC 改造梯形图　T68 型镗床 PLC 改造梯形

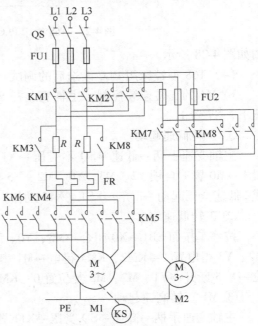

图 4-26　T68 型镗床的主电路

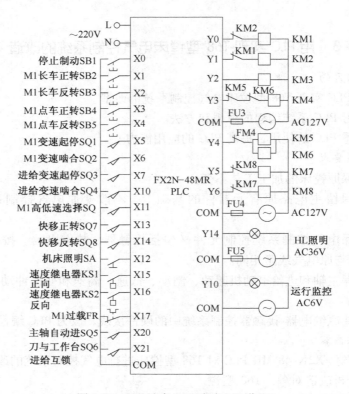

图 4-27　T68 镗床 PLC 改造 I/O 分配

图如图 4-28 所示。

（4）T68 型镗床用 PLC 改造后的调试

1）M1 的正转连续控制：主轴变速杆 SQ1 压下，X5 置 1；进给变速杆 SQ3 压下，X7 置 1。

① 正转低速起动。

主轴变速手柄→低速→SQ 不受压→X11 置 0。按下正转起动按钮 SB2→X1 置 1→M0 置 1 自锁 Y2、M3、Y0、M2、Y3 置 1→KM1、KM3、KM4 得电→M1 接成△低速全压起动→n↑→KS1（X15 动作）为反接制动做准备。

② 正转低速停车。

按停车按钮 SB1→X0 闭合→M3、Y0、Y3 置 0→KM1、KM4 失电→同时 Y1、M2、Y3 得电置 1→KM2、KM4 得电→M1 串电阻 R 进行反接制动→n↓→KS1 复位→X15 断开→Y1、M2、M3 复位置 0→KM4 失电→M1 停车结束。

③ M1 正转高速起动。

主轴变速手柄→高速→SQ 受压→X11 置 1。控制过程同低速类似，按下 SB2 →X1 置 1→M0、M2、M3、Y0、Y3 置 1，由于 X11 置 1，使得 T0 开始延时→

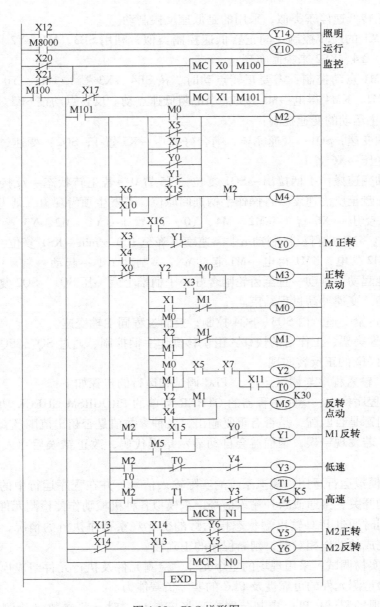

图 4-28　PLC 梯形图

KM1、KM3、KM4 得电→M1 接成△低速全压起动→延时 3s→T0 动作→Y3 复位，T1 延时 0.5s，Y4 置 1→KM4 失电→KM5 得电→M1 接成丫丫高速运行→n ↑→KS1（X15）动作为反接制动做准备。

④ 正转高速停车。

同正转低速停车类似，采用的是低速反接制动。

2）M1 的反转控制：同正转低速控制类似，利用 SB3、M1、Y2、M5、Y1、M2、Y3、Y4、KS2 来控制实现。

3）M1 点动控制：需要正转点动时，按 SB4→X3 置 1→M3、Y0、M2、Y3 置 1→KM1、KM4 得电→M1 接成△串电阻低速点动。反转点动按 SB5 实现。

4）主运动的变速控制：

主轴变速：SQ1：变速完毕，啮合好受压→X5 置 1；SQ2：变速过程中，发生顶齿受压→X6 置 1。

主轴变速操作手柄拉出→SQ1 复位→X5 置 0→若正转状态→反接制动停车→调变速盘至所需速度→将操作手柄推回原位，若发生顶齿现象，则进行变速冲动：SQ2 受压→X6 置 1→M2、M4、Y0、Y3 置 1→Y1、M2、Y3 置 1→KM2、KM4 得电→M1 进行反接制动 n↓→速度下降至 100 r/min→KS1 复位→X15 置 0→K→KM2 失电，KM1 得电→M1 起动 n↑→制动 n↓→起动→制动……故 M1 被间歇地起动、制动→直至齿轮啮合好→手柄推上后→压 SQ1，SQ2 复位，切断冲动回路。变速冲动过程结束。

5）进给变速：由 SQ3、SQ4 控制，控制过程同主轴变速。

6）镗头架、工作台的快移：由快移操作手柄控制，通过 SQ7、SQ8 即 X13、X14 控制 M2 的正反转实现。

（5）输入程序与调试运行　PLC 调试和运行的步骤如下：

1）程序检查：运用编程器的 OTHER 菜单的 PROGRSM CHECK 功能检查程序与其组态是否匹配，是否有重复输出，各种参数值是否超出范围及有无基本语法错误。若发现错误，编程器会自动显示错误代码，改正错误后存入 PLC 的存储器中。

2）模拟运行运用：模拟系统的实际输入信号，并在程序运行中的适当时刻通过扳动开关、接通或断开输入信号，来模拟各种机械动作使检测元件状态发生变化，同时通过 PLC 输出端状态指示灯的变化观察程序执行的情况，并与执行元件应完成的动作相对照，判断程序的正确性。

3）实物调试：采用现场的主令元件、检测元件及执行元件组成模拟控制系统，检验检测元件的可靠性及 PLC 的实际负载能力。

4）现场调试：PLC 控制装置在现场安装后，对一些参数（检测元件的位置、定时器的设定值等）进行现场整定和调试。

5）投入运行：最后对系统的所有安全措施（接地、保护和互锁等）进行检查后，即可投入系统的试运行。试运行一切正常后，再把程序固化到 EEPROM 中去。

（6）PLC 改造中对若干技术问题的处理

1）输入电路处理

① 停车按钮用常闭输入，PLC 内部用常开，以缩短响应时间。

② 将热继电器的触点与相应的停车按钮串联后一同作为停车信号，以减少输入点。系统中的电动机负载较多时，输入点节约潜力很大。

2）输出电路处理

① 负载容量不能超过允许承受能力，否则不仅会损坏输出器件，而且会降低负载的使用寿命。

② 输出电路加装熔断器。

③ 输出电路中重要互锁关系的处理，除软件互锁外，硬件必须同时互锁。

3）程序设计中要充分考虑 PLC 与继电-接触式在运行方式上存在的差异，要以满足原系统的控制功能和目标为原则，绝不可将原继电控制电路生搬硬套。

4）要根据系统需要，充分发挥 PLC 的软件优势，赋予设备新的功能。

5）延时断开时间继电器的处理。实际控制中，延时有通电延时，也有断电延时。但 PLC 的定时器为通电延时，要实现断电延时，还必须对定时器进行必要的处理。

6）现场调试前模拟调试运行。用 PLC 改造继电器控制，并非两种控制装置的简单代换。由于在原理结构上存在差异，仅根据对逻辑关系的理解而编制出的程序并不一定正确，更谈不上是完善的。能否完全取代原系统的功能，必须由实验来加以验证。因此，现场调试前的模拟调试运行是不可缺少的环节。

7）改造后试运转期间的跟踪监测、程序的优化和资料整理。仅通过调试试车还不足以暴露所有的问题，因此，设备投入运行后，负责改造的技术人员应跟班作业，对设备运行跟踪监测，一方面可及时处理突发事件，另一方面亦可发现程序设计中的不足，对程序进行修改、完善和优化，提高系统的可靠性。

复习思考题

1. 构成 PLC 的主要部件有哪些？各部分的主要作用是什么？

2. 为了提高 PLC 的抗干扰能力，在 PLC 硬件上采取了哪些措施？

3. 简要说明一下 PLC 与继电器控制之间存在的差异。

4. PLC 有哪几种输出方式？各种输出方式有什么特点？

5. PLC 的一个工作扫描周期主要包括哪几个阶段？

6. FX 系列 PLC 的扩展单元与扩展模块有何异同？

7. FX 系列 PLC 有哪些内部编程元件？

8. 设计一个声光报警器，并上机调试、运行程序。控制要求为：当输入条件接通时，蜂鸣器鸣叫，报警灯连续闪烁 20 次（每次点亮 1s，熄灭 1s），此后，停止报警。

9. 某电动葫芦起升机构的动负荷实验的控制要求为：自动运行时，上升 8s，停 7s；再下降 8s，停 7s，反复运行 1h，然后发出声光报警信号，并停止运行。试设计该控制程序。

10. PLC 控制的多级带输送机如图 4-29 所示。具体控制要求如下：

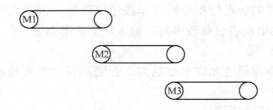

图　4-29

1）按起动按钮，电动机 M3 起动 2s 后 M2 自动起动，M2 起动 2s 后 M1 自动起动。

2）按停止按钮，电动机 M1 停车 3s 后，M2 自动停车，M2 停车 3s 后 M3 自动停车。

3）当 M2 异常停车时，M1 立即自动停车，3s 后 M3 自动停车。

4）当 M3 异常停车时，M1 和 M2 立即自动停车。

试设计该系统的 PLC 控制程序，并上机调试与试运行。

第 五 章

机床电气图的测绘

培训学习目标　掌握机械设备电气图识读的基本方法；了解测绘电气控制电路的基本方法；掌握测绘机械设备电气控制电路的步骤。

◇◇◇ 第一节　复杂机械设备电气控制原理图的识读与分析

无论多么复杂的电路，都是由一些基本控制电路组成的。如何将复杂的电路分解为简单的基本控制电路来读图和分析，就是本节所要介绍的内容。

一、复杂机械设备电气控制系统的分类

复杂机械设备电气控制是由电动机的运转来拖动生产机械的工作机构，使之完成规定的运动的。其电气控制系统分类如下：

1. 继电-接触式控制系统

目前，多数简单机械设备采用由继电器、接触器和按钮等组成的控制系统，即继电-接触式控制系统，它所使用的电器具有结构简单、价格低廉、容易掌握、维修方便等优点。

这种控制系统由触点控制，只有通和断两种状态，其控制作用是断续的，因此它只能在一定范围内适应单机和自动控制的需要。这种控制系统一般由电气和机械控制、电气和液压控制两部分组成。

（1）电气和机械控制部分　许多生产机械设备的控制是采用电气和机械相配合来完成的。例如：C6140A 型车床、X6132 型万能铣床等。

（2）电气和液压控制部分　复杂生产机械中，有些设备是由电气和液压（或气动）等相配合来实施控制的。由于采用液压传动能实现无级调速和在往复

运行中实现频繁的换向等，因此液压传动在机床行业中早已得到广泛应用。现举例如下：

1）机床往复运动：龙门刨床的工作台、牛头刨床或插床的滑枕、组合机床动力滑台、拉床刀杆等都是采用液压传动来实现高速往复运动的。与机械传动相比，采用液压传动可以大大减少换向冲击，降低能量消耗，并能缩短换向时间，有利于提高生产效率和加工质量。

2）机床回转运动：车床和铣床主轴采用液压传动实现回转运动，可使主轴无级变速。但是，由于液压传动存在泄漏问题，而且液体的可压缩性使液压传动不能保证有严格的传动比，因此，类似车床的螺纹传动链这类具有内在联系的运动，不能采用液压传动。

3）机床进给运动：液压传动在机床进给运动装置中应用得比较多，如磨床砂轮架快进、快退运动的传动装置；六角车床、自动车床的刀架或转塔刀架；磨床、钻床、铣床和刨床的工作台；组合机床的动力滑台等都广泛地采用了液压传动。

4）机床仿形运动：在车床、铣床、刨床上应用液压伺服系统进行仿形加工，实现复杂曲面加工自动化。随着电液伺服阀和电子技术的发展，各种数字程序控制机床和加工中心开始普及，提高了机床自动化水平和加工精度，并为计算机辅助制造创造了条件。

5）机床辅助运动：机床上的夹紧装置、变速操纵装置、丝杠螺母间隙消除机构、分度装置以及工件和刀具的装卸、输送、储存装置都采用了液压技术。这样不但简化了机床的基本结构，而且提高了机床的自动化程度。

2. 直流电动机连续控制系统

直流电动机具有调速性能好、调速范围大、调速精度高、平滑性好等特点，工业生产中出现了许多自动调速系统，如：直流发电机-电动机调速系统、交磁电机扩大机调速系统。随着功率电子器件的不断更新与发展，晶闸管直流拖动系统也得到了广泛的应用。

图 5-1 所示为一种典型的晶闸管-直流电动机自动调速系统。它是使用晶闸管电路获得可调节的直流电压，从而供给直流电动机，用来调节电动机转速的。

图 5-1 中晶闸管 VT1 和 VT2 的门极是通过电阻 R_{13} 和 R_{14} 接到触发电路上，以接收触发脉冲信号的。电阻 R_s 和接触器常闭触头 KM 用于电动机的能耗制动。二极管 VD7 是续流二极管，电感 L 是平波电抗器，它们用于改善电动机的电流波形；过电流继电器 KA2 用来作为电枢回路的过电流保护，当电枢回路电流过大时，KA2 动作，从而切断控制回路，使电动机停转。

如果电动机在给定电压相对应的转速下运行，当负载发生变化时，通过系统内部可实现自动调整电动机的转速。

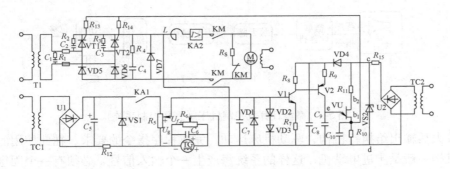

图 5-1　晶闸管-直流电动机自动调速系统

3. 可编程无触点控制系统

由于继电-接触式控制系统具有使用单一性，即一台控制装置只能针对某一种固定程序的设备，一旦生产工艺流程有所变动，就得重新配线。这样就无法满足生产程序多变、控制要求较复杂系统的需要。

近年来，可编程序控制器得到了突飞猛进的发展。它通过编码、逻辑组合来改变程序，实现对生产工艺流程需要经常变动的设备的控制要求。把可编程序控制器用于电气设备的逻辑控制，可以取代大量的继电器和接触器，只要对控制系统中发出指令或信号的按钮、开关、传感器等进行编程，并将程序输入到可编程序控制器中，就可以通过可编程序控制器内部的逻辑功能，控制输出所连接的接触器、指示灯等。

可编程序控制器具有通用性强、可靠性高、编程容易、程序可变、使用维护方便等特点，具有广阔的应用前途。

4. 计算机自动控制系统

计算机自动控制使电力拖动系统又发展到了一个崭新的水平，向着生产过程自动化的方向迈进了一大步。使用计算机可以不断地处理复杂生产过程中的大量数据，可以计算出生产流程的最佳参数，然后通过自动控制设备及时地调整各部分的生产机械，使之保持最合理的运行状态，从而实现整个生产过程的自动化。计算机自动控制系统的应用范围很广，种类繁多，名称上也很不一致，在此介绍常用的两种分类形式。

（1）按信号的传递路径分类

1）开环控制系统：指系统的输出端与输入端不存在反馈回路，输出量对系统的控制作用不发生影响的系统。如工业上使用的数字程序控制机床，如图 5-2 所示。

它的工作过程是：根据加工图样的要求，确定加工过程，编制程序指令，输入到微型计算机（简称微机）中，微机完成对控制脉冲的寄存、交换和计算，

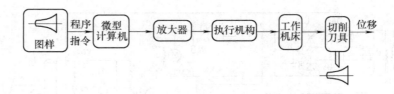

图 5-2　微型计算机控制机床（开环控制系统）

经放大后输出给执行机构，驱动机床运动，完成程序指令的要求。在此使用的执行机构一般是步进电动机，这样的系统每产生一个输入信号，必须有一个固定的工作状态和一个系统的输出量与之相对应，但是不具有修正由于扰动而出现的被控制量希望值与实际值之间误差的能力。例如，执行机构步进电动机出现失步，机床某部分未能准确地执行程序指令的要求，切削刀具偏离了希望值，控制指令并不会相应地改变。

　　开环控制系统的结构简单，成本低廉，工作稳定。当在输入和扰动已知情况下，开环控制系统仍可取得比较满意的效果。但是，由于开环控制系统不能自动修正被控制量的误差、系统元件参数的变化以及外来未知干扰对系统精度的影响。所以为了获得高质量的输出，就必须选用高质量的元器件，其结果必定导致投资大、成本高。

　　开环控制系统的应用实例有很多，如交通信号灯系统的传统红绿灯切换控制，以及洗衣机控制等。

　　2）闭环控制系统：凡是系统输出信号与输入端之间存在反馈回路的系统，叫闭环控制系统。闭环控制系统也叫做反馈控制系统。"闭环"的含义，就是应用反馈作用来减小系统误差。将图 5-2 稍加改进就构成了一个闭环控制系统，如图 5-3 所示。

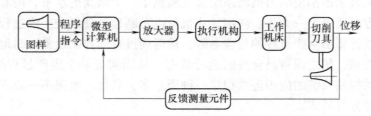

图 5-3　微型计算机控制机床（闭环控制系统）

　　在图 5-3 中，引入了反馈测量元件，它把切削刀具的实际位置不停地送给计算机，与根据图样编制的程序指令相比较。经计算机处理后发出控制信号，再经放大后驱动执行机构。带动机床上的刀具按计算机给出的信号运行，从而实现了自动控制的目的。

闭环控制系统由于有"反馈"作用的存在，具有自动修正被控制量出现偏差的能力，可以修正元器件参数变化及外界扰动引起的误差，所以其控制效果好，精度高。其次，只有按负反馈原理组成的闭环控制系统才能真正实现自动控制的任务。

　　闭环控制系统也有不足之处，除结构复杂和成本较高外，一个主要的问题是由于反馈的存在，控制系统可能出现"振荡"。严重时，会使系统失去稳定而无法工作。自动控制系统的应用中，很重要的问题是如何解决好"振荡"或"发散"问题。

　　3）复合控制系统：它是开环控制和闭环控制相结合的一种方式，是在闭环控制的基础上增加一个干扰信号的补偿控制，以提高控制系统的抗干扰能力，这种复合控制系统的结构框图如图 5-4 所示。

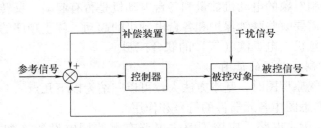

图 5-4　复合控制系统结构框图

　　增加干扰信号的补偿控制作用，可以在干扰对被控制量产生不利影响时及时提供控制作用以抵消此不利影响。纯闭环控制要等到该不利影响反映到被控信号之后才引起控制作用，对干扰的反应较慢；但如果没有反馈信号回路，只按干扰进行补偿控制时，则只有顺馈控制作用，控制方式相当于开环控制，被控制量又不能得到精确控制。两者的结合既能得到高精度控制，又能提高抗干扰能力，因此获得广泛的应用。当然，采样这种复合控制的前提是干扰信号可以测量到。

　　（2）按系统输入信号的变化规律分类

　　1）恒值控制系统（又称为自动调节系统）：这类控制系统的特点是输入信号是一个恒定的数值。工业生产中的恒温、恒速等自动控制系统都属于这一类型。恒值控制系统主要研究各种干扰对系统输出的影响以及如何克服这些干扰，把输入/输出量尽量保持在希望数值上。

　　2）过程控制系统（又称为程序控制系统）：这类控制系统的特点是输入信号是一个已知的时间函数，系统的控制过程按预定的程序进行，要求被控制量能迅速准确地复现，如压力、温度、流量控制等。恒值控制系统也认为是过程控制系统的特例。

　　3）随动控制系统（又称为伺服系统）：这类控制系统的特点是输入信号是

一个未知的函数，要求输出量跟随给定量变化。如火炮自动跟踪系统，人们事先不知道飞机的运动规律，当然也就无法驱动火炮瞄向一个确定的位置。这类控制系统要求火炮跟随飞机的运行轨迹，不断地自行修正位置。考虑到飞机的机动性，要求该控制系统有较好的跟踪能力。再如：工业自动化仪表中的显示记录仪、跟踪卫星的雷达天线控制系统等均属于随动控制系统。

二、复杂电气控制原理图的识读和分析

电气原理图是表示电气控制电路工作原理的图样，所以熟练识读电气原理图是高级维修电工掌握复杂机械设备正常工作状态、迅速处理电气故障时必不可少的环节。

在识读电气原理图前，首先要了解生产工艺过程对电气控制的基本要求，例如需要了解控制对象的电动机数量和各台电动机是否有起动、反转、调速、制动等控制要求，需要哪些联锁保护和各台电动机的起动、停止顺序的要求等具体内容，并且要注意机、电、液（气）的联合控制。

1. 电气控制原理图的读图

在阅读电气原理图时，基本方法大致可以归纳为以下几点：

1）必须熟悉图中各元器件的符号和作用。

2）首先阅读主电路。应该了解主电路有哪些用电设备（如电动机、电炉等），以及这些设备的用途和工作特点。根据工艺过程，了解这些用电设备之间的相互关系，以及采用何种保护方式等。在完全了解了主电路的这些特点后，就可以根据这些特点再去阅读控制电路。

3）阅读控制电路。在阅读控制电路时，一般先根据主电路接触器主触头的文字符号，到控制电路中去找与之相对应的吸引线圈，进一步弄清楚电动机的控制方式。这样可将整个电气原理图划分为若干部分，每一部分控制一台电动机。另外，控制电路一般依照生产工艺要求，按动作的先后顺序，自上而下、从左到右、并联排列。因此读图时也应当自上而下、从左到右，一个环节一个环节地进行分析与识读。

4）对于机、电、液配合得比较紧密的生产机械，必须进一步了解有关机械传动和液压传动的情况，有时还要借助于工作循环图和动作顺序表，配合电器动作来分析电路中的各种联锁关系，以便掌握其全部控制过程。

5）最后阅读照明、信号指示、监测、保护等各辅助电路环节。

2. 电气控制原理图的分析

分析简单电气控制原理图的方法主要有两种：查线看图法（直接看图法）和间接读图法，较常用的是查线看图法，基本要点如下：

（1）分析主电路 从主电路入手，根据每台电动机和执行电器的控制要求

去分析各电动机和执行电器的控制内容，如电动机的起动、正反转、调速和制动等基本电路。

（2）分析控制电路 根据主电路中各电动机和执行电器的控制要求，逐一找出控制电路中的控制环节，将控制电路"化整为零"，按功能不同划分成若干个局部控制电路来进行分析。如果控制电路较复杂，则可先抛开照明、显示等与控制关系不密切的电路，以便集中精力进行分析。

（3）分析信号、显示电路与照明电路 控制电路中执行元件的工作状态显示、电源显示、参数测定、故障报警和照明电路等部分，多数是由控制电路中的元件来控制的，因此还要对照控制电路对这部分电路进行分析。

（4）分析联锁与保护环节 生产机械对于安全性、可靠性有很高的要求，要想实现这些要求，除了合理地选择拖动、控制方案以外，在控制电路中还设置了一系列电气保护和必要的电气联锁。在电气控制原理图的分析过程中，电气联锁与电气保护环节的分析是一个重要内容，不能遗漏。

（5）分析特殊控制环节 在某些控制电路中，还设置了一些与主电路、控制电路关系不密切、相对独立的某些特殊环节，如自动检测系统、晶闸管触发电路、产品计数装置和自动调温装置等。这些部分往往自成一个小控制系统，其看图分析的方法可参照上述分析过程，并灵活运用所学过的电子技术、变流技术、自控系统、检测与转换等知识逐一分析。

（6）总体检查 经过"化整为零"，逐步分析每一局部电路的工作原理及各部分之间的控制关系后，还必须用"集零为整"的方法，检查整个控制电路，看是否有遗漏。特别要从整体角度出发进一步检查和理解各控制环节之间的联系，以达到清楚地理解原理图中每一个元器件的作用、工作过程及主要参数。

三、典型电气控制原理图读图和分析应用实例

1. 电气和液压配合控制的半自动车床电气原理图

图 5-5 所示为 HZC3Z 型轴承专用车床的电气原理图，该设备采用电气和液压相配合来实施控制，试分析该电路的组成和各部分的功能。

（1）电气原理图识读 HZC3Z 型轴承专用车床电气原理图可分解为四部分来分析，如图 5-5 所示。其中，Ⅰ区为主电路：M1 为液压泵电动机；M2 为主轴电动机，拖动主轴旋转。Ⅱ区为信号指示和照明电路；Ⅲ区为控制电路；Ⅳ区为电磁阀控制电路，其配合图 5-6 所示的液压控制原理图完成工作。

在初始状态，机械手在原始位置，爪部持待加工工件，行程开关 SQ4、SQ5 均处于压合状态，电磁铁 YA5 失电。纵向刀架、横向刀架均保持在原始位，行程开关 SQ1、SQ2 释放，SQ3、SQ6 受压，电磁铁 YA3、YA4 失电。此时，夹具处于张开状态，YA1、YA2 失电。工作时，首先夹具张开，机械手装料，然后夹

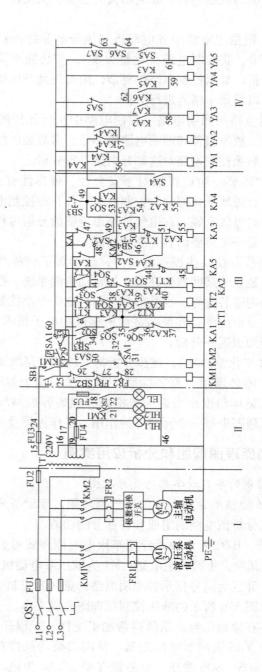

图5-5　HZC3Z型轴承专用车床电气原理图

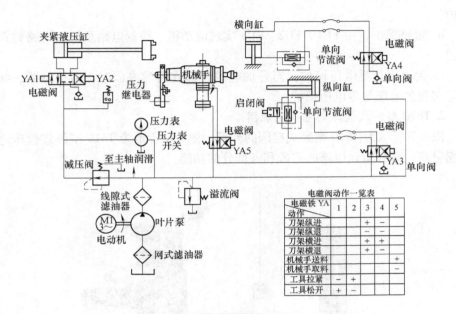

图 5-6　HZC3Z 型轴承专用车床液压控制原理图

具夹紧、机械手返回原始位并持料、纵向刀架进刀、横向刀架进刀、横向刀架返回至原始位、纵向刀架返回至原始位，最后夹具张开（零件落下），完成一个工作循环。

（2）电气原理图分析

1）主电路：电源由电源开关 QS1 引入，液压泵电动机 M1 为小功率电动机，采用直接起动方式。主轴电动机 M2 为三速交流异步电动机，其功率略大，在电路中通过接触器 KM2 的主触头来实现单向起动或停止控制。

2）控制电路：由起动按钮 SB1、停止按钮 SB2、热继电器 FR1、FR2 的常闭触头和接触器 KM1 的吸引线圈组成，完成电动机 M2 的单向起动或停止控制。

该车床的工作过程如下：闭合电源开关 QS1，按下起动按钮 SB1，接触器 KM1 线圈通电，KM1 主触头和自锁触头闭合，液压泵电动机 M1 起动并运转。如需车床停止工作，只要按下停止按钮 SB2 即可（其他控制电路分析略）。

3）照明和保护电路：

① 照明电路：由变压器二次绕组供给 24V 安全电压经照明开关 QS2 控制照明灯 EL。照明灯的一端接地，以防止变压器一、二次绕组间发生短路时造成触电事故。

② 保护电路：

a. 过载保护：由热继电器 FR1、FR2 实现 M1 和 M2 两台电动机的长期过载保护。

b. 短路保护：由 FU1、FU2、FU3 实现电动机、控制电路及照明电路的短路保护。

c. 欠电压与零电压保护：当外加电源过低或突然失压时，由接触器、继电器等实现欠电压与零电压保护。

2. T610 型卧式镗床的电气原理图

图 5-7 所示为 T610 型卧式镗床的外形。图 5-8 所示为 T610 型卧式镗床电气控制电路，试分析该电路的组成和各部分的功能。

图 5-7　T610 型卧式镗床的外形

（1）主拖动控制电路　主轴和平旋盘用一台 7.5kW 的三相异步电动机 M1 拖动，电动机可以正反转，停车时用电磁离合器对主轴进行制动。

主轴和平旋盘用机械方法调速，主轴有三挡速度，每一挡速度可用钢球无级变速器作无级调速，即可以改变钢球变速器的位置，连续得到各种速度。钢球无级变速器用电动机 M6 拖动，当调速到变速器的上下极限时，电动机 M6 能自动停车。平旋盘只用两挡速度，如果误操作到第三挡速度时，M1 就不能起动。

主轴起动的工作过程如下：合上电源总开关 QF，按下按钮 SB1 起动液压泵和润滑泵，液压泵接触器 KM5 的常开辅助触头（1-2）接通 220V 控制电源。当液压油的压力达到正常数值时，压力继电器 KP2 和 KP3 动作，KP2 在图区 57 的触头（2-44）闭合，中间继电器 KA7 动作，KA7 在图区 34 的触头（11-16）闭合，为主轴点动控制做好准备；KP3 和 KA7 在图区 81 的触头 KP3（2-76）与 KA7（76-77）闭合，继电器 KA17 和 KA18 同时动作，KA17 在图区 63 的触头（2-53）与 KA18 在图区 73 的触头（2-67）同时闭合，为进给控制做好准备。

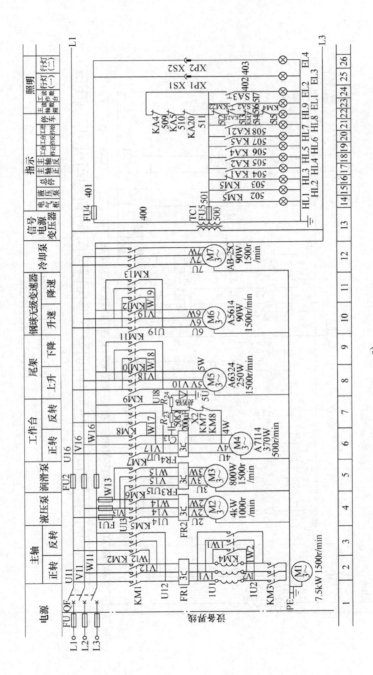

图5-8 T610型卧式镗床电气控制电路
a) 主电路及指示照明电路

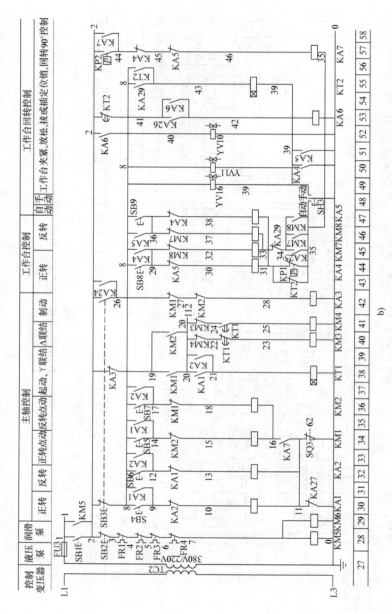

图5-8 T610型卧式镗床电气控制电路（续）

b）主轴与工作台控制电路

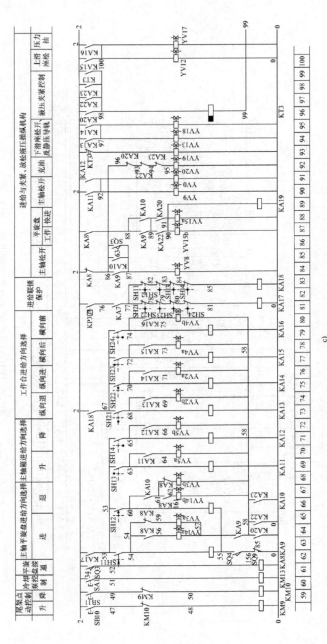

图5-8　T610型卧式镗床电气控制电路（续）

c）其他控制电路

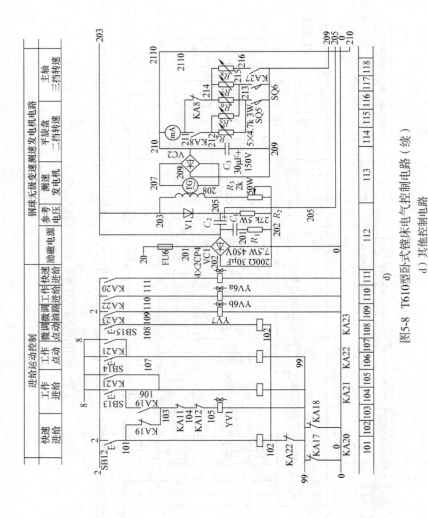

图5-8 T610型卧式镗床电气控制电路（续）

d）其他控制电路

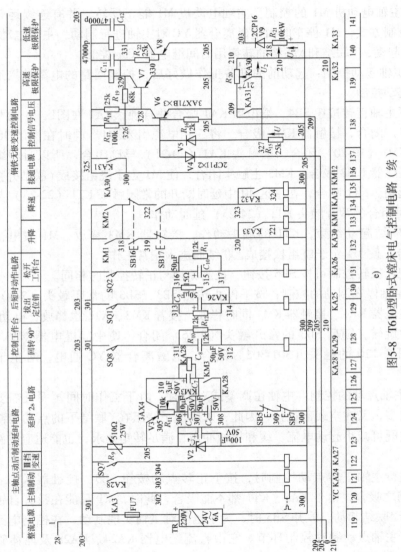

图5-8　T610型卧式镗床电气控制电路（续）

e）其他控制电路

将平旋盘接通断开手柄放在"断"的位置，在图区 34 的行程开关 SQ3（11-0）恢复闭合（不受压），图区 61 的 SQ3（2-52）断开。把主轴选速手柄放在需要的某挡速度，在图区 116、117、122 的三只行程开关 SQ5、SQ6、SQ7 中只有一只动作（受压）。

1）主轴电动机 M1 的控制：主轴电动机 M1 能正反转，并有连续运转和点动两种控制方式，M1 停车时由电磁离合器 YC 对主轴进行制动，主轴电动机 M1 采用丫-△起动，丫联结和△联结的转换用时间继电器 KT1 控制。

① 主轴起动控制：起动前的准备工作做好后，控制回路的电源被接通，才能进行起动控制。

按下主轴正转按钮 SB4，继电器 KA1 吸合并自锁，KA1 在图区 35 的常开触头（8-14）闭合，接触器 KM1 吸合，将三相电源引入 M1。同时在图区 38 的常开触头 KM1（19-20）闭合，因触头 KA1（20-21）早已闭合，所以时间继电器 KT1 和接触器 KM3 吸合。KM3 主触头闭合，使 M1 定子绕组接成丫联结并接通电源减压起动。KT1 吸合，在图区 40 中延时断开的常闭触头 KT1（22-23）与图区 41 上延时闭合的常开触头 KT1（24-25）延时动作。

当丫联结起动结束，KT1 的触头动作，接触器 KM3 释放，M1 失电，然后 KM4 吸合，使 M1 定子绕组换接成△联结而进入正常工作。

同理，反转控制可按 SB6 按钮，控制原理与正转控制时相同。

② 主轴停车制动的控制：按下停止按钮 SB3，SB3 的常闭触头（2-8）先断开，使继电器 KA1、接触器 KM1 同时释放，接着 KM3、KT1 也释放，电动机 M1 断电惯性旋转，随后 SB3 的常开触头（2-26）闭合，使中间继电器 KA3 吸合，KA3 在图区 120 的触头（301-302）闭合，电磁离合器 YC 通电，对主轴进行制动。

③ 主轴点动的控制：主轴在调整或对刀时，由于工作时间短而且需要连续起动次数多，又在空载下进行，因此，采用定子绕组在丫联结下的点动控制比较合适。它既可减小起动电流，缓和机械冲击，满足转矩要求，也能适应电路的控制过程。

需进行主轴正转点动控制时，按下正转点动按钮 SB5，接触器 KM1 吸合，KM3 也随之吸合，由于 KA1、KT1 都不能吸合，此时，M1 只能在没有自锁的情况下进行丫联结起动。放开 SB5 时，为了也能对主轴实现制动，在控制电路中专门设置了主轴点动制动控制环节。它由直流继电器 KA24、KA28 及晶体管延时电路等组成。

主轴点动制动控制延时电路如图 5-8e 所示，按主轴正转点动按钮 SB5 时，M1 作丫联结起动。此时电路中 SB5 常闭触头（308-309）断开晶体管延时电路的电源，同时 KM3（306-307）与 KM3 常开触头（307-308）闭合，使电容 C_5、C_6

放电而消除了残余电压。放开 SB5，M1 断电作惯性旋转时，SB5（308-309）恢复闭合，接通了晶体管延时电路的电源，接着 KM3（306-307）、KM3 常开触头（307-308）断开，此时，晶体管 V3 有较大的偏流流过，V3 立即导通，V3 的集电极电流很大，直流继电器 KA28 立刻吸合，KA28 常开触头（301-303）闭合，使直流继电器 KA24 吸合，它的常开触头 KA24（2-26）闭合使继电器 KA3 吸合，而 KA3（301-302）闭合使电磁离合器 YC 通电，从而实现主轴制动。

制动的时间决定于电容 C_5 的充电时间常数，因为继电器 KA28 吸合，其常开触头 KA28（307-308）闭合，将电容 C_6 短接，使晶体管 V3 的偏流不受 C_6 的影响。当开始充电时，充电电流最大，其数值由电源电压和电路内的电阻 R_{11} 决定。由于充电，C_5 两端的电压逐渐升高，而充电电流逐渐减小（即偏流逐渐减小），V3 的集电极电流也随之减小，当集电极电流减小到小于 KA28 的释放电流时，继电器 KA28 便释放，KA24、KA3 也相继释放，使电磁离合器 YC 断电，制动结束。

在主轴反转点动控制时，可按下反转点动按钮 SB6，其控制原理与正转点动控制分析时相同。

④ 平旋盘的控制：在需要将主轴切换到平旋盘工作时，应将平旋盘手柄放在"接通"位置，行程开关 SQ3 受压，使在图区 34 中的常闭触头 SQ3（0-11）断开，这时继电器 KA1、KA2，接触器 KM1、KM2 的线圈电路就只靠直流继电器 KA27 的常闭触头（0-11）接通；在图区 62 中的常开触头（2-52）闭合，继电器 KA8 吸合，将电磁阀 YV3a、YV3b 换接为 YV14a、YV14b，为平旋盘进给做好准备。其控制方法与主轴控制时相同。

如果在使用平旋盘时，误将选速手柄放在第三挡速度，则行程开关 SQ7 的常开触头（301-304）因受压而闭合，在图区 122 中的继电器 KA27 吸合，其触头（0-11）断开，电动机 M1 就不能起动。

2）钢球无级变速器极限位置自动停车装置的控制：钢球无级变速器有一个速度范围，当速度达到极限位置时，拖动速度器的电动机 M6 应当自动停车。

变速器的最高转速为 3000r/min，最低转速为 500r/min。变速器与一台测速发电机机械连接，当变速器转速为 3000r/min 时，测速发电机 TG 的输出交流电压为 50V，变速器转速为 500r/min 时，输出交流电压为 8.33V。变速器用异步电动机 M6 拖动，当变速器转速上升到 3000r/min 或下降到 500r/min 时，M6 应自动停车。

电动机 M6 的起动和停车由直流继电器 KA32 和 KA33 控制，KA32 和 KA33 又受晶体管开关电路控制，而晶体管开关电路是利用测速发电机的电压与一个参考电压的差值来控制的。变速器的升速控制和降速控制在此不再详述。

（2）进给运动控制电路　T610 型镗床的进给运动由电气与液压配合控制。

主轴、平旋盘刀架、上滑座、下滑座和主轴箱的进给与夹紧装置都采用液压机构，用电磁铁来控制液压机构的动作。进给运动的操纵集中在两只十字主令开关 SH1、SH2 和四只按钮 SB12～SB15 上。

各进给部件都具有四种进给方式：快速进给点动、工作进给、工作进给点动和微调点动。四种进给方式分别由 SB11、SB12、SB13 和 SB14 四只按钮操作。

十字主令开关 SH1 选择主轴、平旋盘刀架和主轴的进给方向，同时又能松开这些部件的液压夹紧装置。十字主令开关 SH2 选择工作台纵横的进给方向和松开液压夹紧装置。

（3）工作台回转控制电路　T610 型镗床的工作台可以机动回转或手动回转，机动回转时，工作台可以回转 90°自动定位，也可以回转角度小于 90°，用手动停止。

工作台回转由电动机 M4 拖动，工作台的夹紧放松则由电磁液压控制工作台回转 90°的定位销也用电磁液压控制。工作台回转 90°自动定位过程由电气与液压装置配合，组成程序自动控制。这个工作程序应当是先松开工作台，拔出定位销，然后使传动机构中的蜗杆与蜗轮啮合。开动电动机 M4，工作台即开始回转。工作台回转到 90°时，电动机应立刻停车，然后蜗轮与蜗杆脱开，定位销插入销座，再将工作台夹紧。

1）工作台回转电动机的制动控制：电动机 M4 停止时，采用了最简便的电容式能耗制动。由于电动机功率小，仅有 250W，因此电路选用一只 200μF 的电解电容器，将电容器 C_{13} 的一端接在电动机 M4 的一相定子绕组上，另一端经电阻 R_{23}、R_{24}、硅二极管 V10 接到 0 号线端，把控制 M4 正反转的接触器常闭触头 KM7 与 KM8 串联后跨接在定子另一相绕组和两电阻连接的接点上。当电动机 M4 工作时，由于二极管具有单向导电特性，220V 交流电源向电容 C_{13} 充电，在 C_{13} 两端建立直流电压，为能耗制动做好准备。

当电动机 M4 停止时，接触器 KM7 和 KM8 的常闭触头闭合，电容 C_{13} 串电阻 R_{23} 后跨接在 M4 的两相定子绕组上，立刻向定子绕组放电，放电的电流是直流电，定子绕组通入直流电流时，便产生制动转矩，对电动机进行制动，经制动 2s 后，电动机转速已很低，工作台回转速度也很低，这时蜗轮蜗杆脱开，定位销插入销座时不会有很大的冲击力。

2）工作台手动回转的控制：需手动回转工作台时，应将主令开关 SH3 扳到手动位置，则线端（39-0）接通，电磁阀 YV11 和 YV16 立刻通电动作，工作台松开，压力导轨充油。工作台松开后，行程开关 SQ2 受压，使 KA26 短时吸合，继电器 KA6 吸合，电磁铁 YV10 通电动作，拔出定位销，于是就可以用手轮操纵工作台的微量回转。

在手动松开工作台到再夹紧工作台的过程中，继电器 KA7 释放，其他进给机构不能进给，控制电路的工作情况与机动（自动）时相同。

◆◇◆◇ 第二节 机床电气图的测绘方法

机械设备的电气控制原理图是安装、调试、使用和维修设备的重要依据。维修电工在工作中有时会遇到原有机床的电气线路图样遗失或损坏，这样会对电气设备及电气控制电路的检修带来很多不便。有时也会遇到不熟悉的机械设备需进行修理或电气改造工作，所以应该掌握根据实物测绘机床电气控制电路的方法。

另外，有些机械设备的实际电气控制电路与图样标注不符，也有的图样表达不够清楚，个别点、线有错误，绘图不够规范等，需要通过测绘后改正。有些机械设备因为能耗大、技术落后、电气老化等原因需进行技术改造，也需要通过详细的测绘工作后才能实施。

测绘电气线路图时，首先应熟悉该机械设备的基本控制环节，如起动、停止、制动、调速等。测绘机械设备电气控制电路的一般方法有两种：

1. 电器布置图—电气接线图—电气原理图法

此种方法是绘制电气控制原理图的最基本方法，既简便直观，又容易掌握。具体步骤如下：

1）将机械设备停电，并使所有的元器件处于正常（不受力）状态。

2）找到并打开机床的电气控制柜（箱），按实物画出设备的电器布置图。

3）绘制所有内部电气接线图，在所有接线端子处标记好线号，画出设备电气安装接线图。

4）根据电气安装接线图和绘图原则绘制电气原理图。

2. 查对法

查对法需要测绘者要有一定的基础，既要熟悉各元器件在控制系统中的作用和连接方法，又要对控制系统中各种典型控制环节的绘图方法有比较清楚的了解。

使用此种方法测绘机床电气图时，基本要求有以下几点：

1）根据电气原理图，对机床电气控制原理和相关电器控制特点加以分析研究，将控制原理读通读透。有些复杂机床的电气控制不只是单纯机械和电气相互控制的关系，而是由电气—机械（或液压）—电气循环控制；电气—气动（或机械）联合控制等，这就使电气线路的测绘工作具有一定难度。

2）对于电气安装接线图的掌握也是电气测绘工作的重要部分。有些电气线路和电器元件、开关等不是装在机床的外部，而是装在机床内部。例如，X62W型万能铣床的位置开关 SQ1～SQ6 等均安装在机床内部，不易发现。若单纯熟悉电气控制工作原理，而不清楚线路走向、元器件的具体位置、操作方式等是不可能将维修工作做好的。

3）测绘人员应具备由实物—电气图和由电气图—实物的分析能力，因为在测绘中会经常对电路中的某一个点或某一条线加以分析和判别，这种能力是靠平时经常锻炼、不断积累的。

◆◇◆◇◆◇ 第三节　M1432A 型万能外圆磨床电气线路的测绘

M1432A 型万能外圆磨床是比较典型的一种普通精度级外圆磨床，可以用来加工外圆柱面及外圆锥面，利用磨床上配备的内圆磨具还可以磨削内圆柱面和内圆锥面，也能磨削阶梯轴的轴肩和端平面。M1432A 型万能外圆磨床型号的含义如下：

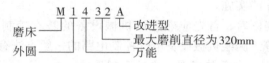

一、主要结构及运动形式

图 5-9 所示为 M1432A 型万能外圆磨床的外形。它主要由床身、工件头架、工作台、内圆磨具、砂轮架、尾架、控制箱等部件组成。在床身上安装着工作台和砂轮架，并通过工作台支撑着头架及尾架等部件，床身内部用作液压油的储油池。头架用于安装及夹持工件，并带动工件旋转。砂轮架用于支撑并传动砂轮轴。砂轮架可沿床身上的滚动导轨前后移动，实现工作进给及快速进退。内圆磨具用于支撑磨内孔的砂轮主轴，由单独电动机经传动带传动。尾架用于支撑工

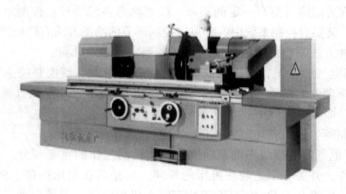

图 5-9　M1432A 型万能外圆磨床的外形

件，它和头架的前顶尖一起把工件沿轴线顶牢。工作台由上工作台和下工作台两部分组成，上工作台可相对于下工作台偏转一定角度（±10°），用于磨削锥度较小的长圆锥面。

该磨床的主运动是砂轮架（或内圆磨具）主轴带动砂轮作高速旋转运动；头架主轴带动工件作旋转运动；工作台作纵向（轴向）往复运动和砂轮架作横向（径向）进给运动。辅助运动是砂轮架的快速进退运动和尾架套筒的快速退回运动。

二、电力拖动的特点及控制要求

该磨床共用 5 台电动机，即液压泵电动机 M1、头架电动机 M2、内圆砂轮电动机 M3、外圆砂轮电动机 M4 和冷却泵电动机 M5。

（1）砂轮的旋转运动　砂轮只需单向旋转，内圆砂轮主轴由内圆砂轮电动机 M3 经传动带直接驱动，外圆砂轮主轴由砂轮架电动机（外圆砂轮电动机）M4 经 V 带直接传动，两台电动机之间应有联锁。

（2）头架带动工件的旋转运动　根据工件直径的大小和粗精磨要求的不同，头架的转速是需要调整的。头架带动工件的旋转运动是通过安装在头架上的头架电动机（双速）M2 经塔轮式传动带和两组 V 带传动，带动头架的拨盘或卡盘旋转，从而获得 6 级不同的转速。

（3）工作台的纵向往复运动　工作台的纵向往复运动采用液压传动，以实现运动及换向的平稳和无级调速。另外，砂轮架周期自动进给和快速进退、尾架套筒快速退回及导轨润滑等也是采用液压传动来实现的。液压泵由电动机 M1 拖动。只有在液压泵电动机 M1 起动后，其他电动机才能起动。

（4）砂轮架的快速移动　当内圆磨头插入工件内腔时，砂轮架不允许快速移动，以免造成事故。

（5）切削液的供给　冷却泵电动机 M5 拖动冷却泵旋转供给砂轮和工件切削液。

三、测绘要求及注意事项

1）测绘前要认真阅读电路（见图 5-10，文后插页），熟练掌握各个控制环节的工作原理及其作用。

2）由于该类型磨床的电气控制与液压系统间存在着紧密的联系，因此在测绘时应注意液压和电机控制间的关系。

通过查对法现场测绘并确定 M1432A 型万能外圆磨床电器的位置，如图 5-11 所示。各电器的布置情况如图 5-12 所示。

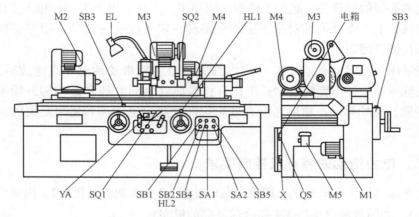

图 5-11　M1432A 型万能外圆磨床电器的位置

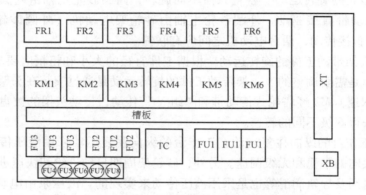

图 5-12　M1432A 型万能外圆磨床电器的布置情况

◈◈◈ 第四节　机床电气图的测绘技能训练实例

● 训练 1　M7130 型平面磨床电气线路的测绘

1. 测绘步骤

1）熟悉平面磨床的主要结构和运动形式，对磨床进行实际操作，了解磨床的各种工作状态及开关的作用。

2）熟悉磨床电器元件的安装位置、配线等情况，了解电磁吸盘操作开关的工作状态及工作台的运动情况。

3）测绘过程中不得硬拉硬拽线路，以免产生故障，也不得损坏电器元件或设备。

2. 测绘要求及注意事项

1）测绘前要认真阅读电路图，熟练掌握各个控制环节的工作原理及其作用。

2）由于该类型磨床的电气控制与液压系统的配合工作，因此在测绘时应注意液压和电机控制的关系。

通过查对法现场测绘并确定 M7130 型平面磨床的接线，如图 5-13 所示。测绘电器的位置如图 5-14 所示。

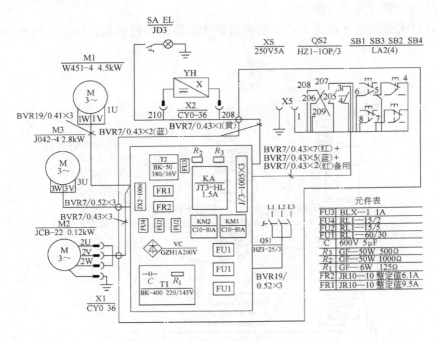

图 5-13　M7130 型平面磨床的接线

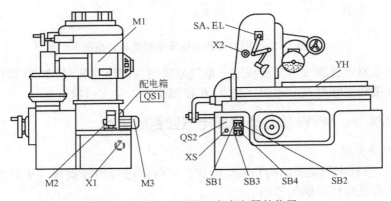

图 5-14　M7130 型平面磨床电器的位置

- 训练 2　Z3050 型摇臂钻床电气线路的测绘

　　Z3050 型摇臂钻床与 Z35 型摇臂钻床的结构基本相同，且运动形式、电气控制特点及控制要求也基本类似，不同之处在于 Z35 型摇臂钻床的夹紧与放松是依靠机械机构和电气配合自动进行的，而 Z3050 型摇臂钻床的夹紧与放松则是由电动机配合液压装置自动完成的，并有夹紧、放松指示；另外，Z3050 型摇臂钻床不再使用十字开关进行操作。

　　通过实物测绘并确定 Z3050 型摇臂钻床电器的布置情况，如图 5-15 所示。

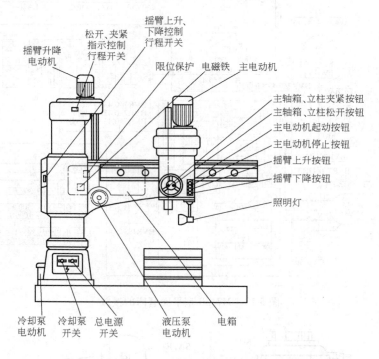

图 5-15　Z3050 型摇臂钻床电器的布置情况

　　通过电器布置图—电气接线图—电气原理图法测绘并确定 Z3050 型摇臂钻床电气安装接线图和电气原理图（图 5-16 和图 5-17，见文后插页）。

- 训练 3　X62W 型万能铣床电气线路的测绘

1. 测绘步骤

　　1）熟悉铣床的主要结构和运动形式，对铣床进行实际操作，了解铣床的各种工作状态及操作手柄的作用。

　　2）熟悉铣床电器元件的安装位置、配线情况以及操作手柄处于不同位置时，位置开关的工作状态及运动部件的工作情况。

3）测绘过程中不得硬拉硬拽线路，以免产生故障，也不得损坏电器元件或设备。

2. 测绘要求及注意事项

1）测绘前要认真阅读电路图，熟练掌握各个控制环节的工作原理及其作用。

2）由于该类型铣床的电气控制与机械结构间的配合十分密切，因此在测绘时应判明机械和电气的联锁关系。

通过查对法现场测绘并确定 X62W 型万能铣床电器的位置和布置情况如图 5-18、图 5-19 所示。

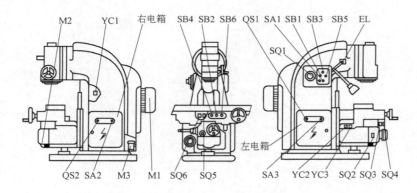

图 5-18　X62W 型万能铣床电器的位置

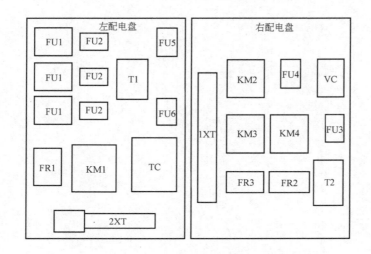

图 5-19　X62W 型万能铣床电器的布置情况

复习思考题

1. 复杂机械设备电气控制系统的分类有哪些？
2. 复杂电气控制原理图的识读和分析有哪些方法？
3. 叙述测绘电气控制电路的两种基本方法和步骤？
4. 怎样把机床的电器实物图转换为电气原理图呢？

第 六 章

交直流传动系统的应用

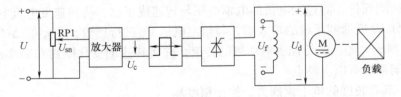

培训学习目标 熟悉开环、单闭环直流调速系统的基本原理；熟悉双闭环直流调速系统的基本原理；掌握 PWM 直流调速系统的工作原理及应用；掌握交流调压调速和串级调速系统的工作原理及应用；熟悉变频器的基本工作原理；掌握变频器的安装、接线及参数设定方法；熟悉变频器的应用及维护方法。熟悉步进电动机的结构与工作原理；熟悉步进电动机驱动系统的应用及维修方法。

◆◆◆ 第一节 直流调速基础知识

一、自动控制基本概念

1. 开环控制系统

晶闸管整流开环控制系统的工作原理，如图 6-1 所示。

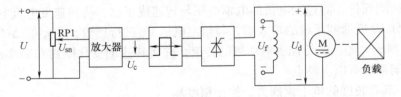

图 6-1 开环控制系统的工作原理

由图可知，若要改变电动机的转速 n，只要调节电位器 RP1，就可改变给定信号电压 U_{sn} 的大小，经放大器放大后，就可以控制晶闸管导通角的大小，从而改变晶闸管输出直流电压 U_d 的高低。由于加到电动机电枢绕组上的电压 U_a 不同，电动机的转速也就不同。这种控制系统有以下特点：

1）电动机的转速 n 只受控制量 U_{sn} 的控制，转速 n 对控制量 U_{sn} 没有反控制作用。

2）系统对干扰产生的误差不能自动修正。

3）系统为了保证一定的控制精度，必须采用高精度元器件。

4）系统不存在稳定问题。这种控制量决定被控量，被控量对控制量没有影响的调速系统称为开环调速系统。系统给定一个输入电压 U_{sn}，电动机就对应输出一个转速 n，输入量不受输出量的影响，不能根据实际的输出量来修正误差。由于输出量易受干扰而变化，所以控制精度不高。

2. 闭环控制系统

在实际应用中，往往要求电动机恒速运转，无论负载如何变化，电动机的转速都要保持不变或变化很小，开环控制系统无法满足这种要求。如果用输出信号的变化来影响输入信号，即将输出信号的部分或全部反馈到输入端，用输出量的变化随时修正输入量，就可以大大提高系统的控制精度。这种具有反馈控制的调速系统称为闭环控制系统。闭环控制系统的工作原理如图 6-2 所示。

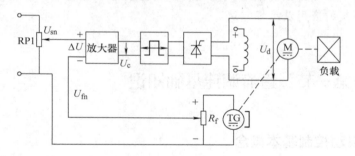

图 6-2　闭环控制系统的工作原理

图中，系统的给定信号电压 U_{sn} 由电位器 RP1 来调节，用测速发电机 TG 作为转速检测元件。测速发电机的电枢电压与转速成正比，将测速发电机电枢电压的一部分 U_{fn} 反馈到系统的输入端，与给定电压 U_{sn} 进行比较，用差值 $\Delta U = U_{sn} - U_{fn}$ 来控制放大器，最终控制电动机的转速，并将转速的变化限制在很小范围内。这种控制系统有以下特点：

1）具有较强的抗干扰能力，控制精度高。

2）闭环调速系统有反馈网络，结构复杂，成本较高。

3）系统存在稳定问题，闭环控制系统可能会出现工作不稳定现象。在系统进行调节时，可能会出现超调现象，使系统发生振荡，无法工作。解决系统不稳定的办法是在系统中加入稳定环节。

二、转速负反馈直流调速系统

1. 转速负反馈有静差调速系统

图 6-3 所示为采用 P 调节器组成的转速负反馈有静差调速系统。

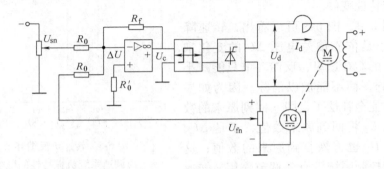

图 6-3　转速负反馈有静差调速系统

当电动机的转速 n 由于某种原因（例如机械负载转矩 T_L 的增加）而下降时，系统将同时存在两个调节过程：一个是电动机内部的自动调节过程；另一个是由转速负反馈环节作用而使控制电路产生相应变化的自动调节过程。这两个调节过程如图 6-4 所示。

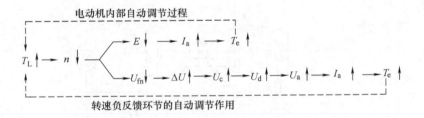

图 6-4　具有转速负反馈的直流调速系统自动调节过程

由上述调节过程可以看出，电动机内部的调节主要是通过电动机的反电动势 E 下降，使电枢电流 I_a 增加；而转速反馈环节，则主要是通过转速负反馈电压 U_{fn} 下降，使偏差电压 ΔU 增加，触发延迟角 α 减小，整流输出电压 U_d 上升，电枢电流 I_a 增加，电动机的电磁转矩 T_e 增加，以适应机械负载转矩 T_L 的增加。这两个调节过程将一直进行到 $T_e = T_L$ 时为止。

转速负反馈环节对调速系统机械特性的影响如图 6-5 所示。

由图可知，当负载转矩由 T_1 增加到 T_3 时，若无转速负反馈环节，只依靠电动机自身调节作用，转速将由 n_a 下降到 n_d（设此时整流输出电压平均值为

U_{d1})。由于设置了转速负反馈环节后，晶闸管整流装置输出电压的平均值由 U_{d2} 增加到 U_{d3}。机械负载增加后的电动机的转速，便由 n_d 上升至 n_c。转速降 Δn 明显减小，机械特性变硬。

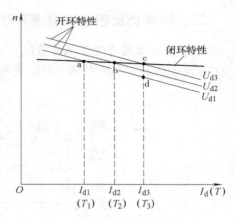

由图 6-4、图 6-5 可以看出，转速降 Δn 的减小是依靠偏差电压 ΔU 的变化来进行调节的。在这里，反馈环节只能减小转速降 Δn，而不能加以消除。因为如果转速降被完全补偿了，即 n 回到原来的数值，那么 U_{fn} 将回到原来数值，于是 ΔU、U_c、U_d、U_a 也将恢复到原来的数值；这就意味着控制系统没有起调节作用，转速

图 6-5 转速负反馈环节对调速系统机械特性的影响

自然也不会回升，这种系统是以存在转速降为前提的。反馈环节只是检测并减小转速降，而不能消除转速降，因此它是有静差调速系统。

2. 转速负反馈无静差调速系统

有静差调速系统的自动调节作用只能尽量减少系统的静差，不能完全消除静差。要实现无静差调速，则需要在控制电路中设置积分环节，图 6-6 是采用了 PI 调节器的无静差调速系统。

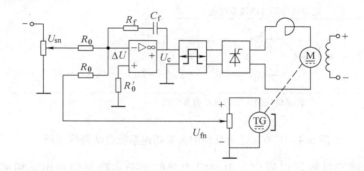

图 6-6 采用了 PI 调节器的无静差调速系统

该系统的特点是：采用了比例-积分调节器，简称 PI 调节器，如图 6-7 所示。若控制系统受到外界干扰，通过 PI 调节器的调节作用使电动机的转速达到静态无差，从而实现无静差调速。

在无静差调速系统中，PI 调节器的比例部分响应比较快，积分部分使系统消除静差。

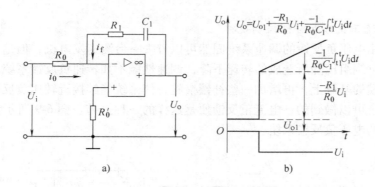

$$U_o = U_{o1} + \frac{-R_1}{R_0}U_i + \frac{-1}{R_0C_1}\int_{t1}^{t}U_i dt$$

图 6-7　比例-积分调节器电路及其输出特性
a）比例-积分调节器电路　b）输出特性

三、电压负反馈加电流正反馈直流调速系统

1. 电压负反馈调速系统

若忽略电枢绕组压降，则直流电动机的转速近似与电枢绕组两端的电压成正比，所以电压负反馈基本上能够代替转速负反馈的作用。采用电压负反馈的调速系统，其工作原理如图 6-8 所示。在这里，作为反馈检测元件的只是一个起分压作用的电位器，结构要比测速发电机简单得多。

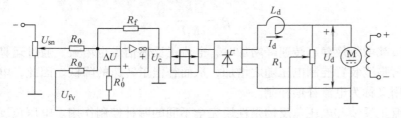

图 6-8　电压负反馈调速系统的工作原理

电压负反馈把被反馈环包围的整流装置的内阻等引起的静态转速降减小到原来的 $1/(1+K)$（K 为控制系统各环节放大系数或增益），由电枢电阻引起的转速降 R_aI_d/C_e 仍和开环控制系统一样。这一点反映在结构图上也是很明显的。因为电压负反馈系统实际上只是一个自动调压系统，扰动量 R_aI_d 不在反馈环包围之内，电压负反馈对由它引起的转速降不能调节。同样，对于电动机励磁电流变化所造成的扰动，电压负反馈也无法抑制。因此，电压负反馈调速系统的静态转速降比转速负反馈系统要大一些，稳定性能要差一些。在实际系统中，为了尽可能减小静态转速降，电压负反馈的两根引出线应该尽量靠近电动机电枢绕组的

两端。

2. 电流正反馈和补偿控制规律

仅采用电压负反馈的调速系统固然可以省去一台测速发电机，但是由于它不能弥补电枢绕组压降所造成的转速下降，调速性能不如转速负反馈系统。如果在电压负反馈的基础上，再增加一些补偿措施，使系统能够接近转速负反馈系统的性能是完全可以做到的，电流正反馈便是这样的一种措施。图 6-9 所示为附加电流正反馈的电压负反馈系统。

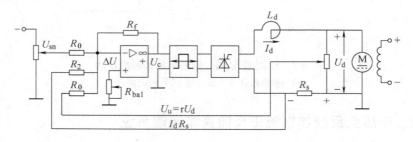

图 6-9 附加电流正反馈的电压负反馈系统

图中，在主电路中串入取样电阻 R_s，由 $I_d R_s$ 取电流正反馈信号。在运算放大器的输入端，转速给定电路和电压负反馈电路的输入电阻都是 R_0，电流正反馈电路的输入电阻是 R_2，可获得适当的电流反馈系数 β 为

$$\beta = \frac{R_0}{R_2 R_s} \tag{6-1}$$

当负载增大使静态转速降增加时，电流正反馈信号也增大，通过运算放大器使晶闸管整流装置控制电压随之增加，从而补偿了转速的降低。因此，电流正反馈的作用又称为电流补偿控制。

电流正反馈和电压负反馈是性质完全不同的两种控制作用。电压负反馈属于被调量的负反馈，在采用比例调节器时总是有静差的。若放大系数 K 值越大，则静差越小，但总是"有"静差。而电流正反馈在调速系统中的作用不是这样的。从静特性方程式上看，它不是用 $1 + K$ 去除 Δn 项以减小静差，而是用一个正项去抵消原系统中负的转速降。从这个特点上看，电流反馈不属于"反馈控制"，而称作"补偿控制"。由于电流的大小反映了负载扰动，又叫做扰动量的补偿控制。

反馈控制只能使静差尽量减小，补偿控制却能把静差完全消除，这似乎是补偿控制的优点。但是，反馈控制无论环境怎么变化都能可靠地减小静差，而补偿控制则完全依赖于参数的配合。当参数受温度等因素的影响而发生变化时，全补偿的条件就不可能永远保持不变了。反馈控制对一切包在负反馈环路的前向通道上的扰动都能起到抑制作用，而补偿控制只是针对一种扰动而言的。电流正反馈只能补偿负载扰动，对电网电压波动，它所起的反而是坏作用。

四、自动调速系统的限流保护——电流截止负反馈

直流他励电动机起动时，应先保证有励磁后再给电枢绕组施加电压，其电枢电流为 $(U_d - E)/R_\Sigma$，由于起动时 $n = 0$，则 $E = 0$，那么起动电流为 $I_q = U_d/R_\Sigma$，在全电压起动时，因为电枢电阻 R_Σ 很小，就会产生过大的电流冲击。为了避免起动时的电流冲击，在电压不可调的场合可用电枢绕组串联起动变阻器的办法，在电压可调的场合则采用减压起动法。

为了解决单环调速系统的"起动"和"堵转"时电流过大的问题，系统中必须有限制电枢电流过大的环节。根据反馈控制原理，要维持哪一个物理量基本不变，就应该引入哪个物理量的负反馈，系统中应引入电流负反馈，那么电流就不会过大。但是单闭环调速系统中如果始终存在电流负反馈，将会使静特性变软，影响调速精度，在一般要求的调速系统这是不可行的。如果能做到使用电流反馈在正常运行时不起作用，而在过电流情况下起强烈作用，这样的反馈就叫做电流截止负反馈。

1. 电流截止负反馈

电流信号可以取自串入电动机电枢回路的小电阻 R_c，R_c 上的电压大小就反映了电枢电流 I_d 的大小。

图 6-10 所示为电流负反馈截止环节，图 6-10a 中的比较电压由独立的直流电源提供，此比较电压 U_{bf} 大小可调，当 U_{bf} 较大时，相应的截止电流 I_{df} 也较大；当 U_{bf} 较小时，相应的截止电流 I_{df} 也较小。在 R_c 与比较电压之间串有一个二极管，当 $I_d R_c > U_{bf}$ 时，二极管导通，电流负反馈信号电压 U_{fi} 可以加到调节器输入

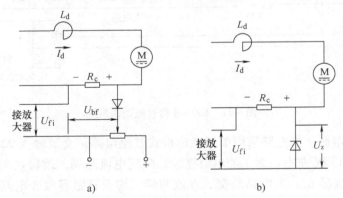

a)　　　　　　　　　　　　b)

图 6-10　电流负反馈截止环节

a）利用独立直流电源作比较电压　b）利用稳压二极管稳定电压作比较电压

端；当 $I_dR_c < U_{bf}$ 时，二极管截止，反向电流被二极管堵塞，电流负反馈信号 U_{fi} 消失。

图 6-10b 中的比较电压就是稳压二极管的击穿电压 U_z，此电压不可调，因此，对每一个稳压二极管只有一个相应的 I_{df}，当 $I_dR_c > U_z$ 时，有 U_{fi} 加到调节器输入端，而当 $I_dR_c < U_z$ 时，就不存在 U_{fi}。

2. 有静差直流调速系统实例分析

图 6-11 所示为 KZD-Ⅱ小功率直流调速系统，其结构框图如图 6-12 所示。该系统具有电压负反馈、电流正反馈和电流截止负反馈等三个环节。此系统适用范围：4kW 以下直流电动机，交流电源 220V，调速范围 $D \leqslant 10:1$，静差率 $s \leqslant 10\%$。

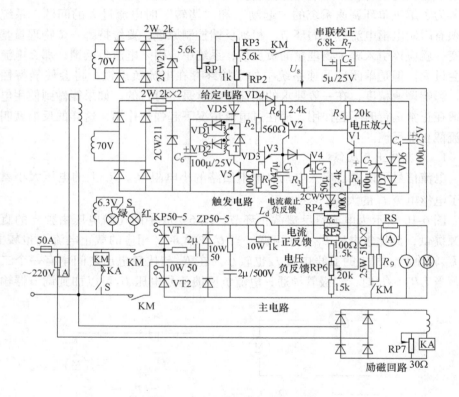

图 6-11　KZD-Ⅱ型直流调速系统

（1）主电路　主电路采用单相半控桥式整流电路。交流输入 220V，最大整流输出电压 180V 左右。为了使电流连续，限制电流脉动，改善换向条件，电路接入平波电抗器 L_d。主电路的交、直流两侧，均设有阻容吸收电路，以吸收浪涌电压。

电路采用了能耗制动，R_9 为能耗制动电阻，RS 为电流表分流器。

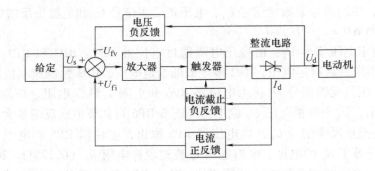

图 6-12　KZD-Ⅱ型直流调速系统结构框图

电动机励磁电压由单独的整流电路供电，为防止失磁引起"飞车"事故，在励磁回路中，串入欠电流继电器 KA，其常开触头串接在主电路接触器 KM 的控制电路中。当 KA 正常工作时，常开触头闭合，主电路接触器才能吸合。如励磁不足或失磁，继电器 KA 欠电流，无法吸合，常开触头断开，接触器 KM 失电，主触头断开，切断主电源。欠电流继电器的动作电流，可通过调整电位器 RP7 进行调整。

（2）触发电路　触发电路采用由单结晶体管组成的张弛振荡电路。V3 为单结晶体管，电阻 R_1 为输出电阻，电阻 R_2 为温度补偿电阻。晶体管 V2 用于控制电容 C_1 的充电电流，V5 为功放管，T 为脉冲输出变压器。VD5 为隔离二极管，能使电容 C_6 两端电压保持在整流电压的峰值，在 V5 突然导通时，C_6 放电，可增加触发脉冲的宽度和前沿陡度。VD5 的另一个作用是阻挡 C_6 上的电压对单结晶体管同步电压的影响。

当晶体管 V2 的基极电位降低时，V2 基极电流增加，集电极电流随之增加，于是电容 C_1 电压上升加快。使 V3 加快导通，触发脉冲前移，晶闸管整流输出电压增大。

（3）放大电路　由晶体管 V1 和电阻 R_4、R_5 组成放大电路。在放大器的输入端，综合给定信号和反馈信号。二极管 VD6 为正向输入限幅器，VD7 为反向输入限幅器。二极管 VD4 用来隔离电容 C_4 对同步电压的影响。

（4）控制电路

1）控制信号：控制信号的工作原理如图 6-13 所示。由图 6-11 和图

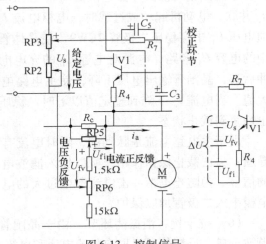

图 6-13　控制信号

6-13 可知，控制信号是给定信号 U_s、电压负反馈信号 U_{fv} 和电流正反馈信号 U_{fi} 的比较值，即 $\Delta U = U_s - U_{fv} + U_{fi}$。

2）给定电压信号 U_s：由稳压电源通过电位器 RP1、RP2 和 RP3 供给。其中，RP1 整定最高给定电压，RP2 整定最低给定电压，RP3 为调速电位器。

3）电压负反馈信号 U_{fv}：由电位器 RP6 和上限 1.5kΩ 电阻、下限 15kΩ 电阻分压取出，U_{fv} 与电枢电压 U_d 成正比，调节 RP6 可调节电压反馈量大小。

4）电流正反馈信号 U_{fi}：由电位器 RP5 取出，电位器 RP5 和电阻 R_c 并联，RP5 的电压等于 R_c 的电压。电枢电流 I_d 流过取样电阻 R_c（0.125Ω、20W），产生电压降，电压的大小和电流 I_d 成正比，所以 RP5 的电压 U_{fi} 也与 I_d 成正比，调节 RP5 即可调节电流反馈量的大小。

（5）电流截止保护电路 电流截止保护电路由电位器 RP4、稳压二极管 2CW9 和晶体管 V4 组成，如图 6-14 所示。

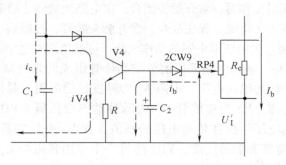

图 6-14 电流截止保护电路

电流截止反馈信号由电位器 RP4 分压取出，RP4 与 RP5 一样，与取样电阻 R_c 并联。电动机起动或过载时，电枢电流 I_d 超过截止值（通过 RP4 整定），反馈电压 U_1' 击穿稳压二极管 2CW9，使晶体管 V4 导通。V4 导通后，将触发电路中的电容 C_1 旁路，电源对电容 C_1 的充电电流 i_c 减小，充电时间延长，触发脉冲后移，晶闸管输出电压下降，使主电路电流下降，限定了主电路电流 I_d 的最大值。当电流 I_d 下降到整定值以下时，稳压二极管 2CW9 又恢复阻断状态，V4 也恢复到截止状态。

由于主电路电流是脉动的，瞬时电流有时很小，甚至为零。此时，V4 不能导通，失去截止保护作用，所以加入滤波电容 C_2，使负反馈信号成为比较平稳的信号。为防止电枢冲击电流产生过大的电压，将 V4 的集电结击穿，在 V4 集电极串入二极管加以保护。

（6）抗干扰、消振荡环节 由于晶闸管整流电压和电流中含有较多的高次谐波分量，反馈信号又取自整流电压和电流。因此，放大器输入端的偏差电压中也含有较多的谐波分量，会影响系统的稳定，使系统出现振荡现象。所以在放大器 V1 的输入端串接一个由电阻 R_7 与电容 C_3 组成的滤波电路，使高次谐波经电容 C_3 旁路。但电容 C_3 的串入，影响了系统动态过程的快速性，所以在 R_7 上再并联一个微分电容 C_5。这样就兼顾了稳定性与快速性两个方面的要求。

（7）系统的自动调节过程　当机械负载转矩 T_L 增加，转速 n 降低时，系统的自动调节过程如图 6-15 所示。

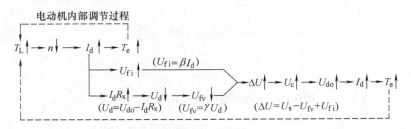

图 6-15　电压负反馈环节和电流正反馈环节对系统的补偿作用

在系统中，当负载转矩 T_L 增加时，除电动机自身调节外，主要依靠电压负反馈环节和电流正反馈环节进行补偿。由图 6-15 可知，当负载转矩 T_L 增加，转速 n 降低时，由于电流 I_d 的增加，一方面电流正反馈信号 U_{fi} 增加，使偏差电压 ΔU 增加。另一方面，输出电压平均值 U_d 下降，电压反馈信号 U_{fv} 下降，也使偏差电压 ΔU 增加。偏差电压 ΔU 增加后，通过放大，使整流装置的输出电压 U_{do} 上升，并使电流 I_d 和电磁转矩 T_e 增加，以补偿负载转矩 T_L 的增加。

由反馈环节和反馈的量来看，具有电压负反馈环节的系统，实质上是一个恒压系统，而电流正反馈实质上是一种负载扰动量的前馈补偿。转速降的补偿是依靠偏差电压 ΔU 的变化来进行调节的，因此是有静差调速。

五、转速和电流双闭环调速系统

1. 双闭环调速系统分析

转速和电流双闭环调速系统，简称双闭环调速系统，图 6-16 所示为双闭环直流调速系统的工作原理。图 6-17 所示为双闭环直流调速系统结构框图。

该系统有两个反馈回路，均组成闭环回路：其中一个是由电流调节器 ACR 和电流检测反馈环节组成的电流环；另一个是速度调节器 ASR 和转速检测反馈环节组成的速度环。速度调节器 ASR 的输出作为电流调节器 ACR 的给定输入，电流调节器 ACR 的输出作为晶闸管触发器的控制电压 U_c。电流环在速度环的里面，是内环；速度环是外环。

该系统工作时，电动机首先要加上额定励磁，改变给定电压 U_{sn} 可以方便地调节电动机的转速。ASR、ACR 均设有限幅电路，速度调节器 ASR 的输出电压

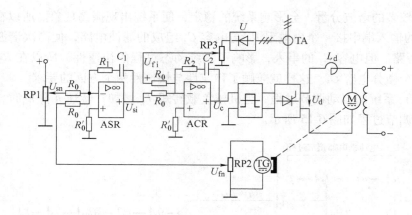

图 6-16　双闭环直流调速系统的工作原理

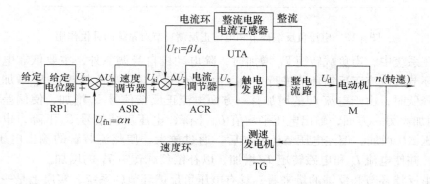

图 6-17　双闭环直流调速系统结构框图

是 U_{si}，限幅电压是 U_{sim}，它决定了电流调节器给定电压的最大值。电流调节器 ACR 的输出电压是 U_c，限幅电压是 U_{cm}，它限制了晶闸管整流器输出电压的最大值。当突然加上大信号 U_{sn} 时，ASR 即饱和输出，使电动机以限定的最大起动电流加速起动，直到电动机转速达到给定转速（即 $U_{sn} = U_{fn}$）并出现超调后，ASR 退出饱和，最后处于稳定运行状态。

2. 双闭环调速系统的大、小信号起动问题

"大信号"和"小信号"应根据给定信号能否使 ASR 饱和来区分。若起动时 ASR 处于饱和状态就是大信号起动，不饱和就是小信号起动。下面分析一下 PI 调节器的一些规律：

1）由于存在积分环节，所以一旦达到了饱和状态。除非 ΔU 变为负值，否则不会自动退出饱和。

2）一旦达到了饱和状态，该调节器所在系统就进入非线性状态，失去调节能力，相当于开环。

3）当 $\Delta U = 0$，即使未达到饱和值，输出电压也必趋向一恒定值，这时系统仍保持着调节能力。

3. 双闭环调速系统有电流约束条件的理想起动过程（大信号起动）

起动过程中的矛盾在于：一方面，为了快速起动，需有较大的起动转矩，而较大的起动转矩必须依靠较大的起动电流提供；另一方面，太大的起动电流又会造成系统的过电流，即

$$I_d = (U_d - E)/R \qquad\qquad (6-2)$$

因此，一个比较理想的办法是：在整个起动过程中，把 I_d 限制在最大允许值 I_{dm}，使之既不超越，也不减小，实行"恒流调节"，不超越是为了不过电流，不减小是为了始终保持起动迅速，起动过程见表6-1。

表6-1　双环调速系统在大信号作用下的起动过程

阶段	性质	原　　因	状　　态
I	电流上升	起动时，因电动机存在惯性，转速 n 从零开始逐渐增加，U_{fn} 也只能从零逐渐加大，因而 $\Delta U = U_{sn} - U_{fn}$ 一直保持较大数值，使速度调节器 ASR 的输出很快达到 U_{sim} 而且始终保持 U_{sim}。利用电流环的追随作用，I_d 很快达到最大值 I_{dm}	ASR 迅速达到饱和值，但因 $T_L < T_M$，所以 U_{fi} 的上升比 U_{fn} 快，ΔU_i 较快衰减。这就使电流调节器 ACR 的输出的 U_c 不致于饱和，以保证电流环的调节作用
II	恒流升速	只要 U_{fn} 尚未大于 U_{sn}，则 ASR 的输出 U_{si} 始终等于 U_{sim}，电流环的调节作用保证了 $I_d = I_{dm}$，因而加速度恒定在最大允许值上。调整过程中，由于电动势 E 随 n 而增大，因 $I_d = (U_d - E)/R$，I_d 就可能产生减小的趋势，因而电流环必须通过 U_c 的增加，导致 U_d 增大以进行补偿	ASR 仍保持饱和状态，ACR 则保持线性工作状态，U_c 及 U_d 均留有余量以保证调整需要
III	转速调节	由于转速超过调节器可调整的范围 $U_{fn} > U_{sn}$，$\Delta U < 0$ 使 ASR 退出饱和，U_{si} 自 U_{sim} 减小，I_d 逐步自 I_{dm} 减小，在 $I_d < I_{fz}$ 之后，电动机开始减速，最后经过数次振荡达到 $n = n_{ed}$	ASR 退出饱和，速度环开始进行调节，使 n 进入追随 U_{sn} 的调节状态；ACR 亦保持在不饱和状态，使 I_d 很迅速地跟随 U_{si}

4. 双闭环调速系统在扰动作用下的恢复过程

（1）在电源电压波动情况下双闭环调速系统的调节作用　在单闭环调速系统中，如果电源电压发生了波动，其结果必将引起速度变化，然后通过速度负反馈调节系统将速度调整到原来的水平。这个过程是：电源波动—负反馈—速度恢复。在这个动态变化过程中，速度的变化和恢复是互为因果的。

双闭环调速系统中，电网电压的波动 ΔU_d 施加的位置在电流闭环之内，所以首先引起的是 I_d 的改变，通过电流负反馈作用，以晶闸管变流器输出电压 U_d 的变化来加以补偿。由于 $T_L < T_M$，整个调节过程将会在较短的时间内完成，甚至可以在 n 尚未发生显著变化前就成功地抑制了 ΔU_d 的影响，这就是电流内环的作用效果。

（2）突加负载扰动之下双闭环调速系统的动态过程　突加阶跃条件负载波动，其转速恢复过程见表6-2。

表6-2　双环调速系统负载扰动下转速恢复过程

阶段	性质	原　因	状　态
I	转速下跌	由于 $T_{fz2} > T_{fz1}$，打破了原来 $T_{fz2} = T_{fz1}$ 的平衡状态，造成 $T_{fz} > T_d$ 和负加速，于是 $n < n_{gd}$，I_d 尚未上升时，降速现象继续存在	由于 n 下降导致 U_{fn} 减小，$\Delta U_n = u_{sn} - U_{fn}$ 因之增加，于是 ASR 的输出 U_{si} 也随之增加，ASR 工作于线性工作状态，但它的调节工作后于电流环。此时电流调节环是工作于追随状态
II	转速回升	由于 ASR 具有积分性质，只要 $U_{fn} < U_{gd}$，$\Delta U_n > 0$，ASR 继续积分，U_{si} 继续增加，U_c 随之增加，I_d 有超越 I_{fz2} 后继续增加的趋势，于是出现了 $I_d > I_{fz2}$，$dn/dt > 0$ 的局面	使 U_c 随 U_{si} 增加，I_d 逐步上升，ASR 出于线性状态
III	转速调节	虽然 U_{si} =峰值，不再增加，但 $I_d > I_{fz2}$，转速继续提升，出现 $n > n_{gn}$，$U_{fn} > u_{sn}$，$\Delta U_n < 0$；ASR 负向积分使 U_{si} 自峰值下降，U_c 也随之减小，电流环追随作用使 I_d 随之减小，直到最后达到新的平衡状态	ASR 在负向积分、正向积分之间摆动，但始终处在线性工作范围内。电流环的输入 U_{si} 也有增有减，电流环一直追随工作，使 U_c 也起伏波动，所以该阶段中两个闭环都在调节过程中

双闭环调速系统起动过程中的电流和转速波形是接近理想快速起动过程波形的。按照转速调节器在起动过程中是否处于饱和状态，可将起动过程分为三个阶段，即电流上升阶段、恒流升速阶段和转速调节阶段。

从起动时间上看，第 II 阶段恒流升速是主要阶段，因此双闭环调速系统基本上实现了在电流受限制下的快速起动，利用了饱和非线性控制方法，达到"准时间最优控制"。带 PI 调节器的双闭环调速系统还有一个特点，就是起动过程中转速一定有超调。

在双闭环调速系统中，转速调节器的作用是对转速的抗扰调节并使之在稳态时无静差，其输出限幅值决定允许的最大电流。电流调节器的作用是电流跟随、过电流自动保护和及时抑制电压扰动。

六、脉宽调制调速技术

1. 直流脉宽（PWM）调制原理

如图 6-18 所示，利用大功率晶体管（等效开关 S）按一个固定的频率来接通和断开电源，并根据需要改变一个周期内"接通"与"断开"时间的长短，即改变电压的"占空比"，来改变平均电压的大小，从而控制电动机的转速。

电动机两端得到的电压波形如图 6-19 所示。

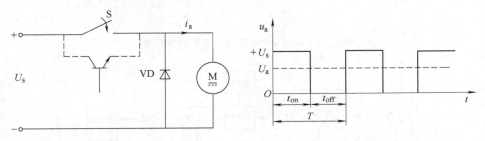

图 6-18　PWM 控制原理　　　　　　图 6-19　PWM 控制电压波形

电压平均值 U_a 可用式（6-3）表示为

$$U_a = \frac{t_{on} U_s}{T} = \alpha U_s \tag{6-3}$$

式中　t_{on}——开关每次接通的时间；

　　　T——开关通断的工作周期（即开关接通时间 t_{on} 和关断时间 t_{off} 之和）；

　　　α——占空比，$\alpha = t_{on}/T$。

由式（6-3）可知，如果开关周期 T 恒定，通过改变每次开关接通的时间 t_{on}，即改变导通脉冲宽度，来改变占空比的方式，就是脉冲宽度调制，即 PWM 调制。直流脉宽调制电路从结构上可分为两大部分，从主电源将能量传递给电动机的电路称为功率转换电路；其余电路称为控制电路。图 6-20 所示为桥式 PWM 驱动装置的控制原理。

单相或三相交流电源经整流后，可得到控制直流电动机所需要的直流电压 U_s，该电压加到由 4 个大功率晶体管组成的桥式功率转换电路上，大功率晶体管 V1、V4 和 V2、V3 由控制电路提供相位差为 180° 的矩形波基极励磁电压，使 V1、V4 和 V2、V3 交替导通，电动机电枢绕组两端得到不同的控制电压，而输出不同的转速。

2. 双闭环可逆直流脉宽调制调速系统的工作原理

实际应用中，许多被控对象要求电动机既能正转，又能反转，即实现可逆运行。双闭环可逆直流脉宽调制调速系统的工作原理如图 6-21 所示。

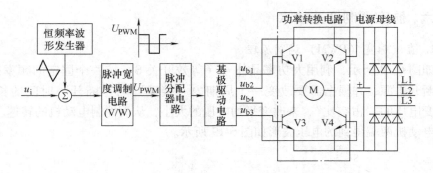

图 6-20　桥式 PWM 驱动装置的控制原理

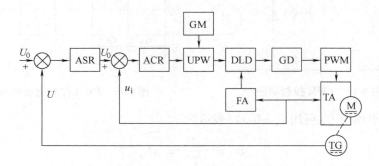

图 6-21　双闭环可逆直流脉宽调制调速系统的工作原理

该系统由以下几部分组成：速度调节器 ASR、电流调节器 ACR、脉宽调制器 UPW、调制波发生器 GM、逻辑延时环节 DLD、功率驱动器 GD、PWM 功率转换电路、瞬时动作的限流保护器 FA。

（1）脉宽调制器 UPW　脉宽调制器是一个电压—脉冲变换装置，由电流调节器 ACR（速度调节器 ASR、电流调节器 ACR 的调节方式和晶闸管直流调速系统的调节器相同）输出的控制电压 U_c 进行控制，为 PWM 装置提供脉冲信号，其脉冲宽度与 U_c 成正比。常用的脉宽调制器有以下几种：

1）用锯齿波作调制信号的脉宽调制器。

2）用三角波作调制信号的脉宽调制器。

3）用多谐振荡器和单稳态触发器组成的脉宽调制器。

4）数字式脉宽调制器。

下面以锯齿波脉宽调制器为例来说明脉宽调制原理。

脉宽调制器本身是一个由运算放大器和几个输入信号组成的电压比较器，如图 6-22 所示。

锯齿波电压 U_D 和控制电压 u_i 进行比较，同时比较的还有偏移电压 U_0。当

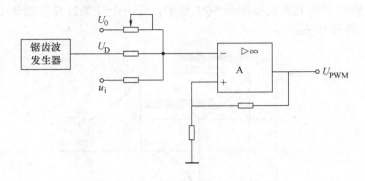

图 6-22 锯齿波脉宽调制器

控制电压 $u_i = 0$ 时，通过调节偏移电压 U_0 使比较器的输出电压 U_{PWM} 为宽度相等的正负方波，如图 6-23a 所示。

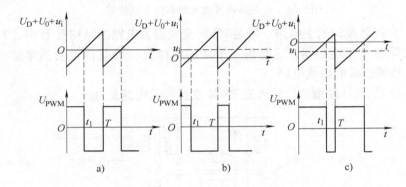

图 6-23 锯齿波脉宽调制器波形

a) $u_i = 0$ b) $u_i > 0$ c) $u_i < 0$

电压比较器是由正反馈运算放大器 A 构成的。采用正反馈是为了提高输出脉冲前后沿的陡度。在控制电压 $u_i > 0$ 时，锯齿波过零的时间提前了，结果使输出正向方波的时间变短，负向方波的时间变长，如图 6-23b 所示。在控制电压 $u_i < 0$ 时，锯齿波过零的时间向后移动，结果使输出正向方波的时间变长，负向方波的时间变短，如图 6-23c 所示。

（2）基极驱动器　脉宽调制器输出的脉冲信号经过信号分配和逻辑延迟后，送给基极驱动器做功率放大，以驱动主电路的功率晶体管，每个晶体管应有独立的基极驱动器。为了保证晶体管在开通时能迅速饱和导通，关断时能迅速关断截止，对驱动器有以下要求：

1）由于各驱动器是独立的，但控制电路共用，因此必须使控制电路与驱动电路互相隔离，一般采用光电隔离。

2)正确的驱动电流波形如图 6-24 所示,每一个开关过程包括 3 个阶段,即开通、饱和导通和关断。

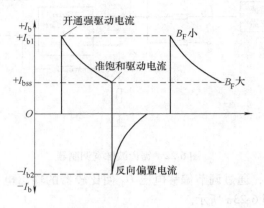

图 6-24   开关晶体管要求的基极电流波形

(3)直流脉宽调速主电路   可逆 PWM 变换器主电路的结构有 H 形、T 形等类,一般常用 H 形变换器,它是由 4 个功率晶体管(或其他电力晶体管)和 4 个续流二极管组成的桥式电路。

图 6-25 所示为 H 型双极式可逆 PWM 变换器的电路原理。

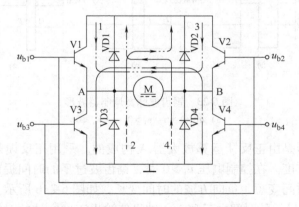

图 6-25   H 型双极式可逆 PWM 变换器的电路原理

将 4 个功率晶体管的基极驱动电压分为两组:V1 和 V4 同时导通和关断,驱动电压为 $u_{b1} = u_{b4}$;V2 和 V3 同时导通和同时关断,驱动电压 $u_{b2} = u_{b3} = -u_{b1}$。双极式工作时输出电压、电流波形如图 6-26 所示。

在一个开关周期内,当 $0 \le t < t_1$ 时,u_{b1} 和 u_{b4} 为正,功率晶体管 V1 和 V4 导通;u_{b2} 和 u_{b3} 为负,V2 和 V3 截止。当电动机电枢绕组两端的电压 U_a 大于电枢反电动势 E_g 时,电枢电流 i_a 沿回路"1"(经 V1、V4)从 A 流向 B,电动机工

作在电动状态。

在 $t_1 \leqslant t < T$ 时，u_{b1} 和 u_{b4} 变负，V1 和 V4 截止；u_{b2} 和 u_{b3} 变正，在电枢电感 L_a 的作用下，电枢电流 i_a 沿回路 "2"（经 VD3、VD2）继续维持原电流方向，电动机工作在电动状态。受二极管 VD3、VD2 正向导通电压降的限制，晶体管 V2、V3 不能导通。若 $t = t_2$ 时刻正向电流 i_a 衰减到零，则在 $t_2 < t < T$ 期间，晶体管 V2、V3 在电源 U_s 和反电动势 E_g 的作用下导通，电枢电流 i_a 反向流通，i_a 沿回路 "3"（经 V2、V3）从 B 流向 A，电动机工作在反接制动状态。

在 $T < t \leqslant t_3$ 期间，晶体管基极电压改变极性，V2 和 V3 截止，电枢电感 L_a 维持电流 i_a 沿回路 "4"（经 VD4、VD1）继续从 B 流向 A，电动机仍工作在制动状态。若 $t = t_3$ 时刻，反向电流（$-i_a$）衰减到零，则 $t_3 < t < t_4$ 期间，在电源电压 U_s 作用下，晶体管 V1、V4 导通，电枢电流 i_a 又沿回路 "1"（经 V1、V4）从 A 流向 B，电动机工作在电动状态。

由此可知，即使在轻载情况下，电枢电流仍然是连续的，工作状态呈电动和制动交替出现，若电动机负载较重，或最小负载电流大于电流脉动量 Δi_a，则在工作过程中 i_a 不会改变方向，电动机始终工作在电动状态，电压、电流波形如图 6-26b 所示。

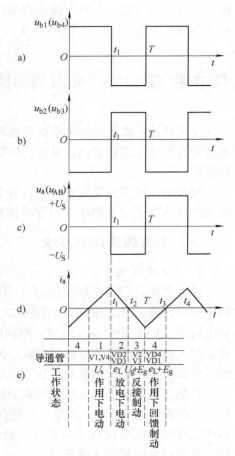

图 6-26　H 形双极式
PWM 变换器的电压、电流波形
a）u_{b1}、u_{b4} 波形　b）u_{b2}、u_{b3} 波形
c）u_a 波形　d）i_a 波形　e）工作状态

如果电动机处于高速正转状态，控制指令突然减小，电枢电压 u_a（u_{AB}）立即降低，使 $E_g > u_a$。若在 $0 \leqslant t < t_1$ 期间，由于电流不能突变，$L_a \mathrm{d}i_a/\mathrm{d}t + E_g > U_s$，电枢电流 i_a 沿回路 "4"（经 VD4、VD1）从 B 流向 A，把能量回馈给电源，电动机工作在再生制动状态。若 $t_1 \leqslant t < T$ 期间，晶体管 V2、V3 导通，电枢电流 i_a 沿回路 "3"（经 V2 和 V3）从 B 流向 A，电动机工作在反接制动状态。

双极式 PWM 变换器的优点包括：电流一定连续；能使电动机在四象限运动；电动机停止时，有微振电流，能消除静摩擦死区；低速时，每个功率晶体管的驱动脉冲仍较宽，有利于保证功率晶体管可靠导通；低速平稳性好，调速范围可达 20000 左右。

◇◇◇ 第二节　交流调速技术及应用

交流调速主要是异步电动机调速和同步电动机调速两大部分。异步电动机调速分为转差功率消耗型调速系统、转差功率回馈型调速系统和转差功率不变型调速系统。

同步电动机主要是变频调速，分为他控变频（同步电动机变频调速）和自控变频（永磁无刷直流电动机变频调速）两类。

一、交流调压调速系统

1. 交流调压调速

过去主要是利用自耦变压器（小容量时）或饱和电抗器串接在定子三相电路中进行调速，其工作原理如图 6-27 所示。图中，TU 为自耦变压器，LS 为饱和电抗器，VVC 为双向晶闸管。饱和电抗器 LS 是带有直流励磁绕组的交流电抗器，改变直流励磁电流可以控制铁心的饱和程度，从而改变交流电抗值。也就改变了电动机定子绕组两端的电压，实现降压调速的目的。

自耦变压器和饱和电抗器的共同缺点是设备庞大笨重，目前逐渐被晶闸管所取代，如图 6-27c 所示。采用三对反并联连接的晶闸管或 3 个双向晶闸管分别串接在三相交流电源线路中，通过控制晶闸管的导通角，可以调节电动机的端电压，这就是晶闸管交流调压器。

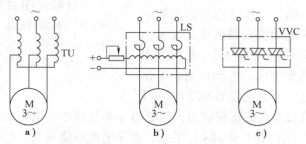

图 6-27　异步电动机变压器调速的工作原理

a）自耦变压器　b）电抗器　c）双向晶闸管

2. 闭环控制的调压调速系统

异步电动机变压调速时，若采用普通电动机，其调速范围很窄；而采用高转子电阻的力矩电动机时，虽然调速范围可以大一些，但机械特性变软，负载变化时的静差率又太大。对于开环控制的调压调速系统很难解决这个矛盾。对于恒转矩性质的负载，调速范围要求在 $D = 2$ 以上时，往往采用带转速负反馈的闭环控制系统，如图 6-28 所示。

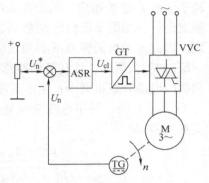

二、串级调速系统

对于绕线转子异步电动机，由于其转子绕组能通过集电环与外部电气设备相连接，所以除了可在其定子侧控制电压、频率以外，还可

图 6-28 转速负反馈闭环控制的交流变压调速系统

在其转子侧引入控制变量以实现调速，而转子侧可调节的参数无非是电流、电动势、阻抗等。一般来说，稳态时转子电流是随负荷大小而定，并不能随意调节，而转子回路阻抗的调节属于耗能调速法；所以调节转子电动势这个物理量是较好的一种方式。

1. 异步电动机转子附加电动势时的工作

异步电动机运行时其转子相电动势为

$$E_2 = sE_{20} \tag{6-4}$$

式中　s——异步电动机的转差率；

E_{20}——绕线转子异步电动机在转子不动时的相电动势，或称为开路电动势、转子额定电压。

式（6-4）说明，转子相电动势 E_{20} 与其转差率 s 成正比，同时它的频率 f_2 也与 s 成正比，$f_2 = sf_1$。当转子在正常接线时，转子的相电流方程式为

$$I_2 = \frac{sE_{20}}{\sqrt{R_2^2 + (sX_{20})^2}} \tag{6-5}$$

式中　R_2——转子绕组每相电阻；

X_{20}——$s = 1$ 时转子绕组每相漏抗。

现在设想在转子回路中引入一个可控的交流附加电动势 E_{add} 并与转子电动势 E_2 串联，E_{add} 应与 E_2 有相同的频率，但可与 E_2 同相或反向，如图 6-29 所示。因此转子电路电流方程式可写为

$$I_2 = \frac{sE_{20} \pm E_{add}}{\sqrt{R_2^2 + (sX_{20})^2}} \tag{6-6}$$

当电力拖动的负载转矩 T_L 为恒定时，可认为

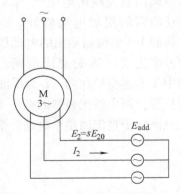

图 6-29 绕线转子异步电动机在转子附加电动势时的工作

221

转子电流 I_2 也为恒定。假设在未串联附加电动势前，电动机在原转差率 $s = s_1$ 下稳定运行；当附加反向电动势后，由于负载转矩恒定，式（6-6）的左边 I_2 恒定，因此电动机的转差率必须加大。这个过程也可描绘为由于附加反向电动势 $-E_{add}$ 的引入瞬间，使转子回路总的电动势减少了，转子电流也随之减少，使电动机的电磁转矩也减少；由于负载转矩未变，所以电动机就开始减速，直至 $s = s_2$（$s_2 > s_1$）时，转子电流又恢复到原值，电动机进入新的稳定状态工作。此时应有关系式

$$\frac{s_2 E_{20} - E_{add}}{\sqrt{R_2^2 + (s_2 X_{20})^2}} = I_2 = \frac{s_1 E_{20}}{\sqrt{R_2^2 + (s_1 X_{20})^2}} \tag{6-7}$$

同理，加入附加同向电动势 $+E_{add}$ 可使电动机转速增加。所以当绕线转子异步电动机转子侧引入一可控的附加电动势时，即可对电动机实现转速调节。

2. 附加电动势的获得与电气串级调速系统

实际系统中是把转子交流电动势整流成直流电动势，然后与一直流附加电动势进行比较，通过控制直流附加电动势的幅值，就可以实现对电动机转速的调节。显然，如果选用工作在逆变状态的晶闸管可控整流器作为生产附加直流电动势的电源，即可满足上述要求又能将能量反送给交流电源。

图 6-30 所示为一种异步电动机电气串级调速系统。图中异步电动机 M 以转差率 s 在运行，其转子电动势 sE_{20} 经三相不可控整流装置 UR 整流，输出直流电压 U_d。工作在逆变状态的三相可控整流装置 UI 除提供一可调的直流输出电压 U_i 作为调速所需的附加电动势外，还可将经 UR 整流后输出的电动机转差率逆变回馈到交流电网。图中 T 为逆变变压器，L 为平波电

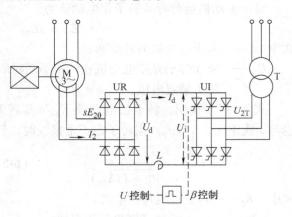

图 6-30　异步电动机电气串级调速系统

抗器。两个整流装置的电压 U_d 与 U_i 的极性以及电流 I_d 的方向如图 6-30 所示。整流转子直流回路中电动势平衡方程式为

$$U_d = U_i + I_d R$$

或

$$K_1 s E_{20} = K_2 U_{2r} \cos\beta + I_d R \tag{6-8}$$

式中　K_1、K_2——UR 与 UI 两个整流装置的电压整流系数，如果它们都采用三

相桥式连接，则 $K_1 = K_2 = 2.34$；

　　U_i——逆变器输出电压；

　　U_{2r}——逆变压器的二次相电压；

　　β——晶闸管逆变角；

　　R——转子直流电路的电阻。

式（6-8）是在未计入电动机转子绕组与逆变变压器漏抗作用影响的简化公式。当电动机拖动恒转矩负载在稳态运行时，可以近似认为 I_d 为恒值。若令 β 值增大，则逆变电压 U_i（相当于附加电动势）立即减小；但电动机转速因存在着机械特性尚未变化，所以 U_d 仍维持原值，根据式（6-8）就使转子直流回路电流 I_d 增大，相应转子电流 I_2 也增大，电动机就开始加速；在加速过程中转子整流电压随之减小，又使电流 I_d 减小，直至 U_d 与 U_i 取得新平衡，电动机进入新的稳定状态，并以较高的转速运行。同理，减小 β 值可以使电动机在较低的转速下运行。因此串级调速方法可称为转差功率回馈型的调速方法。

三、变频调速技术

1. 通用变频器的工作原理

（1）交流异步电动机变频调速原理　据电机原理可知，交流异步电动机的转速公式为

$$n = (1 - s)\frac{60f}{p} \tag{6-9}$$

式中　f——定子供电频率（Hz）；

　　p——磁极对数；

　　s——转差率；

　　n——电动机转速。

由式（6-9）可知，只要平滑地调节异步电动机的供电频率 f，就可以平滑地调节异步电动机的转速。

（2）变频调速系统的控制方式　异步电动机定子绕组每相感应电动势 E 的有效值为

$$E_1 = 4.44 k_{r1} f_1 N_1 \Phi_m \tag{6-10}$$

式中　E_1——气隙磁通在定子绕组每相中感应电动势的有效值（V）；

　　f_1——定子的频率（Hz）；

　　N_1——定子绕组每相串联匝数；

　　k_{r1}——与绕组有关的结构常数；

　　Φ_m——每极气隙磁通量（Wb）。

由式（6-10）可知，如果定子绕组每相电动势的有效值 E_1 不变，改变定子

频率时会出现下面两种情况：

第一，如果 f_1 大于电动机的额定频率 f_{1N}，气隙磁通 Φ_m 就会小于额定气隙磁通 Φ_{mN}，结果是电动机的铁心不能得到充分利用。

第二，如果 f_1 小于电动机的额定频率 f_{1N}，气隙磁通 Φ_M 就会大于额定气隙磁通 Φ_{mN}，结果是电动机的铁心产生过饱和，从而导致过大的励磁电流，使电动机功率因数、效率下降，严重时会因绕组过热烧坏电动机。

要实现变频调速，在不损坏电动机的情况下，充分利用电动机铁心，应保持每极气隙磁通 Φ_m 不变。

1）基频以下调速：由 $E_1 = 4.44k_{r1}f_1N_1\Phi_m$ 可知，要保持 Φ_m 不变，当频率 f_1 从额定值 f_{1N} 向下调时，必须降低 E_1，使 $E_1/f_1 =$ 常数，即电动势与频率之比为恒定值。绕组中的感应电动势不容易直接控制，当电动势的值较高时，可以认为 $U_1 \approx E_1$，即 $U_1/f_1 =$ 常数，这就是恒压频比控制方式。

基频以下调速时的机械特性如图 6-31 所示。若电动机在不同转速下都具有额定电流，则电动机都能在温升允许的条件下长期运行，这时转矩基本上随磁通变化，由于在基频以下调速时磁通恒定，所以转矩恒定。根据电机拖动原理，在基频以下调速属于"恒转矩调速"。

2）基频以上调速：在基频以上调速时，频率可以从 f_{1N} 向上增加，但电压 U_1 不能超过额定电压 U_{1N}，最大为 $U_1 = U_{1N}$，由 $E_1 = 4.44k_{r1}f_1N_1\Phi_m$ 可知，这将使磁通随频率的升高而降低，相当于直流电动机弱磁升速的情况。在基频以上调速时，由于电压 $U_1 = U_{1N}$ 不变，当频率升高时，同步转速随之升高，气隙磁动势减弱，最大转矩减小，输出功率基本不变，所以，基频以上变频调速属于"弱磁恒功率"调速。基频以上调速时的机械特性如图 6-32 所示。

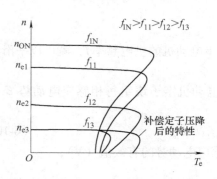

图 6-31 基频以下调速时的机械特性

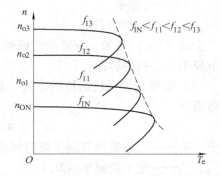

图 6-32 基频以上调速时的机械特性

通过分析可得如下结论：当 $f_1 \leqslant f_{1N}$ 时，变频装置必须在改变输出频率的同时改变输出电压的幅值，才能满足对异步电动机变频调速的基本要求。这样的装置通称变压变频（VVVF）装置，这是通用变频器工作的工作原理。

（3）SPWM 控制技术　我们希望通用变频器输出的波形是标准的正弦波，但现在的技术还不能制造大功率、输出波形为标准正弦波的可变压变频逆变器。目前容易实现的方法是：使逆变器输出端得到一系列幅值相等而宽度不等的矩形波脉冲，用这些脉冲来代替正弦波或所需要的波形，即可改变逆变电路输出电压的大小，如图 6-33 所示。

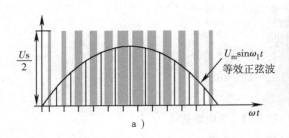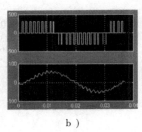

图 6-33　SPWM 波形

a）等效波形　b）仿真波形

PWM 控制技术是变频技术的核心技术之一，也是目前应用较多的一种技术。逆变器输入幅度恒定不变的直流电压，通过调节逆变器的脉冲宽度和输出交流电的频率，实现调压调频，供给负载。

2. 通用变频器的基本结构

（1）通用变频器的基本结构　变频器是把电压、频率固定的交流电变成电压、频率可调的交流电的变换器。其基本结构如图 6-34 所示。

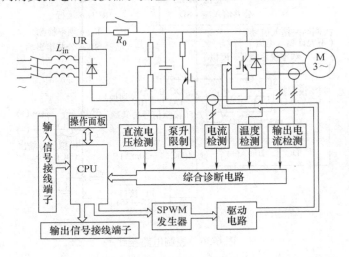

图 6-34　变频器的基本结构

1）主电路接线如图 6-35 所示，包括输入端和输出端。

① 输入端：工频电网的输入端 R、S、T，有的标志为 L1、L2、L3。

② 输出端：输出端 U、V、W，变频器接电动机的端点。

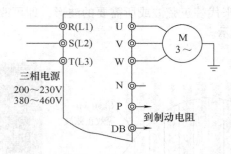

图 6-35　主电路接线

2）控制端子包括外部信号控制变频器的端子、变频器工作状态指示端子以及变频器与微机或其他变频器的通信接口，如图 6-36 所示。

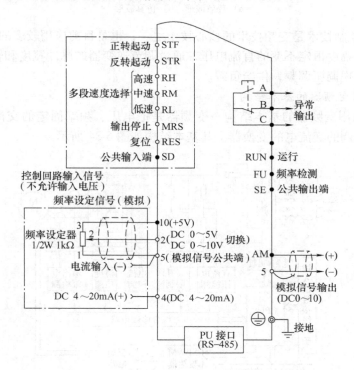

图 6-36　控制电路接线

3）操作面板包括液晶显示屏和键盘，如图 6-37 所示。

（2）变频器的主要类别

1）按照变换环节分类：

① 交-交变频器：交-交变频器把频率固定的交流电源直接变换成频率连续可调的交流电源。其主要优点是没有中间环节，变频效率高，但其连续可调的频率范围窄，一般为额定频率的 1/2 以下，主要用于容量大、低速的场合。

② 交-直-交变频器：交-直-交变频器先把频率固定的交流电变成直流电，再把直流电逆变成频率可调的三相交流电。在此类装置中，用不可控整流，则输入功率因数不变；用 PWM 逆变，则输出谐波减小。PWM 逆变器需要全控式

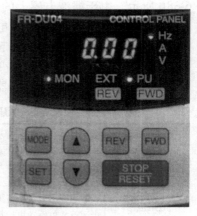

图 6-37　操作面板

半导体器件，其输出谐波减小的程度取决于 PWM 的开关频率，而开关频率则受器件开关时间的限制。采用 P—MOSFET 或 IGBT 时，开关频率可达 20kHz 以上，输出波形已经非常接近正弦波，因而又称为正弦脉宽调制（SPWM）逆变器，是目前通用变频器经常采用的一种形式。

2）按照滤波方式分类：

① 电压源型变频器：在交-直-交变频器装置中，当中间直流环节采用大电容滤波时，直流电压波形比较平直，输出交流电压是矩形波或阶梯波，这类变频装置称为电压源型变频器，如图 6-38a 所示。由于滤波电容上的电压不能发生突变，所以电压源型变频器的电压控制响应慢，适用于作为多台电动机同步运行时的供电电源，但不要求快速加减速的场合。因为其中间直流环节有大电容钳制电压，使之不能迅速反向，而电流也不能反向，所以在原装置上无法实现回馈制动。

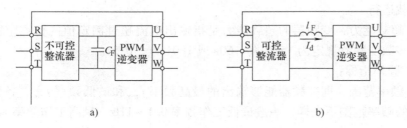

a)   b)

图 6-38　电压源型和电流源型交-直-交变频器

a）电压源型　b）电流源型

② 电流源型变频器：当交-直-交变压变频装置中的中间直流环节采用大电感滤波时，输出交流电流是矩形或阶梯波，这类变频装置叫电流源型变频器，如图

6-38b 所示。由于滤波电感上的电流不能发生突变，所以电流源型变频器对负载变化的反应迟缓，不适用于多电动机传动，适用于一台变频器给一台电动机供电的单机传动，但可以满足快速起动、制动和可逆运行的要求。如果把不可控整流器改成可控整流器，电流源型变压变频调速系统容易实现回馈制动。

电压源型和电流源型变频器项目比较见表 6-3。

表 6-3   电压源型和电流源型变频器项目比较

比 较 项 目	电压源型变频器	电流源型变频器
整流电路	不可控整流桥	可控整流桥
流滤波环节	大电容	大电感
应用范围	适用于不要求快速加减速的多台电动机同步运行或单电动机运行的场合	适用要求具有快速起动、制动和可逆运行的单电动机场合

（3）变频器的额定值和频率指标

1）输入侧的额定值：输入侧的额定值主要是电压和相数。小容量的变频器输入指标有以下几种：

① 380V/50Hz，三相，用于国内设备。

② 220V/50Hz 或 60Hz，三相，主要用于进口设备。

③ 200 ~ 230V/50Hz，单相，主要用于家用电器。

2）输出侧的额定值：

① 输出电压 U_N：由于变频器在变频的同时也要变压，所以输出电压的额定值是指输出电压中最大值。

② 输出电流 I_N：I_N 是指允许长时间输出的最大电流。

③ 输出容量 S_N（kV·A）：S_N 与 U_N 和 I_N 的关系为 $S_N = \sqrt{3} U_N I_N$。

④ 配用电动机功率 P_N（kW）：变频器规定的配用电动机功率，适用于长期连续负载运行。

⑤ 超载能力：变频器的超载能力是指输出电流超过额定值的允许范围和时间。大多数变频器规定为 $150\% I_N$、60s 或 $180\% I_N$、0.5s。

3）频率指标：

① 频率范围：即变频器能够输出的最高频率 f_{max} 和最低频率 f_{min}。各种变频器规定的频率范围不一样，一般最低工作频率 0.1 ~ 1Hz，最高工作频率为 120 ~ 650Hz。

② 频率精度：指变频器输出频率的准确程度。由变频器的实际输出与设定频率之间的最大误差与最高工作频率之比的百分数来表示。

③ 频率分辨率：指输出频率的最小改变量，即每相邻两挡频率之间的最小差值。一般分模拟设定分辨率和数字设定分辨率。

3. 通用变频器的控制原理

1）普通型U/f通用变频器：普通型U/f通用变频器是转速开环控制，无速度传感器，控制电路简单，使用通用标准异步电动机，通用性强，性价比高。但是，它不能准确地调整电动机转矩补偿和适应转矩的变化。

普通型U/f通用变频器为了适应不同型号的电动机和不同的生产机械，一般采用两种方法实现转矩提升功能：一种是在存储器中存入多种U/f函数曲线图形，由用户根据需要选择，利用选定U/f曲线模式的方法，很难恰当地调整电动机的转矩，负载冲击或起动过快，有时会引起过电流而跳闸。另一种方法是根据定子电流的大小自动补偿定子电压。由于定子电流不完全与转子电流成正比，所以根据定子电流调节变频器电压的方法，并不能真实反映负载转矩。因此，定子电压也不能根据负载转矩的改变而恰当地改变电磁转矩。由于定子电阻压降随负载变化，当负载较重时可能补偿不足；而负载较轻时可能产生过补偿，磁路过饱和。这两种情况都可能引起变频器过电流跳闸。

另外，普通型U/f通用变频器无法准确地控制电动机的实际转速。因为这种变频器是转速开环控制，由异步电动机的机械特性曲线可知，设定值为定子频率是理想空载转速，而电动机的实际转速由转差率决定，所以U/f控制方式存在的稳态误差不能控制，所以无法准确地控制电动机的实际转速。

最后，转速极低时，由于转矩不足而无法克服较大的静摩擦力。

2）具有恒定磁通功能的U/f通用变频器。通用变频器驱动不同类型的异步电动机时，根据电动机的特性对压频比的值进行恰当的调整是十分困难的。一旦出现电压不足，电动机的特性与负载特性就会没有稳定运行交点，可能出现过载或跳闸。要想使电动机特性在最大转矩范围与负载特性处处都有稳定运行交点，就应当让转子磁通恒定而不随负载发生变化。普通U/f通用变频器的 SPWM 控制主要是使逆变器输出电压尽量接近正弦波，在控制上没有考虑负载电路参数对转子磁通的影响，如果采用磁通反馈控制，让异步电动机所输入的三相正弦电流在空间产生圆形旋转磁场，那么就会产生恒定的电磁转矩。这样的控制方法就称为"磁链跟踪控制"。由于磁链的轨迹是靠电压空间矢量相加得到的，所以有人把"磁链跟踪控制"称为"电压空间矢量控制"。考虑到这种功能的实现是通过控制定子电压和频率之间的关系来实现的，所以恒定电磁转矩的控制方法仍然属于U/f控制方式。

富士公司的 FRENIC5000G7/P7 系列通用变频器就是一种恒定电磁转矩控制功能的U/f控制方式。其控制电路结构框图如图 6-39 所示。

采用这种控制方式，可使电动机在极低的速度下转矩过载能力达到或超过150％；频率设定范围达到 1:30；电动机静态机械特性的硬度高于在工频电网上运行的自然机械特性的硬度。在动态性能要求不高的情况下，这种通用变频器甚

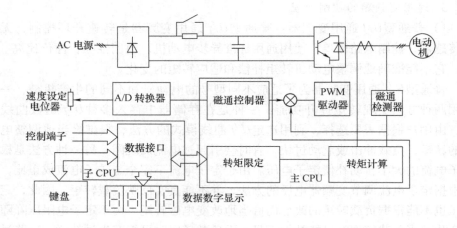

图 6-39　恒定电磁转矩控制电路结构框图

至可以替代某些闭环控制。这种具有恒定磁通功能的通用变频器，由于限流功能比较好，一般不会出现过电流跳闸现象，因此有人把这种通用变频器称为"无跳闸变频器"。

这种控制方式除需要定子电流传感器外，不再需要任何传感器，通用性强，适于各种型号的通用异步电动机。转矩限定器可以保证转矩或电流不超出允许值，避免变频器出现跳闸现象。

这种通用变频器的特点是：电动机机械特性的硬度高；低速过载能力大；可实现挖土机特性，即具有过电流抑制功能。通常这类变频器需要在 EPROM 中存入电动机的参数，以便根据电动机的功率和极数去选择这些参数。

当生产工艺提出具有较高的静态、动态性能指标要求时，可以采用转速闭环控制构成转差频率控制系统，来满足许多工业应用中的要求。但是，当生产工艺提出更高的静态、动态性能指标要求时，转差频率控制系统还是不如转速、电流双闭环直流调速系统。为了解决这个问题，需要采用矢量控制的通用变频器。

3）矢量控制的通用变频器。矢量控制方法的出现，使异步电动机变频调速后的机械特性及动态性能达到了足以和直流电动机调压时的调速性能相媲美的程度，从而使异步电动机变频调速在电动机的调速领域里处于优势地位。

交流异步电动机的转子能够旋转的原因，是因为交流电动机的定子能够产生旋转磁动势。而旋转磁动势是交流电动机三相对称的静止绕组 A、B、C，通过三相平衡的正弦电流所产生的。但是，旋转磁动势并不一定非要三相平衡，在空间位置上互相"垂直"；在时间上互差 120°电角度的两相绕组通以平衡的电流，也能产生旋转磁动势。

直流电动机转子能够产生旋转，是因为定子与转子之间磁场相互作用的结果。由于直流电机的电刷位置固定不变，尽管电枢绕组在旋转，但电枢绕组所产生的磁场与定子所产生的磁场在空间位置上永远互相"垂直"。如果以直流电动机转子为参考点，那么定子所产生的磁场就是旋转磁动势。

由此可见，以产生同样的旋转磁动势为准则，三相交流绕组与两相直流绕组可以彼此等效。设等效两相交流电流绕组分别为 α 和 β，直流励磁绕组和电枢绕组分别为 m 和 t。它们之间的关系如图6-40所示。

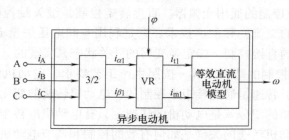

图 6-40　异步电动机的坐标变换结构

从整体上看，输入为 A、B、C 三相电压，输出为转速 ω 的一台异步电动机，从内部看，经过 3/2 变换和 VR 同步旋转变换，变成一台由 i_{m1} 和 i_{t1} 输入、ω 输出的直流电动机。其中 φ 是等效两相交流电流 α 相与直流电动机磁通轴的瞬时夹角。

既然异步电动机经过坐标变换可以等效成直流电动机，那么，模仿直流电动机的控制方法，求得直流电动机的控制量，经过相应的坐标反变换，就可以控制异步电动机。由于进行坐标变换的是电流（代表磁动势）的空间矢量，所以通过坐标变换实现的控制系统就称为矢量变换控制系统（Transvector Control System），或称矢量控制系统，所设想的结构如图 6-41 所示。

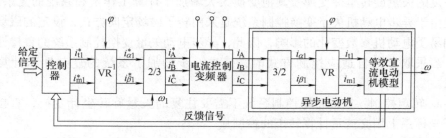

图 6-41　矢量控制系统的结构

图中给定和反馈信号经过类似于直流调速系统所用的控制器，产生励磁电流的给定信号 i_{m1}^{*} 和电枢电流的给定信号 i_{t1}^{*}，经过反旋转变换 VR^{-1} 得到 $i_{\alpha1}^{*}$ 和 $i_{\beta1}^{*}$，在经过 2/3 变换得到 i_{A}^{*}、i_{B}^{*} 和 i_{C}^{*}。把这三个电流控制信号和由控制器直接得到

的频率控制信号 ω_1 加到带电流控制器的变频器上，就可以输出异步电动机调速所需的三相变频电流，实现了用模仿直流电动机的控制方法去控制异步电动机，使异步电动机达到了直流电动机的控制效果。

一般的矢量控制系统均需速度传感器，速度传感器是整个传动系统中最不可靠的环节，安装也麻烦。许多新系列的变频器设置了"无速度反馈矢量控制"功能。对于一些在动态性能方面无严格要求的场合，速度反馈可以不用。

4）直接转矩控制的通用变频器。直接转矩控制是继矢量控制变频调速技术之后的一种新型的交流变频调速技术。它是利用空间电压矢量 PWM（SVPWM）通过磁链、转矩的直接控制、确定逆变器的开关状态来实现的。

① 直接转矩控制的基本原理：按照生产工艺要求，电动机的转速是控制和调节的最终目的。转速是通过转矩来控制的，电动机转速的变化与电动机的转矩有直接关系，转矩的积分就是电动机的转速，只有电动机的转矩影响其转速，可见控制和调节电动机转速的关键是如何有效的控制和调节电动机的转矩。

任何电动机，无论是直流电动机还是交流电动机，都由定子和转子两部分组成。定子产生定子磁势矢量 F_s，转子产生转子磁势矢量 F_r，两者合成为磁势矢量 F_Σ，产生磁链矢量 ψ_m。由电机统一理论可知，电动机的电磁转矩是由这些磁势矢量的相互作用而产生的，即等于它们中任何两个矢量的矢量积。

但是，由于这些矢量在异步电动机定子轴系统中的各个分量都是交流量，故难于进行计算和控制。

在矢量变换控制系统中是借助于矢量旋转坐标变换（定子静止坐标系→空间旋转坐标系）把交流量转化为直流控制量，然后再经过相反矢量旋转坐标变换（空间旋转坐标系→定子静止坐标系）把直流控制量变为定子轴系统中可实现的交流控制量。显然，矢量变换控制系统虽然可以获得高性能的调速特性，但是往复的矢量旋转坐标变换及其他变换大大增加了计算工作量和系统的复杂性，而且由于异步电动机矢量变换控制系统是采用转子磁场定向方式，设定的磁场定向轴易受电动机参数变化的影响，因此，异步电动矢量变换控制系统的鲁棒性较差，当采取参数自适应控制方式时，又进一步增加了系统的复杂性和计算工作量。

a. 转矩控制：直接转矩控制系统不需要往复的矢量旋转坐标变换，直接在定子坐标系上用交流量计算转矩的控制量。

转矩等于磁势矢量 F_s 和 F_Σ 的矢量积，而 F_s 正比于定子电流矢量 i_s，F_Σ 正比于磁链矢量 ψ_m，因而可知转矩与定子电流矢量 i_s 及磁链矢量 ψ_m 的模值大小和两者之间的夹角有关，并且定子电流矢量 i_s 的模值可直接检测得到，磁链矢量 ψ_m 的模值可从电动机的磁链模型中获得。在异步电动机定子坐标系中求得转矩的控制量后，根据闭环系统的构成原则，设置转矩调节器，形成转矩闭环控制系统，可获得与矢量变换控制相接近的静、动态调速性能指标。

b. 磁链控制：磁链大小与电动机的运行性能有密切关系，与电动机的电压、电流、效率、温升、转速、功率因数有关，所以从电动机合理运行角度出发，希望电动机在运行中保持磁链幅值恒定不变，这就需要对磁链进行必要的控制。同控制转矩一样，设置磁链调节器构成磁链闭环控制系统，控制磁链幅值为恒定。

目前控制磁链有两种方案：一种是让磁链矢量基本上沿圆形轨迹运动；另一种是让磁链矢量基本上沿六边形轨迹运动。

直接转矩控制系统框图如图6-42所示。

② 直接转矩控制的主要特点：

a. 直接转矩控制技术是直接在定子坐标系下分析交流电动机的数学模型、控制电动机的磁链和转矩。它

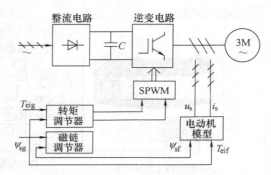

图6-42　直接转矩控制系统框图

不需要模仿直流电动机的控制，也不需要为解耦而简化交流电动机的数学模型，省掉了矢量旋转变换等复杂的变换与计算。因此，它需要的信号处理工作特别简单。

b. 直接转矩控制磁场定向所用的是定子磁链，只要知道定子电阻就可以把它观测出来。而矢量控制磁场定向所用的是转子磁链，观测转子磁链需要知道电动机转子电阻和电感。因此直接转矩控制大大减少了矢量控制技术中控制性能易受参数变化影响的问题。

c. 直接转矩控制采用空间矢量的概念来分析三相交流电动机的数学模型和控制其各物理量，使问题变得特别简单明了。

d. 直接转矩控制强调的是转矩的直接控制与效果。它包含两层意思：

首先是直接控制转矩。把转矩直接作为被控制量，直接控制转矩。因此，它并不需要极力获得理想的正弦波波形，也不用专门强调磁链的圆形轨迹。相反，从控制转矩的角度出发，它强调的是转矩直接控制效果，因而它采用离散的电压状态和六边形磁链的轨迹或近似圆形磁链轨迹的概念。

其次是对转矩的直接控制。直接转矩控制技术对转矩实行直接控制。其控制方式是，通过转矩两点式调节器把转矩检测值与转矩给定值作比较，把转矩波动限制在一定的容差范围内，容差的大小由频率调节器来控制。因此它的控制效果不取决于电动机的数学模型是否能够简化，而是取决于转矩的实际状况。也就是说，它的控制既直接又简化。

该控制系统的转矩响应迅速，限制在一拍以内，且无超调，是一种具有高静、动态性能的交流调速方法。

4. 变频器运行频率的设定

（1）给定频率的设定

1）面板给定：利用操作面板上的数字增加键（▲或△）和数字减小键（▼或▽）进行频率的数字量给定或调整。图 6-43 所示为三菱 FR—E500 系列变频器的操作面板。

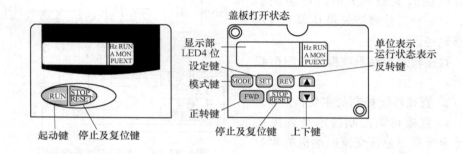

图 6-43　三菱 FR—E500 系列变频器的操作面板

2）预置给定：通过程序预置的方法预置给定频率。起动时，按运行键（RUN 或 FWD 或 REV 键），变频器即自动升速到预置的给定频率为止。

3）外接给定：从控制接线端引入外部的模拟信号，如电压、电流信号，进行频率给定。这种方法常用于远程控制。

4）通信给定：从变频器的通信接口端引入外部的通信信号，进行频率给定。这种方法常用于微机控制或远程控制。

（2）变频器的外接给定配置　所有的变频器都提供了外接给定的控制信号输入端。外接给定的控制信号分数字给定和模拟给定两大类，模拟给定又分为电压控制和电流控制两种。

1）外接电压给定信号控制端：外接给定电压信号又有两种给定方式，一种是直接输入电压信号，通常用于计算机、PLC、PID 调节器或其他控制装置；另一种是利用变频器内部提供的给定信号控制电压，由外部电位器取出电压给定信号，送入变频器的相应端子，如图 6-44 所示。

2）外接电流给定信号的控制：

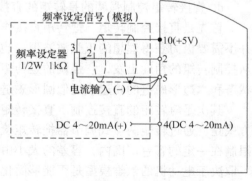

图 6-44　变频器的给定信号控制端子

当外接给定信号为电流时，将外接信号线接到外接电流给定信号端，如图 6-44 所示。一般用于远距离控制或 PID 调节器输出控制变频器，变频器对外接电流给定信号的取值范围一般为 DC 4~20mA。

3）辅助给定：有的变频器在给定信号的输入端，配置有辅助给定信号的输入端，辅助给定信号与主给定信号叠加，在变频器网络控制中常用辅助给定信号作为终端变频器的给定修正。

5. 变频器运行频率范围的设定

（1）基本频率和最高频率

1）基本频率：电动机的额定频率称为变频器的基本频率。

2）最高频率：当频率给定信号为最大值时，变频器的给定频率称为最高频率。

（2）上限频率和下限频率 上限频率和下限频率是调速控制系统所要求变频器的工作范围，其大小应根据实际工作情况而定。上限频率和下限频率与最高频率、偏置频率和起动频率的关系如图 6-45 所示。

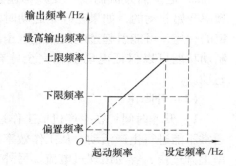

图 6-45 输出频率与设定频率的关系

（3）回避频率的设定 任何机械都有一个固有的谐振频率，它取决于机械结构。在对生产机械进行无级调速的过程中，其实际振荡频率在不断变化，当实际振荡频率与其固有频率相同时，生产机械将发生谐振，可能导致生产机械发生损坏。

消除生产机械谐振的途径如下：

1）改变生产机械的固有频率。

2）避开导致振荡的速度。

在变频调速系统中，预置回避频率 f，即可回避可能引起的振荡转速。具体方法如下：设置回避频率区域（回避区的下限频率 f_L），在频率上升过程中开始进入回避区的频率，当达到回避区的上限频率 f_H 后，随着频率的上升又退出回避区的频率，如图 6-46 所示。

（4）载波频率的设定 当变频器运行时，如果电动机有噪声或对同一控制柜内的其他控制设备产生干扰，可以在一定范围内调整载波频率，降低噪声或干扰，但该参数一般遵照出厂设定。

（5）瞬停再起动 这种功能允许变频器起动

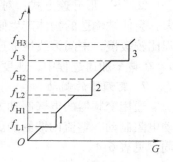

图 6-46 回避区

235

一个正在旋转的电动机。一般情况下，变频器从 0Hz 运行电动机，然后当电动机正在自转或被负载带动时，将回到给定值之前进行制动，这将导致产生过电流。通过采用瞬停再起动功能，变频器"诊断"电动机的速度，并且运转电动机，从这个速度一直到达给定速度值。

6. 变频器的起动

（1）变频器的起动

1）起动频率：对于静摩擦系数较大的负载，起动时需要较大的起动力矩，可根据需要预置起动频率，使电动机在该频率下直接起动，如图 6-47 所示。

2）起动前直流制动：变频调速系统总是从最低频率开始起动的，如果在开始起动时，电动机已有一定的转速，可能引起过电流或过电压。起动前的直流制动功能可以保证电动机在完全停转的状态下开始起动。

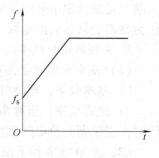

图 6-47　起动频率

（2）升降速

1）升速时间：在生产机械工作过程中，升速过程是过渡过程，这段时间内通常不能进行生产活动，从工作效率出发，升速时间越短越好，但时间过短，频率上升过快，容易出现过电流。另外，对于电梯、带式输送机、纺织类机械的起动过程要求较长，预置升速时间应更根据实际情况而定。

2）降速时间：电动机在降速过程中，有时会处于再生制动状态，将电能反馈到直流电路，产生泵升电压，使直流电压升高。如降速时间太短，频率下降过快，直流电压可能超过上限值。所以预置降速时间时，应在直流电压不超过允许范围的前提下，尽量减小降速时间。

3）升降速方式：

① 线性升速方式：频率与时间呈线性关系，如图 6-48 所示。大多数负载预置为线性方式。

② "S" 形升速方式：对于带式输送机、纺织机一类的负载，如果加速度过大，会使被输送的物体产生倾倒或棉纱被拉断。因此，在起动的初始阶段加速过程比较缓慢，中间为线性加速，加速度不变，加速快结束时加速度又逐渐下降为 0。在整个加速过程中，速度与时间的关系呈 "S" 形，如图 6-49 所示。

7. 变频器的制动

通用变频器的电气制动方法，常用的有三种：直流制动、外接制动单元/制动电阻制动、整流回馈制动。这三种制动方式各有特点，使用条件和场合也不相同，见表 6-4。

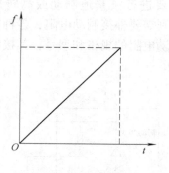

图 6-48　线性升速方式

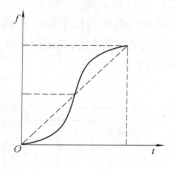

图 6-49　"S"形升速方式

表 6-4　通用变频器三种电气制动方法比较

制 动 方 式	直 流 制 动	外接制动单元/ 制动电阻制动	整流回馈制动
使用限制条件	不能用于电动机频繁起动、制动的场合	不能用于中、大功率频繁起动、制动的场合	不能用于稳压质量不高的电网；电网的短路功率不足时也不能用
能量消耗方式	动能换成电能，以热损耗的形式消耗于电动机的转子回路中	动能换成电能，以热损耗的形式消耗于制动电阻上	动能换成电能，回馈给电网
附加选件	不需要	需要与不需要附件，由功率大小而定	需要
使用场合	用于准确停车控制；用于制止在起动前电动机由外因引起的不规则自由旋转	用于小功率频繁起动、制动的控制系统；用于动态指标要求较高的控制系统	用于大、中型控制系统的制动；用于回馈能量较多的控制方式

（1）直流制动　直流制动是指当变频器的输出频率为零，异步电动机的定子不再有磁场旋转时，变频器向异步电动机的定子绕组通入直流电流，异步电动机便处于能耗制动状态，转动的转子切割静止磁场而产生制动力矩，使电动机迅速停止转动。这种方法使动能换成电能，以热损耗的形式消耗于电动机的转子回路中，如果持续时间过长会使电动机发热，所以不适于经常制动的场合。这种变频器输出直流的制动方式，一般又称为"DC"制动，如图 6-50 所示。

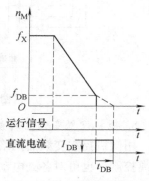

图 6-50　设定直流制动的要求

（2）外接制动单元/制动电阻制动　在需要进行频繁地制动或高转矩制动时，如果制动单元内部电阻的制动功率不够，则需要外接制动电阻，各种变频器的使用说明书上都提供了适用于本变频器的制动电阻的规格和型号，其接线方法如图 6-51 所示。

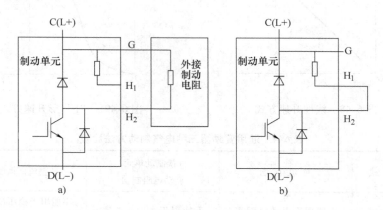

图 6-51　制动电阻接线方法

a）用外接制动电阻　b）用制动单元内部电阻

（3）整流回馈制动　当给定频率下降时，如果电动机的同步转速低于转子的转速，这时电动机处于再生制动状态。如果此时变频器有回馈制动单元，就可以将电动机再生的电能反馈到电网中，使整个调速系统处于回馈制动状态。其整流回馈电路的工作原理如图 6-52 所示。

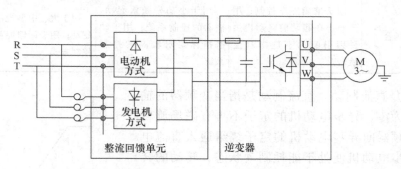

图 6-52　整流回馈电路的工作原理

8. 微机设置变频器的参数和功能

用微机控制变频器网络，可以利用微机与网络上任一变频器间的通信实现远距离控制，也可对各处电动机的运行情况进行监测、显示、储存和打印。

（1）接口与标准转换　要实现变频器网络的计算机控制，首先要有完善的微机监控系统，实现微机与变频器之间的串行通信。

串行通信口进行数据通信是采用 RS-232 接口进行的，即 RS-232-C 标准。这种通信标准不能用来远距离通信，在一般的传输速率下，采用通信电缆，若保持传送码元畸变不超过 4%，最长传输距离为 127m。如果在串口上使用光耦合器，可以使通信距离达几百米。

由于一般微机上只配有 RS-232-C 接口，因此应配置 RS-232-C/RS-485 转换器。同时，由于在转换器内部采用了光电隔离技术，使计算机的各个串口之间进行隔离，因而提高了系统的安全性。采用 485 接口后，一台计算机可控制 31 台变频器，通信技术为半双工，通信距离可达 10km 以上。RS-232-C/RS-485 转换器接于计算机的"COM1"通信端口。

（2）三菱变频器设置软件的使用　三菱变频器设置软件 VFD Setup Softuare 软件可实时或离线设置变频器的参数，并对变频器运行进行监控。

1）启动 VFD Setup Softuare 软件：在 Windows 98 操作系统中，双击 VFD Setup Softuare 图标或单击 Windows 98 的开始菜单，依次指向"程序"、"VFD Setup Softuare"单击 VFD Setup Softuare 进入设置窗口，如图 6-53 所示。VFD Setup Softuare 软件菜单由 File、Settings、Parameter、Monitor、Diagnosis、Test Running、Window、Help 八组菜单命令组成。

VFD Setup Software - [System Settings]

File Settings Parameter Monitor Diagnosis Test Running Window Help

System Settings   Node   —   EXT PU LNK   OFFLINE

Node	Model	Size	OP1	OP2	OP3	Node	Model	Size	OP1	OP2	OP3
00						16					
01						17					
02						18					
03						19					
04						20					
05						21					
06						22					
07						23					
08						24					
09						25					
10						26					
11						27					
12						28					
13						29					
14						30					
15						31					

New   System Read   Confirmed

图 6-53　设置窗口

2）设置变频器型号和容量：先进入系统设置界面，由于本软件连接的变频器的数量最多为 32 台，故系统设置界面显示从 00 到 31 号变频器的状态条，如

图 6-53 所示。双击任一状态条，可显示变频器的设置界面，可以设置任意一站变频器的型号、容量和选择功能。在设置过程中，要注意使用软件设置的变频器型号与容量一定要和对应站号的变频器型号 Model 和容量 Size 一致，如图 6-54 所示，点击 OK 键，便完成变频器的型号和容量设置。

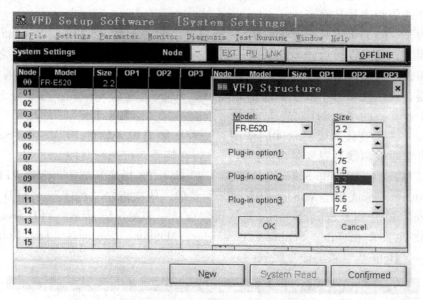

图 6-54　变频器的型号和容量设置

3）通信设置：单击进入 Settings 菜单，接下来单击 Communication Settings，进入通信设置界面，设置计算机的通信端口、通信速率、通信校验时间、等待时间等参数，设置的通信参数要和变频器中设置参数要一致，如图 6-55 所示。

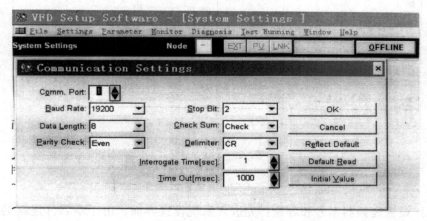

图 6-55　通信设置

三菱变频器设置软件 VFD Setup Softuare 具体的使用方法，可阅读该软件的帮助文件。

9. 变频器的安装

（1）变频器的安装环境 为了确保变频器的安全、可靠地运行，变频器的安装环境应满足如下要求：

1）环境温度：环境温度是影响变频器寿命及可靠性的重要因素，一般要求为 10~40℃。若散热条件好（如除去外壳），则上限温度可提高到 +50℃。若变频器长期不用，存放温度最好为 -10~+30℃。若无法满足这些要求，应安装空调器。

2）环境湿度：相对湿度不宜超过 90%（无结露现象）。对于新建厂房和在阴雨季节，每次开机前，应检查变频器是否有结露现象，以免变频器出现短路故障。

3）安装场所：宜在海拔 1000m 以下使用。若海拔超过 1000m，则变频器的散热能力下降，变频器最大输出电流和电压都要降低使用，降低的百分率与变频器的具体型号有关。

在室内使用，安装位置应无阳光直射、无腐蚀气体及易燃气体、尘埃少的环境。潮湿、腐蚀性气体及尘埃是造成变频器内部电子元器件生锈、接触不良、绝缘性能降低的重要因素。对于有导电尘埃的场所（如碳纤维生产厂），要采用封闭式结构。对有可能产生腐蚀性气体的场所，应对控制板进行防腐处理。

4）安装空间：变频器在运行中会发热。为了确保风道畅通，对于非水冷却的变频器，安装环境如图 6-56 所示。

如果需要在临近并排安装两台或多台变频器，建议按图 6-57a 所示留出足够距离。如果几台变频器竖排安装，其间隔至少为 50cm。两个变频器之间加隔板以增加上部变频器的散热效果，如图 6-57b 所示。

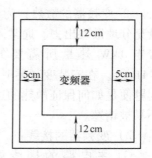

图 6-56　变频器的安装空间

如果需要柜外冷却，安装位置如图 6-57c 所示。变频器在控制柜内请勿上下颠倒或平放安装，变频器在室内的空间位置，应便于变频器的定期维护。

5）其他条件：如果变频器长期不用，变频器内的电解电容会发生劣化现象，当实际运行时会出现由于电解电容的耐压降低和漏电增加引发故障。因此最好每隔半年通电一次，通电时间保持 30~60min，使电解电容自我恢复，以改善劣化特性。

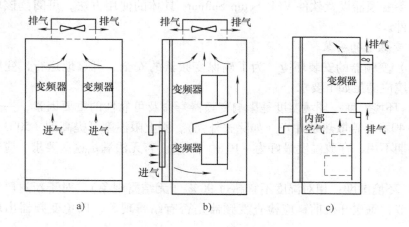

图 6-57　变频器在电气柜中的安装方法

a）并排安装　b）竖排安装　c）柜外冷却

（2）变频器的安装

1）变频器的发热与散热：

① 变频器的发热：和其他设备一样，发热总是由内部的功率损耗产生的。在变频器中，各部分损耗的比例大致为：逆变电路约占 50%；整流和直流部分约占 40%；控制电路及保护电路占 5% ~ 15%。粗略地说，每 1kV·A 的变频器容量，其损耗的功率为40 ~ 50W。

② 变频器的散热：为了阻止变频器内部温度升高，变频器必须把产生的热量充分地散发出去。通常采取的方法是通过冷却风扇把热量带走。大体上说，每带走 1kW 热量所需要的风量为 $0.1m^3/s$。在安装变频器时，首要的问题便是如何保证散热的途径畅通，不易被堵塞。

2）变频器的接线：

① 主电路的接线如图 6-58 所示。

图中 QF 是断路器，KM 是接触器主触头。R、S、T 是变频器的输入端，接电源进线；U、V、W 是变频器的输出端，与电动机相接。变频器与电动机之间的电缆长度，应满足变频器使用说明书的规定要求。

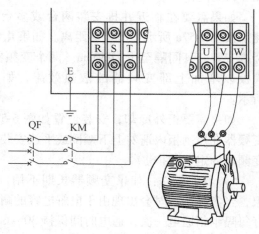

图 6-58　主电路的接线

注意，不能用接触器 KM 主触头来控制变频器的运行和停止，应使用控制面板上的操作键或接线端子上的控制信号；变频器的输出端不能接电力电容器或浪涌电容器；电动机的旋转方向和生产工艺要求不一致时，最好用改变电动机三根连线的方法，不要调换控制端子 FWD 或 REV 的控制信号。

变频器的输入端和输出端是绝对不允许接错的。如果将输入电源接到了 U、V、W 端，则不管哪个逆变管导通，都将引起两相间的短路而将逆变管迅速烧坏，如图 6-59 所示。

② 控制电路的接线。

a. 模拟量控制线：主要包括输入侧的给定信号线和反馈信号线、输出侧的频率信号线和电流信号线。模拟量信号抗干扰能力

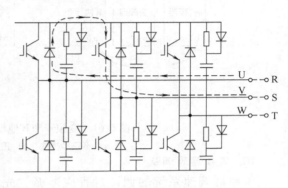

图 6-59　电源接错时的后果

较低，因此必须使用屏蔽线。屏蔽层靠近变频器的一端，应接控制电路的公共端（COM），而不要接到变频器的接地端（E）或大地，如图 6-60 所示。

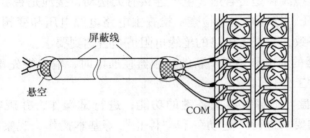

图 6-60　屏蔽线的接线方法

屏蔽层的另一端应该悬空。布线时还应遵守变频器使用说明书的规定。

b. 开关量控制线：如起动、点动、多挡转速控制等控制线，都是开关量控制线。

一般来说，模拟量控制线的接线原则也都适用于开关量控制线。但开关量控制线的抗干扰能力较强，故在距离不是很远时，可以不使用屏蔽线，但是同一信号的两根线必须相互绞在一起。如果操作台离变频器较远，应该先将控制信号转变成能远距离传送的信号，再将传输的信号转变成变频器所要求的信号。

c. 变频器的接地：所有的变频器都专门有一个接地端"E"，用户应将此端

子与保护接地线（PE 线）相接。当变频器和其他设备或有多台变频器一起接地时，每台设备必须分别与地线相接，如图 6-61a 所示。不允许将一台设备的接地端和另一台相接后再接地，如图 6-61b 所示。

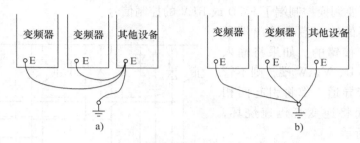

图 6-61　变频器和其他设备的接地

a）不正确接法　b）正确接法

10. 变频器的调试

变频器调速系统的调试过程应遵循"先空载、后轻载、再重载"的一般规律。

（1）通电前的检查

1）外观、构造的检查：检查变频器的型号、安装环境有无问题，装置有无脱落或损坏，电缆线径是否合适，电气连接有无松动，接地是否可靠。

2）电源电压、绝缘电阻的检查：检查主电路电源电压和变频调速系统要求的电压值是否一致，检查主电路的绝缘电阻值是否达到要求。

（2）变频器的通电和预置　新的变频器在通电时，输出端先不要接电动机，首先完成以下的工作：

1）熟悉键盘。了解键盘上各键的功能，进行试操作，并观察显示的变化等。按说明书的要求进行"起动"和"停止"等基本操作，观察变频器的工作情况是否正常。

2）进行功能预置。根据前面介绍的方法和步骤进行功能预置，完成后，先进行容易观察的项目，如升降速时间、点动频率、多挡变速时各挡频率等，检查变频器的执行情况与预置的内容是否相符。

3）将外部输入控制线接好，逐项检查各外接控制功能的执行情况。检查三相输出电压是否平衡。

（3）电动机的空载试验　变频器的输出端接上电动机，使电动机尽可能与负载脱开，然后进行通电试验。其目的是观察变频器接上电动机后的工作情况，顺便校准电动机的旋转方向。试验步骤如下：

1）先将频率设置为 0 位，合上电源，微微提升工作频率，观察电动机的起转情况及旋转方向是否正确。如方向相反，则予以纠正。

2）将频率上升到额定频率，让电动机运行一段时间。如一切正常，再选若干个常用的工作频率，也使电动机运行一段时间。

3）将给定频率信号突降至0（或按停止按钮），观察电动机的制动情况。

（4）拖动系统的起动和停机 将电动机的输出轴与机械装置连接起来，进行试验。

1）起转试验：使工作频率从0Hz开始微微增加，观察拖动系统能否运转，在多大频率下起转。如起转比较困难，应设法增加起动转矩。具体方法有：加大起动频率，加大U/f比值，以及采用矢量控制等。

2）起动试验：将给定信号调至最大，按下起动键，观察起动电流的变化及整个拖动系统在加速过程中运行是否平稳。如因起动电流过大而跳闸，则应适当延长升速时间。如在某一速度段起动电流偏大，则设法通过改变起动方式（S形）来解决。

3）停机试验：将运行频率调至最高频率，按停止键，观察拖动系统的停机过程是否出现因过电压或过电流而跳闸，如有则应适当延长降速时间。当输出频率为0Hz时，观察拖动系统是否有爬行现象，如有则应适当加强直流制动。

（5）拖动系统的负载试验 负载试验的主要内容有：

1）如$F_{max} > F_N$，则应进行最高频率时的带载能力试验，也就是考察在正常负载下能不能带得动。

2）在负载的最低频率下，应考察电动机的发热情况，使拖动系统工作在负载所要求的最低转速下，施加该转速下的最大负载，按负载所要求的连续运行时间进行低速连续运行，观察电动机的发热情况。

3）过载试验，按负载可能出现的过载情况及持续时间进行试验，观察负载能否连续工作。当电动机在工频以上运行时，不能超过电动机容许的最高频率范围。

11. 变频器的维护

（1）变频器的检查 变频器具有很高的可靠性，但如果使用、维护不当，就可能发生故障或运行状况不佳，缩短设备的使用寿命。由于变频器是长期使用的，受温度、湿度、振动、尘土等环境的影响，其性能会有一些变化，如果使用合理、维护得当，则能延长设备的使用寿命，减少因突然故障造成的损失。因此，日常维护和检查是不可缺少的。

1）检查注意事项：操作者必须熟悉变频器的基本原理、功能特点、技术指标等，具有操作变频器运行的经验；维护前必须切断电源，主电路电容器彻底放电后再进行作业；仪器、仪表应符合要求，使用方法要正确。

2）日常检查项目：检查变频器在运行中是否有异常现象；安装地点周围环境是否异常；冷却系统是否正常；变频器、电动机、变压器、电抗器是否过热、变色或有异味；电动机是否有异常振动、异常声音；主电路电压和控制电路电压是否正常；滤波电容器是否漏液或变形；各种显示是否正常。

3）定期检查的主要项目及维护方法：一般的定期检查应一年进行一次，绝缘电阻的检查可以三年进行一次。定期检查的重点是冷却系统，即冷却风机和散热器，冷却风机主要是轴承磨损，散热器要定期清洁。电解电容器受周围温度及使用条件的影响，电容量也会变小或发生老化；接触器触头有无磨损或接线松动；充电电阻是否过热；接线端子有无松动及控制电源是否正常。

4）零部件的更换：变频器由多种部件组成，某些部件经长期使用后性能降低、劣化，这是故障发生的主要原因。为了长期安全生产，某些部件必须及时更换。

a. 冷却风扇：变频器主电路中半导体器件靠冷却风扇强制散热，以保证其工作在允许的温度范围内。冷却风扇的寿命受限于轴承，为 10000 ~ 35000h。当变频器连续工作时，需要 2 ~ 3 年更换一次风扇或轴承。

b. 滤波电容器：在直流回路中使用的是大容量的电解电容器。由于脉动电流等因素的影响，其性能受周围温度及使用条件的影响很大。在一般情况下，使用周期大约为 5 年。

c. 继电器和接触器：经过长时间使用会发生接触不良现象，需根据其寿命进行更换。

d. 熔断器：额定电流大于负载电流，在正常使用条件下寿命约为 10 年，可按此时间更换。

（2）通用变频器的故障诊断　通用变频器自身具有比较完善的自诊断、保护和报警功能，当变频系统出现故障时，变频器大都能自动停车保护，并显示故障信息。检修时可根据这些信息查找变频器说明书和相关资料的故障说明，找出故障点并进行维修。变频器常见故障分析见表 6-5。

表 6-5　变频器常见故障分析

故 障 现 象		故 障 原 因
过电流跳闸	起动时过电流跳闸	（1）负载侧短路 （2）工作机械卡住 （3）逆变管损坏 （4）电动机的起动转矩过小，拖动系统转不起来
	运行过程中过电流跳闸	（1）升速时间设定太短 （2）降速时间设定太短 （3）转矩补偿设定较大，引起低频时空载电流过大 （4）电子热继电器整定不当，动作电流太小，引起误动作

（续）

故障现象	故障原因
过电压跳闸	（1）电源电压过高 （2）降速时间设定太短 （3）降速过程中，再生制动的放电单元工作不正常
欠电压跳闸	（1）电源电压过低 （2）电源断相 （3）整流桥故障
散热片过热	（1）冷却风扇故障 （2）周围环境温度过高 （3）过滤网堵塞
制动电阻过热	（1）频繁起动、停止，造成制动时间太长 （2）制动电阻功率太小，没有使用附加制动电阻或制动单元
电动机不转	（1）功能预置不当 （2）使用外接给定方式时，无"起动"信号 （3）电动机的起动转矩不足 （4）变频器发生电路故障

◇◇◇ 第三节　步进电动机及驱动系统的应用

一、步进电动机的基本结构与工作原理

一般电动机都是连续旋转的，而步进电动却是一步一步转动的，故而叫做步进电动机。每输入一个脉冲信号，该电动机就转过一定的角度（或直线位移）。因此，步进电动机是一种把脉冲变为角度位移（或直线位移）的执行元件。

步进电动机的转子为多极分布，定子上嵌有多相星形联结的控制绕组，由专门电源输入脉冲信号，每输入一个脉冲信号，步进电动机的转子就前进一步。由于输入的是脉冲信号，输出的角位移是断续的，所以又称为脉冲电动机。

步进电动机的种类很多，主要有反应式、永磁式和混合式三种类型。近年来又出现了直线步进电动机和平面步进电动机等。其中，反应式步进电动机的结构比较简单，应用比较普遍，而且其他类型的步进电动机的工作原理与它基本相似。

1. 工作原理

步进电动机的定子一般为凸极式，设置多相绕组用做控制绕组来接收脉冲信号。转子也为凸极式，可由软铁或永久磁铁构成，也可以是带齿的圆柱形铁心。下面以反应式步进电动机为例来进行说明。

如图 6-62 所示，三相反应式步进电动机的凸极式定子共有三对磁极，磁极上设置控制绕组。相对的两个磁极的线圈串联连接，形成一相控制绕组。而凸极式转子用软磁材料制成，但转子上没有绕组。图 6-62 中转子为两极。下面通过几种基本控制方式来说明其工作原理。

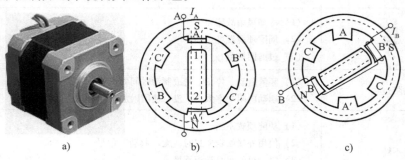

图 6-62　三相反应式步进电动机
a）外形　b）A 相通电时　c）B 相通电时

（1）三相单三拍运行　如图 6-62b 所示，首先向 A 相通电，I_A 将使 A 相磁极呈 N 和 S 极性。由于磁场对转子铁心的电磁吸引力而形成转矩，使转子齿轴线对准 A 相磁极的轴线。这一现象也可以这样来理解，A 相通电时，转子齿对定子相对位置不同，则 A 相磁路的磁导也不同，于是使 A 相磁路的磁导为最大的转子齿位置，就是该时的稳定平衡位置，即转子稳定在转子齿轴线与 A 相磁极轴线相重合的位置。这就是确定转子齿轴线位置的基本依据。其次，向 B 相通电（A 相断电）时，据上述依据，转子将转过 60°，达到转子齿轴线与 B 相磁极轴线相重合的位置，即步距角 θ_s 为 60°。当通电方式按 A—B—C—A 的顺序对三相轮流馈电时，转子将按顺时针方向一步一个步距角 θ_s 地进行转动。

所谓三相单三拍的含义是："三相"是指步进电动机为三相；"单"是指同时只有一相控制绕组通电；"三拍"表示三种通电状态为一个循环，即三次通电状态后，又回复到起始状态。图中如果通电方式仍是三相单三拍，但次序改为 A—C—B—A，即可见电动机将一步一个步距角 θ_s 地向逆时针方向转动。

若转子改为 4 个极（齿），则同理可知此时的步距角将是 $\theta_s = 30°$，如图 6-63 所示。

（2）三相双三拍运行　这里的"双"字表示同时有两相控制绕组通电，即通电方式为 AB—BC—CA—AB。当 AB 两相同时通电时，图 6-63c 中转子为稳定

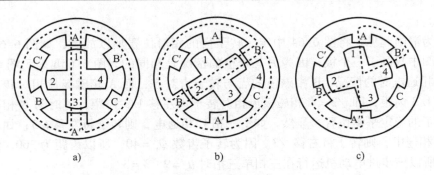

图 6-63　三相转子为四极的步进电动机工作情况

a）A 相通电　b）B 相通电　c）AB 相同时通电

平衡位置，其中 AB 相磁路的磁导为最大。显然，当通电方式由 AB 改变为 BC（或 CA 时），转子将按顺时针（逆时针）方向转过一步一个步距角，且 $\theta_s = 30°$。

（3）三相六拍运行　其通电方式为 A—AB—B—BC—C—CA—A（或 A—AC—C—CB—B—BA—A），即一相通电和两相通电轮流进行，6 种通电状态为一个循环，故称为"六拍"。因通电相有"单"有"双"，就不再注明了。此时转子的转动状态可用图 6-63a、图 6-63c、图 6-63b 来阐明，可见此时的步距角 θ_s 将是 14°，转向为逆时针方向。

综上所述，可推出步距角的表达式为

$$\theta_s = \frac{360}{N_b \theta_r} \tag{6-11}$$

式中　θ_s——步距角；

N_b——运行方式的拍数；

θ_r——转子齿数。

步进电动机可以制成不同的相数，可以按三相的模式写出不同相数时的运行方式。

2. 基本结构

步进电动机的构造形式较多，这里主要介绍两种形式。

（1）小步距角反应式步进电动机　在实际应用中，为提高精度和扩大其功能，多制成小步距角反应式步进电动机。图 6-64 中，转子为带齿软磁材料且转子齿数 $Q_r = 40$，定子三相六极，极靴开有齿槽，其齿距与转子齿距相等。根据前述工作原理，当 B 相通电时，转子的稳定平衡位置如图 6-64

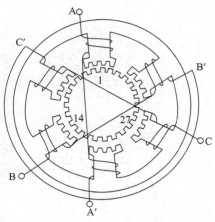

图 6-64　B 相通电时
转子的稳定平衡位置

所示。

为清晰起见,将图 6-64 中定、转子齿的相对位置加以放大,如图 6-65 所示。图中只画了三个极,因为另三个极的情况是相同的。图 6-65b 表示图 6-64 中 B 相通电时的情况。B 相磁极的齿与转子齿对齐,而 A 相磁极齿相对转子齿右移 1/3 齿距,即 $t/3$;C 相磁极齿相对转子齿左移 1/3 齿距,此时为 B 相通电时转子的稳定平衡位置。显然,如下一拍 C 相通电,则转子将左移 $t/3$;如下一拍 A 相通电,则转子将右移 $t/3$。因为转子齿数 $Q_r = 40$,所以齿距为 $360°/40 = 9°$,所以该步进电动机运行在三相单三拍时 $\theta_s = 9°/3 = 3°$。

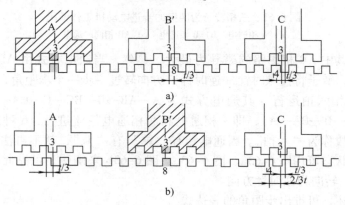

图 6-65　电动机齿的相对位置

a) A 相通电　b) B 相通电

同理,由图 6-65 可见,三相双三拍运行时 θ_s 也是 3°。综合图 6-65 与图 6-66,可知当运行在三相六拍时,$\theta_s = 1.5°$。

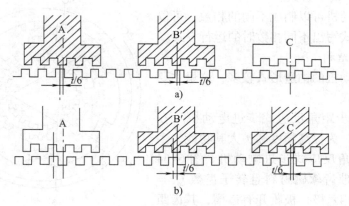

图 6-66　电动机齿的相对位置

a) AB 相通电　b) BC 相通电

反应式步进电动机的相数等于定子极对数，即 $m=p$，转子齿数 Q_r 的数值要受下列两个条件的限制：第一个是正对面的两个极属于同一相，某相通电时，这两个极的齿都应与转子齿对齐，所以转子齿数 Q_r 必须是偶数；第二个是某相磁极的齿与转子齿对齐时，相邻磁极齿与转子齿应错开 t/m。齿数不能任意确定，则步距角也不是随意的，在选用步进电动机时要注意这一点。

（2）多段式步进电动机　上述步进电动机与一般电动机相同，定、转子均为一段铁心（不计通风槽的影响），各相绕组沿圆周均匀排列，所以也叫做径向分相结构。图 6-67 所示为三段式三相反应式步进电动机。

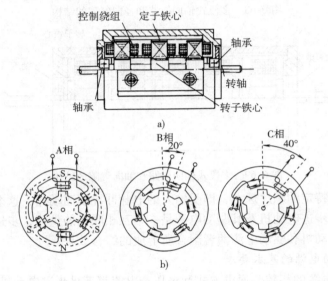

图 6-67　三段式三相反应式步进电动机
a）结构　b）三段转子齿相对位置

这种步进电动机的定、转子铁心分成 m 段，所以也称为多段式结构。图 6-67 所示为一种三相三段式径向磁路结构的步进电动机。每段为一相，每一段的磁极上都设置同一相的控制绕组，如图 6-67b 所示。通电相的一段定、转子齿均对齐，磁路磁导最大，处于稳定平衡位置，其余两段定、转子齿均错开 $1/m$ 齿距，图示为错开 20°，即此时 $\theta_s=20°$。

一般的电动机，包括单段步进电动机，均为径向磁路，磁通在与轴垂直的径向截面中流通；而且均为径向气隙。但是，实际上电动机的结构也可制成轴向磁路、轴向气隙，如图 6-68 和图 6-69 所示。

二、步进电动机的驱动电源

步进电动机使用时需要配置一个专用的供电电源，电源的作用是让电动机的

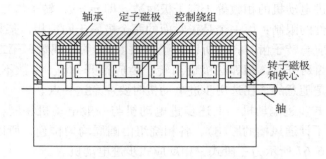

图 6-68　多段式轴向磁路和径向气隙的结构

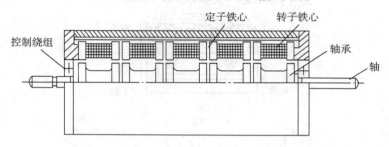

图 6-69　多段式轴向磁路和轴向气隙的结构

控制绕组按照特定的顺序通电，即受输入的电脉冲控制而动作，这个专用电源称为驱动电源。步进电动机及其驱动电源是一个互相联系的整体，步进电动机的运行性能是由电动机和驱动电源两者配合所形成的综合效果。

1. 对驱动电源的基本要求

1）驱动电源的相数、通电方式和电压、电流都满足步进电动机的需要。

2）要满足步进电动机的起动频率和运行频率的要求。

3）能最大限度地抑制步进电动机的振荡。

4）工作可靠，抗干扰能力强。

5）成本低、效率高、安装和维护方便。

2. 驱动电源的主要组成

步进电动机的驱动电源主要由脉冲发生器、脉冲分配器和脉冲放大器（也称为功率放大器）等部分组成，如图 6-70 所示。

图 6-70　步进电动机驱动电源的组成

（1）脉冲发生器　脉冲发生器可以产生一个脉冲频率由几赫到几十千赫可连续变化的脉冲信号。脉冲发生器可以采用多种电路，最常见的是多谐振荡器和单结晶体管构成的张弛振荡器，它们都是通过调节电阻 R 和电容 C 的大小来改变电容器充放电的时间常数，以达到改变脉冲信号频率的目的。图 6-71 所示为两种实用的多谐振荡电路，它们分别由反相器和非门构成，振荡频率由 RC 决定，改变 R 值即可改变脉冲信号的频率。

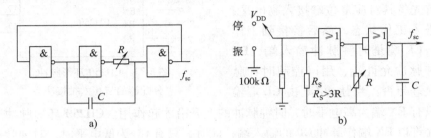

图 6-71　脉冲发生器实用电路
a）反相器结构　b）非门结构

（2）脉冲分配器　脉冲分配器是由门电路和双稳态触发器组成的逻辑电路，它根据指令把脉冲信号按一定的逻辑关系施加在脉冲放大器上，使步进电动机按确定的运行方式工作。

CH250 环形脉冲分配器是三相步进电动机的理想脉冲分配器，通过其控制端的不同接法可以组成三相双三拍和三相六拍的不同工作方式，如图 6-72、图 6-73 所示。

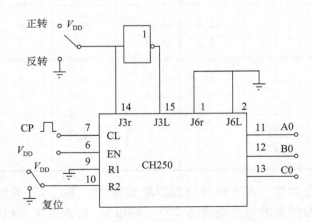

图 6-72　CH250 环形脉冲分配器的三相双三拍接法

CH250 环形脉冲分配器中 J3r、J3L 两端子是三相双三拍的控制端，J6r、J6L 是三相六拍的控制端。三相双三拍接线方式时，若 J3r = "1"，而 J3L = "0"，则电动机正转；若 J3r = "0"，J3L = "1"，则电动机反转；三相六拍接线方式时，若 J6r = "1"，J6L = "0"，则电动机正转；若 J6r = "0"，J6L = "1"，则电动机反转。R2 是双三拍的复位端，R1 是六拍的复位端，使用时，首先将其对应复位端接入高电平，使其进入工作状态，然后换接到工作位置。CL 端是时钟脉冲输入端，EN 是时钟脉冲允许端，用以控制时钟脉冲的允许与否。当脉冲 CP 由 CL 端输入，只有 EN 端为高电平时，时钟脉冲的上升沿才起作用。CH250 环形脉冲分配器也允许以 EN 端作脉冲 CP 的输入端，此时，只有 CL 为低电平时，时钟脉冲的下降沿才起作用。A0、B0、C0 为环形分配器的三个输出端，经过脉冲放大器后分别接到步进电动机的三根相线上。

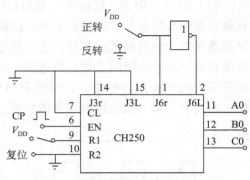

图 6-73　CH250 环形脉冲分配器的三相六拍接法

CH250 环形脉冲分配器各端子的功能见表 6-6。

表 6-6　CH250 环形脉冲分配器各端子的功能

工作方式		CL	EN	J3r	J3L	J6r	J6L
六拍	正转	0	↓	0	0	1	0
	反转	0	↓	0	0	0	1
双三拍	正转	0	↓	1	0	0	0
	反转	0	↓	0	1	0	0
六拍	正转	↑	1	0	0	1	0
	反转	↑	1	0	0	0	1
双三拍	正转	↑	1	1	0	0	0
	反转	↑	1	0	1	0	0

（3）脉冲放大器　由于脉冲分配器输出端 A0、B0、C0 的输出电流很小，如 CH250 环形分配器的输出电流为 200 ~ 400μA，而步进电动机的驱动电流较大，如 74BF001 型步进电动机每相静态电流为 3A，为了满足驱动要求，环形分配器输出的脉冲需经脉冲放大器后才能驱动步进电动机。图 6-74 所示为一个实用的脉冲放大电路，图中使用三级晶体管放大，第一级用 3DG6 小功率晶体管，

第二级用 3DK4 中功率晶体管，第三级用 3DD15 大功率晶体管，R_6 为步进电动机限流电阻，随所配电动机不同而异。

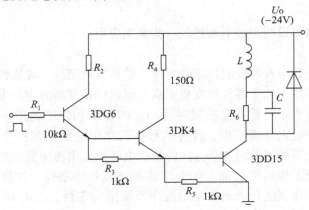

图 6-74　脉冲放大器实用电路

图 6-74 所示电路是单电压型驱动电源，它的特点是：电路简单，电阻 R_6 与控制绕组串联后，可以减小回路的时间常数；但是由于 R_6 上要消耗功率，使电源的效率降低，用这种电源供电的步进电动机的起动和运行频率都不会太高。为了提高电源效率及工作频率，可采用高、低压切换型电源，其工作原理如图 6-75 所示。

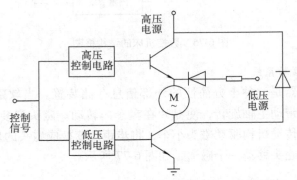

图 6-75　高、低压切换型驱动电源的工作原理

图 6-75 中，高压电源用来加速电流的增长速度，而低压电源用来维持稳定的电流值。低压电源中串联一个数值较小的电阻，其目的是为了调节控制绕组的电流，使各相电流平衡。

三、步进电动机应用举例

步进电动机的应用十分广泛，如机械加工、绘图机、机器人、计算机的外部设备、自动记录仪表等。它主要用于工作难度大、速度快、精度高等场合。尤其是电力电子技术和微电子技术的发展为步进电动机的应用开辟了广阔的前景。

下面举例简单说明步进电动机的一些典型应用。

1. 数控机床

数控机床是数字程序控制机床的简称。它具有通用性、灵活性及高度自动化等特点。主要适用于加工零件精度要求高、形状比较复杂的生产中。

它的工作过程是：首先应按照零件加工的要求和加工的工序，编制加工程序，并将该程序送入计算机中，计算机根据程序中的数据和指令进行计算和控制；然后根据所得的结果向各个方向的步进电动机发出相应的控制脉冲信号，使步进电动机带动工作机构按加工的要求依次完成各种动作，如转速变化、正反转、起停等。这样就能自动地加工出程序所要求的零件。图 6-76 所示为数控机床的结构框图，图中实线所示的系统为开环控制系统，在开环系统的基础上，再加上虚线所示的测量装置，即构成闭环控制系统。

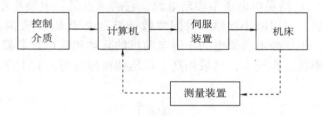

图 6-76　数控机床的结构框图

2. 软磁盘驱动系统

软磁盘存储器是一种十分简便的外部信息存储装置。当软磁盘插入驱动器后，驱动电动机带动主轴旋转，使盘片在盘套内转动。磁头安装在磁头小车上，步进电动机通过传动机构驱动磁头小车，将步距角变换成磁头的位移。步进电动机每行进一步，磁头移动一个磁道，如图 6-77 所示。

四、步进电动机驱动系统的常见故障与维修方法

步进电动机驱动系统是开环控制系统中最常选用的伺服驱动系统。开环控制系统的结构较简单，调试、维修、使用都很方便，工作可靠，成本低廉。在一般要求精度不太高的机床上曾得到广泛应用。

使用过程中，步进电动机驱动系统的常见故障与维修方法如下：

1. 电动机过热报警

步进电动机过热报警的故障分析，见表 6-7。

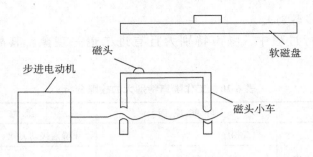

图 6-77　软磁盘驱动系统

表 6-7　步进电动机过热报警的故障分析

故　障　现　象	可　能　原　因	维　修　方　法
系统报警，显示电动机过热。用手摸电动机，会明显感觉温度不正常，甚至烫手	工作环境过于恶劣，环境温度过高	重新考虑机床应用条件，改善工作环境
	参数选择不当，如电流过大，超过相电流	根据参数说明书，重新设置参数
	电压过高	建议采用稳压电源

2. 工作中尖叫后不转

具体故障现象为加工或运行过程中，驱动器或步进电动机发出刺耳的尖叫声。工作中尖叫后不转的故障分析见表 6-8。

表 6-8　工作中尖叫后不转的故障分析

故　障　现　象	可　能　原　因	维　修　方　法
驱动器或步进电动机发出刺耳的尖叫声，然后电动机停止不转	输入脉冲频率太高，引起堵转	降低输入脉冲频率
	输入脉冲的突调频率太高	降低输入脉冲的突调频率
	输入脉冲的升速曲线不够理想，引起堵转	调整输入脉冲的升速曲线

3. 工作过程中停车

在工作正常的情况下，发生突然停车的故障。其故障分析见表 6-9。

表 6-9　工作过程中停车的故障分析

可　能　原　因	检　查　步　骤	维　修　方　法
驱动电源故障	用万用表测量驱动电源的输出	更换驱动器
驱动电路故障	发生脉冲电路故障	
电动机故障	绕组烧坏	更换电动机
电动机线圈匝间短路或接地	用万用表测量线圈间是否短路	
杂物卡住	可以目测	消除外界的干扰因素

4. 工作噪声特别大

加工或运行过程中，噪声特别大且有进二退一现象。其故障分析见表6-10。

表6-10　工作噪声特别大的故障分析

故障现象	可能原因	维修方法
低频旋转时有进二退一现象，高速上不去	检查相序	正确连接动力线
	电动机运行在低频区或共振区	分析电动机速度及电动机频率后，调整加工切削参数
	纯惯性负载、正反转频繁	重新考虑机床的加工能力
电动机故障	磁路混合式或永磁式转子磁钢退磁后以单步运行或在失步区	更换电动机
	永磁单向旋转步进电动机的定向机构损坏	更换电动机

5. 无力或者是出力降低或称"闷车"

即在工作过程中，某轴有可能突然停止，俗称"闷车"。其故障分析见表6-11。

表6-11　"闷车"的故障分析

故障部位	可能原因	维修方法
驱动器端故障	电压没有从驱动器输出来	检查驱动器，确保有输出
	驱动器故障	更换驱动器
	电动机绕组内部发生错误	
电动机端故障	电动机绕组碰到机壳，发生相间短路或者线头脱落	由专业维修人员修理电动机
	电动机轴断	更换电动机
	电动机定子与转子之间的气隙过大	专业电动机维修人员调整好气隙或更换电动机
外部故障	电压不稳	重新考虑负载和切削条件
	负载过大或切削条件恶劣	重新考虑负载和切削条件

6. 电动机不转

电动机不转的故障分析见表6-12。

表 6-12 电动机不转的故障分析

故 障 部 位	可 能 原 因	维 修 方 法
步进驱动器	驱动器与电动机连线断线	确定连线正常
	熔丝熔断	更换熔丝
	当动力线断线时，二线式步进电动机是不能转动的，但三相五线制电动机仍可转动，但力矩不足	确保动力线的连接正常
	驱动器报警（过电压、欠电压、过电流、过热）	按相关报警方法解除
	驱动器使能信号被封锁	通过 PLC 观察是否能使信号正常
	驱动器电路故障	最好用交换法，确定是否驱动器电路故障，更换驱动器电路板或驱动器
	接口信号线接触不良	重新连接好信号线
	系统参数设置不当，如工作方式不对	依照参数说明书，重新设置相关参数
步进电动机	电动机卡死	主要是机械故障，排除卡死的故障后，经验证，确保电动机正常后，方可继续使用
	长期在潮湿场所存放，造成电动机部分生锈	更换步进电动机
	电动机故障	
	指令脉冲太窄、频率过高、脉冲电平太低	会出现尖叫后不转的现象，按尖叫后不转的故障处理
外部故障	安装不正确	一般发生在新机调试时，重新安装调试
	电动机本身轴承等故障	重新进行机械的调整

7. 步进电动机失步或多步

此故障引起的可能现象是工作过程中配置步进电动机驱动系统的某轴突然停顿，而后又继续走动。其故障分析见表 6-13。

表 6-13 步进电动机失步或多步的故障分析

可 能 原 因	检 查 步 骤	维 修 方 法
负载忽大忽小	是否毛坯余量分配不均匀等	调整加工条件
负载的转动惯量过大，起动时失步、停车时过冲	可在不正式加工的条件下进行试运行，判断是否有此现象发生	重新考虑负载的转动惯量
传动间隙大小不均	进行机械传动精度的检验	进行螺距误差补偿

（续）

可 能 原 因	检 查 步 骤	维 修 方 法
传动间隙产生的零件有弹性变形	进行机械传动精度的检验	重新考虑这种材料工件的加工方案
电动机工作在振荡失步区	分析电动机速度及电动机频率	调整加工切削参数
电动机故障，如定、转子相擦	有的严重情况，听声音可以感觉出来	更换电动机

❖❖❖ 第四节　交直流传动系统的应用技能训练实例

● 训练1　变频器的结构和功能预置

1. 训练目的
1) 熟悉变频器的各部分结构。
2) 熟悉变频器的端子功能和接线方法。
3) 熟悉变频器功能的预置方法。
2. 训练内容
（1）变频器的拆卸和安装　三菱 FR – E500 型变频器的外形如图 6-78 所示。将变频器依次拆卸辅助板和前盖板，如图 6-79 所示。

图 6-78　变频器的外形

（2）变频器接线 变频器的控制端子如图 6-80 所示，端子说明见表6-14 和表6-15。

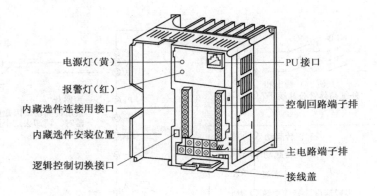

电源灯（黄）—— PU 接口

报警灯（红）——

内藏选件连接用接口—— 控制回路端子排

内藏选件安装位置——

逻辑控制切换接口—— 主电路端子排

接线盖

图 6-79　变频器拆卸辅助板和前盖板后接线端子

表 6-14　主电路端子说明

端子记号	端子名称	说　　明
L1，L2，L3	电源输入	连接工频电源。当使用高功率因数整流器时，不要接任何东西
U，V，W	变频器输出	接三相笼型异步电动机
+，PR	连接制动电阻器	在端子 + － PR 之间连接选件制动电阻器
+，－	连接制动单元	连接选件制动单元或高功率因数整流器
+，P1	连接改善功率因数 DC 电抗器	拆开端子 + － P1 间的短路片，连接选件改善功率因数用直流电抗器
⏚	接地	变频器外壳接地用，必须接大地

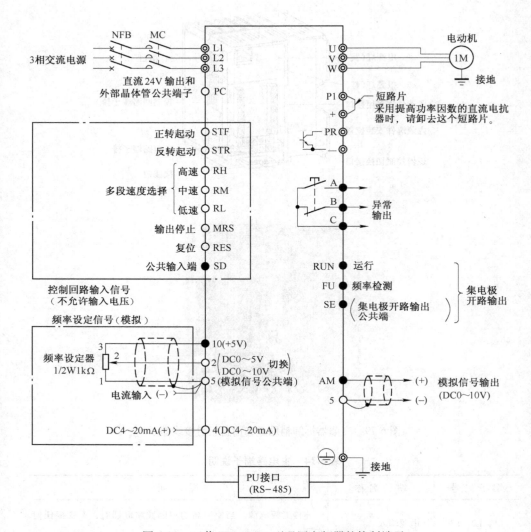

图 6-80　三菱 FR－E500 型通用变频器的控制端子

使用时注意事项如下：

① 在设定操作频率较高的情况下，使用 1kΩ/2W 的旋钮电位器。

② 端子 SD 和 SE 彼此绝缘。

③ 端子 SD 和端子 5 是公共端子，不要接地。

④ 端子 PC－SD 之间作为直流 24V 的电源使用时，不要使两端子间短路。一旦短路会造成变频器损坏。

表 6-15　控制电路端子说明

类型		端子记号	端子名称	说　明	
输入信号	连接点　起动·功能设定	STF	正转起动	STF 信号处于 ON 便正转，处于 OFF 便停止	当 STF 和 STR 信号同时处于 ON 时，相当于给出停止指令
		STR	反转起动	STR 信号 ON 为逆转，OFF 为停止	
		RH, RM, RL	多段速度选择	用 RH、RM 和 RL 信号的组合可以选择多段速度	输入端子功能选择（Pr. 180 ~ Pr. 183）用于改变端子功能
		MRS	输出停止	MRS 信号为 ON（20ms 以上）时，变频器输出停止。用电磁制动停止电动机时，用于断开变频器的输出	
		RES	复位	用于解除保护回路动作的保持状态。使端子 RES 信号处于 ON 在 0.1s 以上，然后断开	
		SD	公共输入端子	连接点输入端子的公共端。DC 24V，0.1A（PC 端子）电源的输出公共端	
		PC	电源输出和外部晶体管公共端　连接点输入公共端	当连接晶体管输出（集电极开路输出），例如可编程序控制器时，将晶体管输出用的外部电源公共端接到这个端子时，可以防止因漏电引起的误动作，端子 PC – SD 之间可用于直流 24V，0.1A 电源输出	
模拟	频率设定	10	频率设定用电源	DC 5V，允许负荷电流 10mA	
		2	频率设定（电压）	输入 0 ~ 5V（或 0 ~ 10V）时，5V（或 10V）对应于为最大输出频率。输入输出成比例　输入 DC 0 ~ 5V（出厂设定）和 DC 0 ~ 10V 的切换，用 Pr. 73 进行。输入阻抗 10kΩ，允许最大电压为 20V	
		4	频率设定（电流）	输入 DC 4 ~ 20mA 时，20mA 为最大输出频率，输入输出成比例。只在端子 AU 信号处于 ON 时，该输入信号有效，输入阻抗 250Ω，允许最大电流为 30mA	
		5	频率设定公共端	频率设定信号（端子 2.1 或 4）和模拟输出端子 AM 的公共端子。请不要接大地	
输出信号	连接点	A, B, C	异常输出	指示变频器因保护功能动作而输出停止的转换触点。AC 230V，0.3A，DC 30V，0.3A。异常时：B – C 间不导通（A – C 间导通），正常时：B – C 间导通（A – C 间不导通）	输出端子的功能选择通过（Pr. 190 ~ Pr. 192）改变端子功能

(续)

类型		端子记号	端子名称	说明	
输出信号	集电极开路	RUN	变频器正在运行	变频器输出频率为起动频率（出厂时为0.5Hz，可变更）以上时为低电平，正在停止或正在直流制动时为高电平 允许负荷为DC 24V，0.1A	输出端子的功能选择通过（Pr.190 ~ Pr.192）改变端子功能
输出信号	集电极开路	FU	频率检测	输出频率为任意设定的检测频率以上时为低电平，以下时为高电平 允许负荷为DC 24V，0.1A	输出端子的功能选择通过（Pr.190 ~ Pr.192）改变端子功能
输出信号	集电极开路	SE	集电极开路输出公共端	端子RUN，FU的公共端子	
输出信号	模拟	AM	模拟信号输出	从输出频率，电动机电流或输出电压选择一种作为输出。输出信号与各监示项目的大小成比例	出厂设定的输出项目： 频率允许负荷电流1mA 输出信号DC 0 ~ 10V
通信	RS—485	—	PU接口	通过操作面析的接口，进行RS—485通信 • 遵守标准：EIA RS—485标准 • 通信方式：多任务通信 • 通信速率：最大19200bit/s • 最长距离：500m	

（3）控制面板说明及操作方法

1）控制面板：控制面板如图6-43所示，键盘操作面板说明见表6-16，显示说明见表6-17。

表6-16 操作面板说明

按 键	说 明
RUN 键	正转运行指令键
MODE 键	可用于选择操作模式或设定模式
SET 键	用于确定频率和参数的设定
▲/▼ 键	• 用于连续增加或降低运行频率。按下这个键可改变频率 • 在设定模式中按下此键，则可连续设定参数
FWD 键	用于给出正转指令
REV 键	用于给出反转指令
STOP RESET 键	• 用于停止运行 • 用于保护功能动作输出停止时复位变频器

表 6-17 显示说明

表 示	说 明
Hz	表示频率时，灯亮
A	表示电流时，灯亮
RUN	变频器运行时灯亮。正转时/灯亮，反转时/闪亮
MON	监示显示模式时灯亮
PU	PU 操作模式时灯亮
EXT	外部操作模式时灯亮

2) 操作方法：

① 按 MODE 键改变监示显示。具体方法如图 6-81 所示。频率设定模式，仅在操作模式为 PU 操作模式时显示。

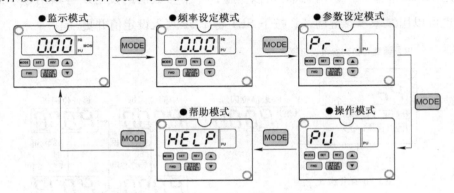

图 6-81 按 MODE 键改变监示显示

② 监视器显示运转中的指令。具体方法如图 6-82 所示。监视器显示运转中的指令，EXT 指示灯亮表示外部操作；PU 指示灯亮表示 PU 操作；EXT 和 PU 灯同时亮表示 PU 和外部操作组合方式，监示显示在运行中也能改变。

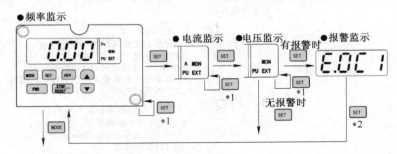

图 6-82 监视器显示运转中的指令

③ 频率设定。具体方法如图 6-83 所示。在 PU 操作模式下，用 RUN 键（FWD 或 REV 键）设定运行频率值。此模式只在 PU 操作模式时显示。

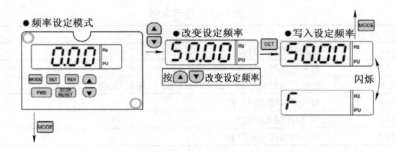

图 6-83　频率设定

④ 参数设定。具体方法如图 6-84 所示。除一部分参数之外，参数的设定仅在用 Pr. 79 选择 PU 操作模式时可以实施，一个参数值的设定既可以用数字键设定也可以用 ▲ / ▼ 键增减，按下 SET 键 1.5s 写入设定值并更新。

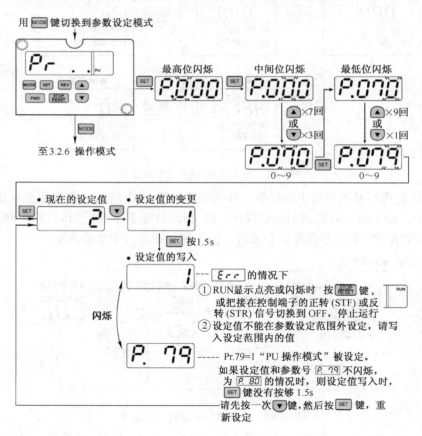

图 6-84　参数设定

⑤ 操作模式如图 6-85 所示。

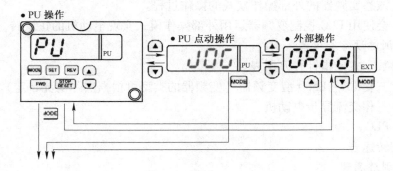

图 6-85　操作模式

3. 训练步骤

（1）变频器的面板功能　熟悉变频器面板操作键的名称和功能。

（2）变频器的结构

1）拆去变频器的端子盖，熟悉各接线端子的名称和功能。

2）卸下螺钉，拆去变频器的外壳。观察并记录变频器的结构，了解各组成部分的名称及作用。

（3）变频器的功能预置

1）按要求连接电源线和辅助设备，检查各连接线是否正确，接通电源。

2）将控制模式设置为 PU 模式。

3）检查设定输出频率是否不为 0。

4）按 STOP/REST 键发出起动命令，键盘指示灯显示 RUN 运行状态为正转运行，同时显示当前运行频率。

5）用方向键 REV 改变方向，指示灯 RUN 闪烁为反转运行。

4. 注意事项

1）观察变频器的结构时，切勿用手触摸电路板，以防高压静电损坏电路板中的 CMOS 芯片。

2）变频器接线时，要严格按端子功能说明或相关资料进行，以防接错线而烧坏变频器。

3）预置完成后，通电进行试车时，必须在有人监护的情况下进行，以确保人身和设备的安全。

● 训练2　变频器外部操作模式的运行

1. 训练目的

1）了解变频器外部操作模式电路的连接。

2）熟悉变频器基本参数的设定和使用方法。

3）熟悉变频器的外部操作模式的操作过程。

4）会使用 PLC 控制变频器运用外部操作模式实现电动机的正反转。

2. 训练设备及仪器

1）数字式或指针式万用表。

2）三菱 FR – E500 型变频器（变频器的类型可根据实际情况自定）。

3）三相交流异步电动机。

4）PLC。

5）转速表。

3. 训练原理

变频器外部操作模式是指根据外部的频率设定旋钮和外部起动信号进行操作的。即起动信号用外部控制按钮正转起动按钮 SB2，反转起动按钮 SB3，频率设定用外部的接于端子 2、5 之间的电位器 RP 来调节。在这种模式下，变频器参数设定后，变频器操作面板只起到显示频率的作用。

PLC 的 I/O 分配见表 6-18。

表 6-18　PLC 的 I/O 分配

输入设备	输入地址号	输出设备	输出地址号
工频（SA 1）	X0	接触器 KM 1	Y0
变频（SA 1）	X1	接触器 KM 2	Y1
电源通电（SB 1）	X2	接触器 KM 3	Y2
正转起动按钮（SB 2）	X3	正转起动端	Y3
反转起动按钮（SB 3）	X4	反转起动端	Y4
电源断电按钮（SB 4）	X5	蜂鸣器报警	Y5
变频制动按钮（SB 5）	X6	指示灯报警	Y6
电动机过载	X7	电动机过载指示	Y7
变频故障	X10		

4. 训练步骤

1）电气原理图如图 6-86 所示，按图连接电路。

2）合上电源开关，接通电源。将 PLC 开关拨至 "STOP" 位置，在 PLC 中输入程序 PLC 控制梯形图如图 6-87 所示。

3）将 PLC 程序开关拨向 "RUN"，转换开关 SA1 拨向 "工频"，按下电源通电按钮 SB1，电动机在工频状态下运行，用转速表测量电动机转速。按下电源断电按钮 SB4，电动机停止。

4）将转换开关 SA1 拨向 "变频"，按下电源通电按钮 SB1，变频器通电。

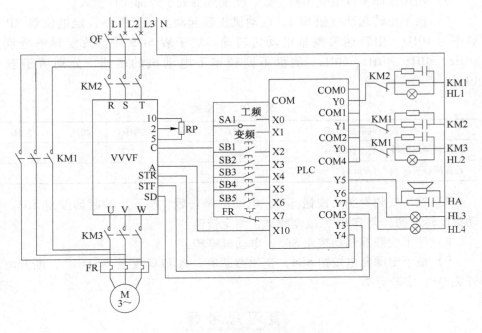

图 6-86 变频器外部操作模式电路

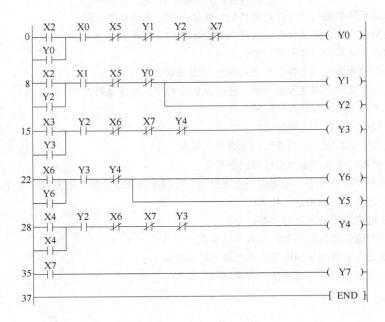

图 6-87 PLC 控制梯形图

5）用操作面板调节变频器参数，使变频器处于外部操作模式。

6）按下正转起动按钮 SB2，电动机正转起动。调节频率设定电位器 RP 使频率为 10Hz，用转速表测量电动机转速，填于表 6-19 中。改变频率分别为 20Hz、30Hz、40Hz、50Hz。测量不同频率下电动机的转速，分别填于表 6-19 中。

表 6-19　频率表

操作面板调节的频率	10Hz	20Hz	30Hz	40Hz	50Hz
转速表测试的转速 $n_1/$（r/min）					
计算同步转速 $n_1/$（r/min）					

7）按下变频器制动按钮 SB5，电动机停止后，按下反转起动按钮 SB3，电动机反转起动。调节 RP，改变频率，测定转速。

8）按下变频器制动按钮 SB5，电动机停转。

9）按下电源断电按钮 SB4，变频器断电，将 PLC 拨至 "STOP"，断开电源开关 QF，实验完毕。

复习思考题

1. 比较开环控制与闭环控制的特征、优缺点和应用场合的不同。
2. 晶闸管直流调速系统中，有环流和无环流的应用特点是什么？
3. ASR、ACR 为何要限幅？如何调整？
4. 如何测定速度反馈极性？如何调整反馈系数？
5. 直流脉宽调制调速和晶闸管可控整流调速相比，有什么特点？
6. 交流调压调速有什么应用特点？
7. 串级调速有什么应用特点？
8. 电力拖动系统中应用变频调速有哪些优点？
9. 变频器容量和类型的选择原则是什么？
10. 变频调速系统中，采用公用直流母线与电源反馈相结合的供电方式，有什么特点？
11. 步进电动机的用途是什么？
12. 步进电动机的分类有哪些特点？
13. 对步进电动机的驱动电源有哪些要求？
14. 步进电动机的驱动电源由哪几部分结构组成？
15. 步进电动机失步或多步的故障原因有哪些？

试 题 库

知识要求试题

一、判断题 （对画 ✓，错画 ×）

1. 结型场效应晶体管外加的栅-源电压应使栅-源间的耗尽层承受反向电压，才能保证其 R_{GS} 大的特点。　　　　　　　　　　　　　　　　　　　（　　）

2. 若耗尽型 N 沟道 MOS 管的 U_{GS} 大于零，则其输入电阻会明显变小。
　　　　　　　　　　　　　　　　　　　　　　　　　　　　　　　（　　）

3. 集成运放的输入失调电压 U_{IO} 是两输入端电位之差。　　　　　　（　　）

4. 集成运放的输入失调电流 I_{IO} 是两端电流之差。　　　　　　　　（　　）

5. 集成运放的共模抑制比 $K_{CMR} = \left| \dfrac{A_d}{A_c} \right|$。　　　　　　　　　　　（　　）

6. 有源负载可以增大放大电路的输出电流。　　　　　　　　　　　　（　　）

7. 在输入信号作用时，偏置电路改变了各放大管的动态电流。　　　　（　　）

8. 直流电源是一种将正弦信号转换为直流信号的波形变换电路。　　　（　　）

9. 直流电源是一种能量转换电路，它将交流能量转换为直流能量。　　（　　）

10. 在变压器二次电压和负载电阻相同的情况下，桥式整流电路的输出电流是半波整流电路输出电流的 2 倍。　　　　　　　　　　　　　　　　　　（　　）

11. 若 U_2 为电源变压器二次电压的有效值，则半波整流电容滤波电路和全波整流电容滤波电路在空载时的输出电压均为 $\sqrt{2}U_2$。　　　　　　　　（　　）

12. 当输入电压 U_1 和负载电流 I_L 变化时，稳压电路的输出电压是绝对不变的。　　　　　　　　　　　　　　　　　　　　　　　　　　　　　　　（　　）

13. 一般情况下，开关型稳压电路比线性稳压电路效率高。　　　　　（　　）

14. 集成运算放大器的共模抑制比反映了集成运算放大器对差模信号的抑制能力，其值越大越好。　　　　　　　　　　　　　　　　　　　　　　　　（　　）

15. 消除组合逻辑电路中的竞争冒险现象可以在输出端并联一电容器。

( )

16. 基本积分运算放大器，由接到反相输入端的电阻和输出端到反相输入端之间的电容所组成。 ( )

17. 555 精密定时器可以应用于脉冲发生器。 ( )

18. 寄存器主要由多谐振荡器组成。 ( )

19. RC 微分电路的特性是：当输入一个矩形脉冲信号时，脉冲从低电平突变到高电平时，电路输出正尖顶脉冲。脉冲从高电平突变到低电平时，电路输出负尖顶脉冲。 ( )

20. 采用 RS 触发器可以构成施密特触发器，这种电路又称为发射极耦合双稳态触发器电路，这种电路存在回差现象。对于一个具施密特触发器电路中元器件的参数一经确定后，它的动作电压和返回电压值大小是不变的，利用这一点可以用施密特触发器作为整形器。 ( )

21. 在单稳态触发器的输入端触发电路中，可以采用基极触发电路，也可以采用集电极触发电路。根据有效触发脉冲的极性不同又有正尖顶脉冲触发和负尖顶脉冲触发两种。 ( )

22. 采用 TTL 门电路构成的自激多谐振荡器电路与分立元器件电路具有相同的电路特性。对这种电路的分析方法主要是对非门电路的翻转分析，以及对电路中的电容充电、放电回路分析。 ( )

23. 对多谐振荡器电路的分析也同单稳态触发器、双稳态触发器一样，主要是对电路中正反馈回路过程和电容充电、放电的分析。多谐振荡器电路不同于正弦波振荡器电路，在振荡器电路设有一个 LC 选频回路。 ( )

24. 数据分配器与数据选择器的功能相反，它能将一个数据分配到许多电路中。 ( )

25. 在二-十进制编码中，可以用三位二进制数码来表示十进制数中的 0 ~ 9，这种编码过程称为二-十进制编码。在 8421BCD 码中，十进制数中的 5 的码为 0101，7 是 0111 码。 ( )

26. 发光二极管数码管可以用晶体管构成驱动电路，也可以用 TTL 门构成驱动电路。荧光数码管可以用 HTL 集成门直接驱动。液晶显示器由于驱动电流很小，所以可用译码器输出信号直接驱动。 ( )

27. 比较器中的大小比较器电路有 3 个输出端：一个是 A = B 输出端，二是 A > B 输出端，三是 A < B 输出端。对于多位比较器，在进行比较时，从最高位开始向下一位进行比较，当比较到哪一位有结果时便有输出信号，若比较到最后一位仍然是相等的话，就是 A = B 输出端输出高电平 1。 ( )

28. 半加器电路可完成两个一位二进制数的求和运算，半加器是一个由加

数、被加数、和数、向高位进位数组成的运算器，它仅考虑本位数相加，不考虑低位来的进位。 （　　）

29. 在五进制计数器电路中要用五个触发器才行，在三进制计数器电路中要用三个触发器。 （　　）

30. 减法计数器在进行减法计数时，若本位出现 0 − 1 就得向最高位借 1，此时本位输出是 1。若出现 1-1 就不必向高位借 1，也就没有借 1 信号输出，此时本位输出 0。 （　　）

31. 晶闸管只要加上正向阳极电压就导通，加反向阳极电压就阻断，所以晶闸管具有单向导电特性。 （　　）

32. 晶闸管导通后，要使其阻断，只要使门极电压为零或加负电压即可。 （　　）

33. 晶闸管导通后，当阳极电流小于维持电流 I_H，晶闸管必然自行关断。 （　　）

34. 当门极被加入毫安级的电流或几伏电压时，就可以控制阳极安培级的电流，所以晶闸管和晶体管一样具有放大功能。 （　　）

35. 晶闸管导通后，去掉门极电压或加负的门极电压，晶闸管仍然导通。 （　　）

36. 绝缘栅双极型晶体管的导通和关断是由栅极电压来控制的。 （　　）

37. 绝缘栅双极型晶体管必须有专门的强迫换流电路。 （　　）

38. 凡是不能输出负波形的电路，均不能实现有源逆变。 （　　）

39. 电力场效应晶体管 MOSFET 在使用时要防止静电击穿。 （　　）

40. 绝缘栅双极型晶体管内部为四层结构。 （　　）

41. GTO 器件工作时，必须有正向门极脉冲来触发其导通，还需要有较大功率的反向脉冲来控制其关断。 （　　）

42. 功率 MOSFET 的静态特性主要包括输出特性和转移特性。 （　　）

43. 普通晶闸管通过门极能控制开通和控制关断，所以是全控型器件。 （　　）

44. 功率 MOSFET 是一种单极型的电压控制器件。 （　　）

45. 转移特性：是栅源电压 U_{GS} 与漏极电流 I_D 之间的关系。 （　　）

46. 三相半波可控整流电路的接法有两种：一种是共阴极接法；另一种是共阳极接法。 （　　）

47. 三相全控桥式整流主电路，实质上是由共阴极组（1、3、5）与共阳极组（2、4、6）两组电路并联而成。 （　　）

48. 在三相全控桥式整流电路中，晶闸管导通顺序是：6.1→1.2→2.3→3.4→4.5→5.6→6.1。 （　　）

49. 为了保证逆变电路能够正常工作，必须选用可靠的触发器，正确选择晶闸管的参数。 （   ）

50. 将直流电变换成交流电（DC/AC），并把交流电输出接负载，称之为（无源）逆变。 （   ）

51. 晶闸管中频电源装置在感应加热时是一个开环控制系统。 （   ）

52. 功率晶体管 GTR 是一种高反压晶体管，具有自关断能力，并有开关时间短、饱和压降低和安全工作区宽等优点。 （   ）

53. 由通态到断态，能够维持晶闸管导通的最小阳极电流叫做擎住电流。

（   ）

54. GTO 所能达到的电流容量及电压水平比普通晶闸管高。 （   ）

55. 功率 MOSFET 是一种单极型的电流控制器件。 （   ）

56. 为了防止绝缘层因栅源电压过高发生介质击穿而设定的参数，极限值一般定为 ±20V。 （   ）

57. 正弦波触发电路由同步、移相、脉冲形成、脉冲整形及脉冲功放、输出等基本环节组成。 （   ）

58. 所谓开启电压 U_{GST}，就是指开始出现导电沟道时的栅源电压。 （   ）

59. GTO 有较高的开关速度，门极关断晶闸管的工作频率可达几千赫兹。

（   ）

60. 逆变运行时，一旦发生换相失败，外接的直流电源就会通过晶闸管电路形成短路，或者使整流桥的输出平均电压和直流电势变成顺向串联，电路内阻很小，形成很大的短路电流，这种情况称为逆变失败。 （   ）

61. 调速范围应满足一定的静差率条件，同理，静差率则是在满足一定的调速范围条件下工作的。 （   ）

62. 反馈环节只是检测偏差，减小偏差，而不能消除偏差。 （   ）

63. 无换向电动机由转子位置检测器来检测磁极位置以控制变频电路，从而实现自控变频。 （   ）

64. 在转速负反馈系统中，若要使开环和闭环系统的理想空载转速相同，则闭环时的给定电压要比开环时的给定电压相应地提高（1 + k）倍。 （   ）

65. 电压负反馈调速系统静态性能要比同等放大倍数的转速负反馈调速系统好些。 （   ）

66. 使用变频器的目的只是为了节能。 （   ）

67. 异步电动机变频调速后的机械特性及动态性能可达到和直流电动机相媲美的调速性能。 （   ）

68. PWM 控制技术一直是变频技术的核心技术之一。 （   ）

69. 变频器在基频以下调速时既变频又变压，在基频以上调速时只变频不

变压。　　　　　　　　　　　　　　　　　　　　　　　（　　　）

70. 变频器输出波形采用 SPWM 方式。　　　　　　　　　（　　　）

71. 变频器能够消除机械谐振。　　　　　　　　　　　　（　　　）

72. 变频器有过电流保护功能。　　　　　　　　　　　　（　　　）

73. 电压源型变频器不适用于多台电动机传动，只适用于一台变频器给一台电动机供电的传动控制。　　　　　　　　　　　　　　　（　　　）

74. 电流源型变频器的电压控制响应慢，适用于作为多台电动机同步运行时的供电电源且不要求快速加减速的场合。　　　　　　　　　（　　　）

75. 变频器输出的波形和载波频率有关，频率越高，越接近正弦波。（　　　）

76. 脉宽调制调速电路中，为防止上、下桥臂直通，可把上、下桥臂驱动信号死区时间调得很大。　　　　　　　　　　　　　　　（　　　）

77. 在选择变频器容量时，最大负载电流可以超过变频器的额定电流。　　　　　　　　　　　　　　　　　　　　　　　（　　　）

78. 电源侧电磁接触器可以频繁地控制变频器的启动和停止。（　　　）

79. 如果电动机的转向不正确，可以把变频器的三根电源进线中的任意两根互换，来改变电动机的转向。　　　　　　　　　　　　　（　　　）

80. 无静差调速系统采用比例积分调节器，在任何情况下系统都是无差的。　　　　　　　　　　　　　　　　　　　　　　（　　　）

81. 电动机本身就是一个反馈系统。　　　　　　　　　　（　　　）

82. 不管环境怎样变化，补偿控制都能可靠的减少静差。　（　　　）

83. 转速和电流双闭环调速系统，简称双闭环调速系统。　（　　　）

84. 反馈控制只能使静差尽量减小，补偿控制却能把静差完全消除。（　　　）

85. 为了解决单环调速系统的"起动"和"堵转"时电流过大的问题，系统中必须有限制电枢电流过大的环节。　　　　　　　　　　（　　　）

86. 电流正反馈和电压负反馈是性质完全相同的两种控制作用。（　　　）

87. 从主电源将能量传递给电动机的电路称为功率转换电路。（　　　）

88. 脉宽调制器本身是一个由运算放大器和几个输入信号组成的电压比较器。　　　　　　　　　　　　　　　　　　　　　　　（　　　）

89. 我们希望通用变频器输出的波形是标准的方波。　　　（　　　）

90. 按照生产工艺要求，电动机的转速是控制和调节的最终目的。（　　　）

91. 晶闸管具有可以控制的单向导电性，而且控制信号很小，阳极回路被控制的电流可以很大。　　　　　　　　　　　　　　　（　　　）

92. 直流-交流变频器，是指把直流电能（一般可采用整流电源）转变为所需频率的交流电能，所以也叫逆变器。　　　　　　　　　　（　　　）

93. 逆变器的工作过程与晶闸管整流器的有源逆变一样，是把变换过来的交

流电反馈回电网去。　　　　　　　　　　　　　　　　　　　　　（　　）

94. 从自动控制的角度来看，截流截压电路是一个有差闭环系统。　（　　）

95. 若接地不当，虽然不能正确抑制干扰，但是也不会引入干扰，更不可能使电路工作出现异常。　　　　　　　　　　　　　　　　　　　（　　）

96. 随着电力电子、计算机以及自动控制技术的飞速发展，直流调速大有取代传统的交流调速的趋势。　　　　　　　　　　　　　　　　　　（　　）

97. 变频调速性能优异，调速范围大，平滑性好，低速特性较硬，从根本上解决了笼型异步电动机的调速问题。　　　　　　　　　　　　　　　（　　）

98. 在一些交流供电的场合，为了达到调速的目的，常采用斩波器-直流电动机调速系统。　　　　　　　　　　　　　　　　　　　　　　　（　　）

99. 采用电气串级调速的绕线转子异步电动机具有许多优点，其缺点是功率因数较差，但如果用电容补偿措施，功率因数可有所提高。　　　　　（　　）

100. 交流伺服电动机在控制绕组电流作用下转动起来，如果控制绕组突然断路，则转子不会自行停转。　　　　　　　　　　　　　　　　　（　　）

101. 自动控制就是应用控制装置使控制对象（如机器、设备和生产过程等）自动的按照预定的规律运行或变化。　　　　　　　　　　　　　（　　）

102. 输出量对输入量（控制作用）有着直接影响的系统，就叫开环控制系统（或非反馈系统）。　　　　　　　　　　　　　　　　　　　　　（　　）

103. 控制系统中采用负反馈，除降低系统误差提高精度外，还使系统对内部参数的变化不灵敏。　　　　　　　　　　　　　　　　　　　（　　）

104. 在空载情况下，电动机的最高转速与最低转速之比称为调速范围。

（　　）

105. 电动机在额定负载时的转速与理想空载转速之比称为转差率。（　　）

106. 经济型数控的伺服机构仍采用电液脉冲马达。　　　　　　（　　）

107. 编制数控程序时，不必考虑数控加工机床的功能。　　　　（　　）

108. 机床的伺服装置就是以机床移动部件的位置和方向为控制量的控制装置。　　　　　　　　　　　　　　　　　　　　　　　　　　　　（　　）

109. 数控机床所用无触点行程开关（接近开关）有常开、常闭、PNP、NPN 等类型之分，在更换时切勿搞错。　　　　　　　　　　　　　（　　）

110. B2012A 型龙门刨床 G-M 直流调速电路中，电流截止负反馈环节的主要作用是为了加速系统的过渡过程。　　　　　　　　　　　　　（　　）

111. 为了提高调速系统的机械特性硬度，可以把电流正反馈的强度调节到最大。　　　　　　　　　　　　　　　　　　　　　　　　　　　（　　）

112. B2012A 型龙门刨床在机组检修后，起动机组时并没有按下工作台工作按钮，工作台便以很高的速度冲出，其故障原因可能是控制绕组 K$_{II}$ 极性接反。

（　　）

113. B2012A 型龙门刨床在调节时，若调得 5RT 阻值大于 6RT，则在电路中，时间继电器释放之前会产生：开步进，停车时工作台倒退一下；开步退，停车时工作台向前滑行一下。　　　　　　　　　　　　　　　　　　　　　　　　　（　　）

114. B2012A 型龙门刨床主拖动系统中调节电阻 1RT、2RT 的作用是调节起动和反向过渡过程的强度。　　　　　　　　　　　　　　　　　　　　（　　）

115. B2012A 型龙门刨床带有电机扩大机自动调速系统，加入电压负反馈后，使电机扩大机和发电机的非线性特性得到改善，磁滞回线变窄了，剩磁降低，加快了过渡过程。　　　　　　　　　　　　　　　　　　　　　　　（　　）

116. B2012A 型龙门刨床主拖动系统中电阻 5RT、6RT 的作用是调节停车制动强弱。　　　　　　　　　　　　　　　　　　　　　　　　　　　（　　）

117. B2012A 型龙门刨床工作台前进减速运行时，给定电压为 201～205 之间的电压。201 为 "＋"，205 为 "－"。　　　　　　　　　　　　　　（　　）

118. B2012A 型龙门刨床主拖动电路中稳定环节对过渡过程有很大影响。稳定作用过强，虽然抑制振荡效果好，但过渡过程较弱，不仅影响了工作效率，而且对越位有一定限制的系统就会因越位过大而无法工作。　　　　　　（　　）

119. 为了使 B2012A 型龙门刨床刨台停车准确，消除高速停车的摇摆，系统中设立了电机扩大机的欠补偿能耗制动环节。　　　　　　　　　　（　　）

120. B2012A 型龙门刨床，当工作台高速运行时突然降低给定电压，变为减速运行，此时在主回路中的电流反向，产生制动转矩使电动机制动，当转速下降后变为减速运行。　　　　　　　　　　　　　　　　　　　　　　　（　　）

121. B2012A 型龙门刨床在维修后，电机扩大机空载发电正常，负载时发电只有空载电压的 50% 左右，此时在直轴电刷下的火花又比较大，可判断为补偿绕组短路故障。　　　　　　　　　　　　　　　　　　　　　　　　　（　　）

122. 在 B2012A 型龙门刨床调整试车时，发现工作台不能起动，可判断是误将发电机励磁绕组接头 F1-G1 和 F2-G1 互换接反。　　　　　　（　　）

123. 若 B2012A 型龙门刨床执行操作前进或后退时，工作台都是前进运动方向，且运动速度非常高，可判断认为给定电压极性接反且给定电压太高。

（　　）

124. 直流及交流换向器电动机在结构上都是和同步电动机相同。　（　　）

125. 可编程序控制器（PLC）是由输入部分、逻辑部分和输出部分组成。

（　　）

126. PLC 输入部分的作用是处理所取得的信息，并按照被控对象实际的动作要求做出反映。　　　　　　　　　　　　　　　　　　　　　　　（　　）

127. CPU 是 PLC 的核心组成部分，承担接收、处理信息和组织整个控制工作。　　　　　　　　　　　　　　　　　　　　　　　　　　　（　　）

128. PLC 的工作过程是周期循环扫描，基本分成三个阶段：输入采样阶段、程序执行阶段和输出刷新阶段。　　　　　　　　　　　　　　　（　　）

129. 可编程序控制器的输出、输入、辅助继电器、计时和计数的触点是有限的。　　　　　　　　　　　　　　　　　　　　　　　　　　　（　　）

130. 计划修理属于定期修理，一般分为大修、中修、小修、项修、预防性试验五种。　　　　　　　　　　　　　　　　　　　　　　　　　（　　）

131. 脉冲当量是每个脉冲信号使传动丝杠传过的角度。　　　　　　（　　）

132. 数控机床开机时，一般要进行回参考点操作，其目的是建立机床坐标系。　　　　　　　　　　　　　　　　　　　　　　　　　　　　　（　　）

133. 轮廓控制的数控机床只要控制起点和终点位置，对加工过程中的轨迹没有严格的要求和限制。　　　　　　　　　　　　　　　　　　　（　　）

134. 常用的位移执行机构有步进电动机、直流伺服电动机和交流伺服电动机。　　　　　　　　　　　　　　　　　　　　　　　　　　　　　（　　）

135. 闭环控制系统的检测装置装在电动机轴或丝杆轴端。　　　　（　　）

136. 数控系统中 CNC 的中文含义是计算机数字控制。　　　　　　（　　）

137. 中央处理器主要包括内存储器和控制器。　　　　　　　　　　（　　）

138. 功能程序测试法常应用于数控系统出现随机性故障，一时难以区别是外来干扰，还是系统稳定性不好，可连续循环执行功能测试程序来诊断系统的稳定性。　　　　　　　　　　　　　　　　　　　　　　　　　　　（　　）

139. 当数控机床长期闲置或无缘无故出现不正常现象或有故障而无报警时，应根据故障特征，检查和校对有关参数。　　　　　　　　　　　　（　　）

140. 数控机床中有二次接线的设备，如电源变压器等，必须确认二次接线相序的一致性。　　　　　　　　　　　　　　　　　　　　　　　（　　）

141. 高级维修电工应该自己干好本职工作，不需要对学徒、初、中级工传授操作技术。　　　　　　　　　　　　　　　　　　　　　　　　　（　　）

142. 操作晶体管图示仪时，应特别注意功耗电阻、阶梯选择和峰值范围选择开关的位置，它们是导致管子损坏的主要原因。　　　　　　　　　（　　）

143. 执行改变亮（辉）度操作后，一般不需重调聚焦。　　　　　　（　　）

144. 示波器的外壳与被测信号电压应有公共接地点。同时，尽量使用探头测量的目的是为了防止引入干扰。　　　　　　　　　　　　　　　　（　　）

145. 液压传动是利用液体为介质来传递和控制某些动作。　　　　（　　）

146. 自控系统的静差率一般是指系统高速运行时的静差率。　　　（　　）

147. 调速系统的调速范围和静差率是两个互不相关的调速指标。　（　　）

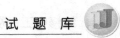

148. 闭环控制系统采用负反馈控制，是为了提高系统的机械特性硬度，扩大调速范围。　　　　　　　　　　　　　　　　　　（　　）

149. 续流二极管只是起到了及时关断晶闸管的作用，对输出电压值、电流值没有任何影响。　　　　　　　　　　　　　　　　　　（　　）

150. 造成晶闸管误导通的原因有两个：一是干扰信号加于门极，二是加到晶闸管上的电压上升率过大。　　　　　　　　　　　　　（　　）

151. 通过晶闸管的电流平均值，只要不超过晶闸管的额定电流值，就是符合使用要求的。　　　　　　　　　　　　　　　　　　　（　　）

152. 晶闸管斩波器的作用是把可调的直流电压变为固定的直流电压。
　　　　　　　　　　　　　　　　　　　　　　　　　　　　（　　）

153. 可编程序控制器是以并行方式进行工作的。　　　　　　　（　　）

154. OUT 指令是驱动线圈的指令，用于驱动各种继电器。　　（　　）

155. OUT 指令可以同时驱动多个继电器线圈。　　　　　　　（　　）

156. 当电源断电时是计数器复位。　　　　　　　　　　　　　（　　）

157. 在 PLC 梯形图中，线圈必须放在最右边。　　　　　　　（　　）

158. 在 PLC 梯形图中，线圈不能与左母线相连接。　　　　　（　　）

159. 在梯形图中串联触点和并联触点使用的次数不受限制。　（　　）

160. PLC 采用循环扫描的工作方式。　　　　　　　　　　　（　　）

二、选择题（将正确答案的序号填入括号内）

1. 具有记忆功能的是（　　　）。

A. 与非门　　　　　B. 异或门　　　　　C. 加法器　　　　　D. 触发器

2. 反相输入比例运算放大器的电压放大倍数计算公式为（　　　）。

A. $1 + R_f/R_1$　　　B. $-R_f/R_1$　　　C. R_f/R_1　　　D. -1

3. 用于把矩形波脉冲变为尖脉冲的电路是（　　　）。

A. RL 耦合电路　　B. RC 耦合电路　　C. 微分电路　　D. 积分电路

4. 集成运放输入端并接两个正反向二极管其作用是（　　　）。

A. 提高输入阻抗　　　　　　　　B. 过载保护

C. 输入电压保护　　　　　　　　D. 电源电压保护

5. 集成运算放大器为扩大输出电流可采用（　　　）。

A. 输出端加功率放大电路　　　　B. 输出端加电压放大电路

C. 输出端加射极跟随器　　　　　D. 输出端加晶体管反相器

6. 两级放大电路的电压增益分别是 100dB 和 80dB，电路总的电压放大倍数是（　　　）。

A. 180dB　　　　　B. 10^9　　　　　C. 8000dB　　　　　D. 10^8

7. 设计一个三人表决器，要求当输入 A、B、C 三个变量中有两个或两个以上为 1 时，输出为 1，其余情况输出为 0。则该电路的最简输出逻辑表达式为（　　）。

　A. $Y = AB + BC + AC$
　B. $Y = \overline{A}BC + A\overline{B}C + AB\overline{C} + ABC$
　C. $Y = ABC$
　D. $Y = \overline{ABC} + B\overline{C}$

8. 流入由集成运算放大器构成的基本运算电路两输入端的电流都为 0，这是电路的（　　）现象。

　A. 虚短　　　　　B. 虚断　　　　　C. 虚地　　　　　D. 零输入

9. 多级放大电路克服零点漂移的方法是（　　）。

　A. 在最后一级采用共射极放大电路
　B. 在最后一级采用差动放大电路
　C. 在第一级采用差动放大电路
　D. 在中间级采用差动放大电路

10. 集成运算放大器的下列参数中，参数值越大运放的性能越好的参数为（　　）。

　A. 输入失调电压　　　　　　　　B. 差模输入电阻
　C. 输出电阻　　　　　　　　　　D. 输入失调电流

11. 对于集成运算放大器的选择，当输入信号的幅度较大（毫伏级）、频率较低、信号源内阻和负载电阻适中（几千欧）时，应尽量选用（　　）。

　A. 高阻型运放　　　　　　　　　B. 通用型运放
　C. 低功耗型运放　　　　　　　　D. 高速型运放

12. 时序逻辑电路在任何一个时刻的输出状态（　　）。

　A. 只取决于当时的输入信号
　B. 只取决于电路原来的状态
　C. 只取决于时钟脉冲
　D. 不仅取决于当时的信号，还取决于电路原来的状态

13. 组合电路是由（　　）组成的。

　A. 存储电路　　　B. 门电路　　　C. 逻辑电路　　　D. 数字电路

14. 不管输入信号如何，电压比较器的输出状态只可能是（　　）。

　A. 高电平　　　　B. 低电平　　　C. $+U_0$ 或 $-U_0$　　　D. 高阻

15. 若实际的共模输入电压超过最大共模输入电压，则集成运算放大器（　　）。

　A. 仍能正常工作　　　　　　　　B. 共模抑制性能增强
　C. 抗干扰能力增强　　　　　　　D. 共模抑制性能明显下降

16. 稳压二极管的稳压区是其工作在（　　）。

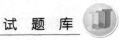

A. 正向导通   B. 反向截止   C. 反向击穿   D. 不确定区域

17. 当场效应晶体管的漏极直流电流 I_D 从 2mA 变为 4mA 时，它的低频跨导 g_m 将（   ）。

A. 增大   B. 不变   C. 减小   D. 无法确定

18. 集成运放电路采用直接耦合方式是因为（   ）。

A. 可获得很大的放大倍数   B. 可使温漂减小

C. 集成工艺难于制造大容量电容   D. 没有其他耦合方式

19. 通用型集成运放适用于放大（   ）。

A. 高频信号   B. 低频信号

C. 任何频率信号   D. 中频信号

20. 集成运放制造工艺使得同类半导体管的（   ）。

A. 指标参数准确   B. 参数不受温度影响

C. 参数一致性好   D. 无明显区别

21. 集成运放的输入级采用差动放大电路是因为可以（   ）。

A. 减小温漂   B. 增大放大倍数

C. 提高输入电阻   D. A、B、C 均正确

22. 在运算电路中，集成运算放大器工作在线性区域，因而要引入（   ），利用反馈网络实现各种数学运算。

A. 深度正反馈   B. 深度负反馈   C. 浅度正反馈   D. 浅度负反馈

23. 集成运算放大器是一种具有（   ）耦合放大器。

A. 高放大倍数的阻容   B. 低放大倍数的阻容

C. 高放大倍数的直接   D. 低放大倍数的直接

24. 在硅稳压二极管稳压电路中，限流电阻 R 的作用是（   ）。

A. 既限流又降压   B. 既限流又调压   C. 既降压又调压   D. 既调压又调流

25. 与非门的逻辑功能为（   ）。

A. 入 0 出 0，入 1 出 1   B. 入 1 出 0，入 0 出 0

C. 入 0 出 1，全 1 出 0   D. 入 1 出 0，入 0 出 1

26. TTL 与非门的输入端全部同时悬空时，输出为（   ）。

A. 零电平

B. 低电平

C. 高电平

D. 可能是低电平，也可能是高电平

27. 在与非门 RS 触发器中，当 R = S = 1 时，触发器状态（   ）。

A. 置 1   B. 置 0   C. 不变   D. 不定

28. TTL 与非门 RC 环形多谐振荡器的振荡频率由（   ）决定。

A. TTL 与非门的个数　　　　　　　　B. 电阻 R 的大小

C. 电容 C 的电容量　　　　　　　　　D. RC

29. 一异步三位二进制加法计数器，当第 8 个 CP 脉冲后，计数器状态为（　　）。

A. 000　　　　　　B. 010　　　　　　C. 110　　　　　　D. 101

30. 寄存器主要由（　　）组成。

A. 触发器　　　　　　　　　　　　　B. 门电路

C. 多谐振荡器　　　　　　　　　　　D. 触发器和门电路

31. 决定 MOSFET 通态损耗的参数是（　　）。

A. R_{on}　　　　　B. BU_{DS}　　　　C. BU_{GS}　　　　D. U_{GST}

32. 电力场效应晶体管 MOSFET 是理想的（　　）控制器件。

A. 电压　　　　　　B. 电流　　　　　　C. 电阻　　　　　　D. 功率

33. 在斩波器中，作为主开关器件若用晶闸管代替电力晶体管，则会（　　）。

A. 减小体积　　　B. 减轻重量　　　C. 增加损耗　　　D. 降低损耗

34. 在电力电子装置中，电力晶体管一般在（　　）状态。

A. 放大　　　　　　B. 截止　　　　　　C. 饱和　　　　　　D. 开关

35. 电力晶体管的开关频率（　　）电力场效应晶体管的开关频率。

A. 稍高于　　　　B. 低于　　　　　C. 远高于　　　　D. 等于

36. 绝缘栅双极晶体管内部为（　　）层结构。

A. 1　　　　　　　B. 2　　　　　　　C. 3　　　　　　　D. 4

37. 绝缘栅双极晶体管（　　）电路。

A. 不必有专门的强迫换流　　　　　　B. 可能有专门的强迫换流

C. 必须有专门的强迫换压　　　　　　D. 可以有专门的强迫换压

38. 晶闸管斩波器是应用于直流电源方面的调压装置，其输出电压（　　）。

A. 是固定的　　　　　　　　　　　　B. 可以上调，也可以下调

C. 只能上调　　　　　　　　　　　　D. 只能下调

39. 三相半波可控整流电路各相触发脉冲相位差（　　）。

A. 60°　　　　　　B. 90°　　　　　　C. 120°　　　　　D. 180°

40. 在电力电子装置中，电力晶体管一般工作在（　　）状态。

A. 放大　　　　　　B. 截止　　　　　　C. 饱和　　　　　　D. 开关

41. 绝缘栅双极型晶体管的导通与关断是由（　　）来控制。

A. 栅极电流　　　B. 发射极电流　　C. 栅极电压　　　D. 发射极电压

42. 晶闸管逆变器输出交流电的频率由（　　）来决定。

A. 一组晶闸管的导通时间　　　　　　B. 两组晶闸管的导通时间

C. 一组晶闸管的触发脉冲频率　　　　D. 两组晶闸管的触发脉冲频率

43. 绝缘栅双极型晶体管具有（　　　）的优点。

A. 晶闸管　　　　　　　　　　　　　B. 单结晶体管

C. 电力场效应晶体管　　　　　　　　D. 电力晶体管和电力场效应晶体管

44. 电力场效应管 MOSFET（　　　）现象。

A. 有二次击穿　　　B. 无二次击穿　　　C. 防止二次击穿　　D. 无静电击穿

45. 逆变器中的电力晶体管工作在（　　　）状态。

A. 饱和　　　　　　B. 截止　　　　　　C. 放大　　　　　　D. 开关

46. 电力场效应晶体管 MOSFET 适于在（　　　）条件下工作。

A. 直流　　　　　　B. 低频　　　　　　C. 中频　　　　　　D. 高频

47. 在大容量三相逆变器中，开关元件一般不采用（　　　）。

A. 晶闸管　　　　　　　　　　　　　B. 绝缘栅双极型晶体管

C. 门极关断晶闸管　　　　　　　　　D. 电力晶体管

48. 在简单逆阻型晶闸管斩波器中，（　　　）晶闸管。

A. 只有一只　　　　　　　　　　　　B. 有两只主

C. 有两只辅助　　　　　　　　　　　D. 有一只主晶闸管，一只辅助

49. 逆变器的任务是把（　　　）。

A. 交流电变成直流电　　　　　　　　B. 直流电变成交流电

C. 交流电变成交流电　　　　　　　　D. 直流电变成直流电

50. 电力晶闸管 GTR 内部电流是由（　　　）形成的。

A. 电子　　　　　　　　　　　　　　B. 空穴

C. 电子和空穴　　　　　　　　　　　D. 有电子但无空穴

51. 单相半桥逆变器（电压型）的直流端接有两个相互串联的（　　　）。

A. 容量足够大的电容　　　　　　　　B. 大电感

C. 容量足够小的电容　　　　　　　　D. 小电感

52. 电压型逆变器的直流端（　　　）。

A. 串联大电感　　　B. 串联大电容　　　C. 并联大电感　　　D. 并联大电容

53. 为防止逆变失败，最小逆变角 β_{min} 应选（　　　）。

A. $0°$　　　　　　　B. $15°\sim20°$　　　C. $20°\sim30°$　　　D. $30°\sim35°$

54. 根据晶闸管的伏安特性曲线，通常把 U_{DRM} 和 U_{RRM} 中的（　　　）值标作该器件的额定电压。

A. 较小　　　　　　B. 较大　　　　　　C. U_{DRM}　　　　　D. U_{RRM}

55. 晶闸管导通以后，在其门极加反向电压，则该晶闸管（　　　）。

A. 继续导通　　　　B. 饱和　　　　　　C. 状态不定　　　　D. 关断

56. 三相全控桥在一个周期内，每个整流器件的导通时间是负载电流通过时

间的（　　）。

    A. 1/2   B. 1/3   C. 1/6   D. 1/8

57. 单相半波可控整流电路 L 负载，加续流二极管，触发延迟角 α 的最大移相范围是（　　）。

    A. 180°   B. 120°   C. 150°   D. 90°

58. 单相全控桥整流电路 L 负载，负载电流 $I_d = 10A$，安全余量取 2，晶闸管的通态平均电流 I_{TA} 应取（　　）。

    A. 9A   B. 5A   C. 4.5A   D. 20 A

59. 三相半波共阴极可控整流电路 L 负载，负载电流 $I_d = 100A$，不考虑安全余量，晶闸管的通态平均电流 I_{TA} 应取（　　）。

    A. 50A   B. 30A   C. 36.8A   D. 10 A

60. 三相半波共阴极可控整流电路 R 负载，触发延迟角 α 的最大移相范围是（　　）。

    A. 150°   B. 120°   C. 90°   D. 180°

61. 转速无静差闭环调速系统中，转速调节器一般采用（　　）调节器。

    A. 比例   B. 积分   C. 比例积分   D. 比例微分

62. 双闭环调速系统中，无论起动、堵转或稳定运行时，电流调节器始终处于（　　）状态。

    A. 饱和   B. 不饱和   C. 开环   D. 不定

63. 当晶闸管直流电机无静差调速系统在稳定运行时，速度反馈电压（　　）速度给定电压。

    A. 小于   B. 大于   C. 等于   D. 不定

64. 无静差调速系统的调节原理是（　　）。

    A. 依靠偏差的积累   B. 依靠偏差对时间的积累

    C. 依靠偏差对时间的记忆   D. 用偏差进行调节

65. 由于变频器调速多应用于（　　）电动机的调速，所以这种调速装置得到越来越广泛的应用。

    A. 直流   B. 步进   C. 笼型异步   D. 绕线转子异步

66. 简单逆阻型晶闸管斩波器的调制方式是（　　）。

    A. 定频调宽   B. 定宽调频

    C. 可以人为地选择   D. 调宽调频

67. 调速系统的调速范围和静差率这两个指标（　　）。

    A. 互不相关   B. 相互制约   C. 相互补充   D. 相互平等

68. 变频调速中变频器的作用是将交流供电电源变成（　　）的电源。

    A. 变压变频   B. 变压不变频   C. 变频不变压   D. 不变压不变频

69. 直流电动机调速所用的斩波器主要起（　　）作用。

A. 调电流　　　　B. 调电阻　　　　C. 调电压　　　　D. 调电抗

70. 变频调速中的变频器一般由（　　）组成。

A. 整流器、滤波器、逆变器　　　　B. 放大器、滤波器、逆变器

C. 整流器、滤波器　　　　　　　　D. 逆变器

71. 异步电动机变频调速时尽量使气隙磁通（　　）。

A. 变大　　　　B. 变小　　　　C. 由小到大　　　　D. 恒定

72. 变频调速所用的 VVVF 型变频器，具有（　　）功能。

A. 调压　　　　B. 调频　　　　C. 调压与调频　　　　D. 调功率

73. 在实现恒转距调速时，在调频的同时（　　）。

A. 不必调整电压　　　　　　　　B. 不必调整电流

C. 必须调整电压　　　　　　　　D. 必须调整电流

74. 变频器给定频率的设定方法有（　　）种。

A. 1　　　　B. 2　　　　C. 3　　　　D. 4

75. 不是变频器的频率指标的是（　　）。

A. 频率精度　　　B. 频率范围　　　C. 频率分辨率　　　D. 超载能力

76. 变频器所变换的是（　　）频率。

A. 音频　　　　B. 中频　　　　C. 载波　　　　D. 调制

77. PWM 控制方式是通过改变电力晶体管（　　）和（　　）交替导通的时间，从而改变逆变器输出波形的频率。

A. VT1、VT4　　　B. VT3、VT4　　　C. VT2、VT3　　　D. VT1、VT3

78. 变频器的输出不允许接（　　）。

A. 纯电阻　　　　B. 电感　　　　C. 电容器　　　　D. 电动机

79. 若增大 SPWM 逆变器的输出电压基波频率，可采用的控制方法是（　　）。

A. 增大三角波幅度　　　　　　　　B. 增大三角波频率

C. 增大正弦调制波频率　　　　　　D. 增大正弦调制波幅度

80. 可在第一和第四象限工作的变流电路是（　　）。

A. 三相半波可控变电流电路

B. 单相半控桥

C. 接有续流二极管的三相半控桥

D. 接有续流二极管的单相半波可控变流电路

81. 直流电动机工作时，电动机首先要加上额定（　　）。

A. 电压　　　　B. 励磁　　　　C. 电流　　　　D. 电动势

82. 下面不是 PI 调节器规律的是（　　）。

A. 由于存在积分环节，所以一旦达到了饱和状态。除非 ΔU 变为负值，否则会自动退出饱和

B. 一旦达到了饱和状态，该调节器所在系统就进入非线性状态，失去调节能力，相当于开环

C. 当 $\Delta U = 0$，即使未达到饱和值，输出电压 U_{out} 也必趋向一恒定值，这时系统仍保持着调节能力

D. 为了快速起动，需有较大的起动转矩，而较大的起动转矩必须依靠较大的起动电流提供

83. 在自动控制系统中，若想稳定某个物理量，就引入该物理量的（　　　）。

A. 正反馈　　　　B. 负反馈　　　　C. 微分正反馈　　　D. 微分负反馈

84. 带有速度、电流双闭环调速系统，在起动时，调节作用主要靠（　　）产生。

A. 电流调节器　　　　　　　　B. 速度调节器

C. 电流、速度调节器　　　　　D. 比例、积分调节器

85. 带有速度、电流双闭环调速系统，在负载变化时出现偏差，消除偏差主要靠（　　）。

A. 电流调节器　　　　　　　　B. 速度调节器

C. 电流、速度调节器　　　　　D. 比例、积分调节器

86. 在单闭环系统中，如果电源电压发生了波动，其结果必将引起（　　）变化。

A. 电流　　　　B. 速度　　　　C. 电压　　　　D. 电阻

87. 直流放大器中产生零点飘移的主要原因是（　　）的变化。

A. 频率　　　B. 集电极电流　　　C. 晶体管　　　D. 温度

88. 不属于异步电动机的调速系统的是（　　）。

A. 转差功率消耗型调速系统　　B. 转差功率回馈型调速系统

C. 转差功率不变型调速系统　　D. 转差功率生长型调速系统

89. 异步电动机定子绕组每相感应电动势的有效值为（　　）。

A. $E_1 = 4.44k_{r1}f_1N_1\Phi_m$　　　　B. $E_1 = 4k_{r1}f_1N_1\Phi_m$

C. $E_1 = 4.44k_{r1}f_1N_1$　　　　　D. $E_1 = 4.44k_{r1}N_1\Phi_m$

90. 我们希望通用变频器输出的波形是标准的（　　）。

A. 方波　　　　B. 正弦波　　　　C. 尖脉冲　　　D. 阶梯波

91. 在下列直流稳压电路中，效率最高的是（　　）。

A. 串联型稳压电路　　　　　　B. 开关型稳压电路

C. 并联型稳压电路　　　　　　D. 硅稳压二极管稳压电路

92. 在变频调速时，若保持 $U/f =$ 常数，可实现（　　　），并能保持过载能力

不变。

    A. 恒功率调速   B. 恒电流调速   C. 恒效率调速   D. 恒转矩调速

    93. 我国现阶段所谓的经济型数控系统大多是指（   ）系统。

    A. 开环数控   B. 闭环数控   C. 可编程控制   D. 继电-接触控制

    94. 加工中心机床是一种在普通数控机床上加装一个刀库和（   ）而构成的数控机床。

    A. 液压系统   B. 检测装置   C. 自动换刀装置   D. A、B、C 均有

    95. 加工中心主轴传动系统应在（   ）输出足够的转矩。

    A. 高速段   B. 低速段

    C. 一定的转速范围内   D. 任何阶段

    96. 当负载增加以后调速系统转速下降，可通过负反馈的调节作用使转速回升。调节前后加在电动机电枢绕组两端的电压将(   )。

    A. 减小   B. 增大   C. 不变   D. 大幅度减小

    97. 当负载增加以后，调速系统转速降增大，经过调节转速有所回升。调节前后主电路电流将（   ）。

    A. 增大   B. 不变   C. 减小   D. 大幅度减小

    98. 增加自动调速系统调速范围最有效的方法是（   ）。

    A. 增加电动机电枢电压   B. 提高电枢电流

    C. 减小电动机转速降   D. A、B、C 均正确

    99. 在 B2012A 型龙门刨床自动调速系统中，要想稳定负载电流，就应该引入负载电流的（   ）。

    A. 正反馈   B. 负反馈   C. 微分负反馈   D. 电桥稳定环节

    100. 数控机床的核心是（   ）。

    A. 伺服系统   B. 数控系统   C. 反馈系统   D. 传动系统

    101. B2012A 型龙门刨床检修后，工作台的运动方向和按钮的标注相反，除彻底检查接线外，尚可供选择的方法为（   ）。

    A. 将电机扩大机电枢接线交叉   B. 将发电机电枢接线交叉

    C. 将电动机励磁接线交叉   D. 将直流控制电源线①与②交叉

    102. 桥式稳定环节在 B2012A 型龙门刨床直流调速系统中所起的作用是（   ）。

    A. 增加静态放大倍数   B. 减小静态放大倍数

    C. 增加动态放大倍数   D. 减小动态放大倍数

    103. B2012A 型龙门刨床中电流截止负反馈环节具有（   ）作用。

    A. 使系统得到下垂的机械特性   B. 加快过渡过程

    C. 限制最大电枢电流   D. A、B、C 全部

104. 当 B2012A 型龙门刨床起动 G1-M 电机组后，工作台自行高速冲出不受限制时，可用（　　）关机。

    A. 工作台停止按钮　　　　　　　　　B. 电机组停止按钮

    C. 换向开关　　　　　　　　　　　　D. 终端位置开关

105. B2012A 型龙门刨床主拖动系统电路中调节电阻器 3RT 的作用是（　　）。

    A. 调节减速制动强弱　　　　　　　　B. 调节减速时给定电压的大小

    C. 调节减速运动速度　　　　　　　　D. 上述都不对

106. 在 B2012A 型龙门刨床主拖动系统中，加速度电位器 RP1、RP2 的作用是（　　）。

    A. 调节前进、后退时减速制动的强弱

    B. 调节制动时制动力的强弱

    C. 调节前进返后退越位的大小和调节后退返前进越位的大小

    D. 无任何作用

107. 直流电动机用斩波器调速时，可实现（　　）。

    A. 有级调速　　　　B. 无级调速　　　　C. 恒定转速　　　　D. 以上均可

108. B2012A 型龙门刨床开车后，工作台就出现"飞车"现象，其故障原因可能是（　　）。

    A. 200 号处接触不良　　　　　　　　B. A1-G1～200 号线间断路

    C. A1-G1～200 号线间短路　　　　　D. A、B、C 全部

109. 下列数控机床中（　　）是点位控制数控机床。

    A. 数控车床　　　B. 数控铣床　　　C. 数控冲床　　　　D. 加工中心

110. 脉冲当量是指（　　）。

    A. 每发出一个脉冲信号，机床移动部件的位移量

    B. 每发出一个脉冲信号，伺服电动机转过的角度

    C. 进给速度大小

    D. 每发出一个脉冲信号，相应丝杠产生转角大小

111. 数控机床的检测反馈装置的作用是：将其测得的（　　）数据迅速反馈给数控装置，以便与加工程序给定的指令值进行比较和处理。

    A. 直线位移　　　　　　　　　　　　B. 角位移或直线位移

    C. 角位移　　　　　　　　　　　　　D. 直线位移和角位移

112. 要求数控机床有良好的地线，测量机床地线，接地电阻不能大于（　　）。

    A. 1Ω　　　　　　B. 4Ω　　　　　　C. 10Ω　　　　　D. 0.5MΩ

113. 闭环数控机床的定位精度主要取决于（　　）的精度。

A. 位置检测系统　　　　　　　　B. 丝杠制造

C. 伺服电动机控制　　　　　　　D. 机床导轨制造

114. 闭环控制系统和半闭环控制系统的主要区别在于（　　　）不同。

A. 采用的伺服电动机　　　　　　B. 采用的传感器

C. 伺服电动机安装位置　　　　　D. 传感器的安装位置

115. CNC 系统的 RAM 常配备有高能电池，其作用是（　　　）。

A. RAM 正常工作所必需的供电电源

B. 系统断电时，保护 RAM 不被破坏

C. 系统掉电时，保护 RAM 中的信息不丢失

D. 加强 RAM 供电，提高其抗干扰能力

116. 数控机床如长期不用时，最重要的日常维护工作是（　　　）。

A. 通电　　　　　B. 干燥　　　　　C. 清洁　　　　　D. 通风

117. 步进电动机的转速可通过改变电动机的（　　　）而实现。

A. 脉冲频率　　　B. 脉冲速度　　　C. 通电顺序　　　D. 电压

118. PLC 是把（　　　）功能用特定的指令记忆在存储器中，通过数字或模拟输入、输出装置对机械自动化或过程自动化进行控制的数字式电子装置。

A. 逻辑运算、顺序控制

B. 计数、计时、算术运算

C. 逻辑运算、顺序控制、计时、计数和算术运算等

119. PLC 逻辑部分的主要作用是（　　　）。

A. 收集并保存被控对象实际运行的数据和信息

B. 处理输入部分所取得的信息，并按照被控对象实际的动作要求做出反映

C. 提供正在被控制的设备需要实时操作处理的信息

120. FX2 系列 PLC 的 LD 指令表示（　　　）。

A. 取指令，取用常闭触点　　　　B. 取指令，取用常开触点

C. 与指令，取用常开触点

121. FX2 系列 PLC 的 OR 指令表示（　　　）。

A. 与指令，用于单个常开触点的串联

B. 用于输出继电器

C. 或指令，用于单个常闭触点的并联

D. 或指令，用于单个常开触点的并联

122. 可编程序控制器的输入、输出，辅助继电器，计时、计数的触点是（　　　），（　　　）无限地重复使用。

A. 无限的；能　　　B. 有限的；能　　　C. 无限的；不能　　　D. 有限的；不能

123. 液压传动中容易控制的是（　　　）。

A. 冲击振动　　　　　　　　　　B. 泄漏噪声

C. 压力方向和流量　　　　　　　D. 温度

124. 当负载增加以后，调速系统转速降增大，经过调节转速有所回升。调节前后主电路电流将（　　）。

A. 增大　　　　B. 不变　　　　C. 减小　　　　D. 无法确定

125. 带有速度、电流双闭环调速系统，在起动时速度调节器处于（　　）。

A. 饱和状态　　　B. 调节状态　　　C. 截止状态　　　D. 无法确定

126. 可逆调速系统主电路中的环流是（　　）负载的。

A. 不流过　　　B. 流过　　　C. 反向流过　　　D. 无法确定

127. 在有环流可逆系统中，正组晶闸管若处于整流状态，则反组晶闸管必然处在（　　）。

A. 待逆变状态　　B. 逆变状态　　C. 待整流状态　　D. 无法确定

128. 在有环流可逆系统中，均衡电抗器所起的作用是（　　）。

A. 限制脉动的环流　　　　　　　B. 使主回路电流连续

C. 用来平波　　　　　　　　　　D. A、B、C 全部

129. 缩短基本时间的措施有（　　）。

A. 减少休息时间　　　　　　　　B. 缩短辅助时间

C. 减少准备时间　　　　　　　　D. 提高工艺编制水平

130. 缩短辅助时间的措施有（　　）。

A. 减少作业时间　　　　　　　　B. 大量提倡技术改革和技术改造

C. 减少准备时间　　　　　　　　D. 减少休息时间

131. 机械加工的基本时间是指（　　）。

A. 劳动时间　　　B. 机动时间　　　C. 作业时间　　　D. 工作时间

132. 生产批量越大，准备与终结时间分摊到每个工件上去的时间就越（　　）。

A. 无关　　　　B. 多　　　　C. 少　　　　D. 不变化

133. 在 PLC 中可以通过编程器修改或增删的程序是（　　）。

A. 系统程序　　　B. 用户程序　　　C. 工作程序　　　D. 任何程序

134. 在 PLC 的梯形图中，线圈必须放在（　　）。

A. 最左边　　　　　　　　　　　B. 最右边

C. 可放在任意位置　　　　　　　D. 可放在所需处

135. OUT 指令是驱动线圈的指令，但它不能驱动（　　）。

A. 输入继电器　　B. 输出继电器　　C. 暂存继电器　　D. 内部继电器

136. 当电源断电时，内部继电器（　　）。

A. 所有的都复位　　　　　　　　B. 所有的都不复位

C. 仅自保持的不复位　　　　　　　　D. 自保持的内部继电器也复位

137. PLC 的输出接口电路一般有（　　）种输出方式。

A. 1 种　　　　　B. 2 种　　　　　C. 3 种　　　　　D. 4 种

138. PLC 外部接线时，输出线路需接（　　）电源。

A. 交流　　　　　　　　　　　　　　B. 直流

C. 交、直流均可　　　　　　　　　　D. 要根据输出方式确定

139. PLC 的线圈输出指令 OUT 在同一程序中（　　）重复输出同一编号的继电器。

A. 可以　　　　　B. 不可以　　　　　C. 有些情况可以　　D. 无法确定

140. PLC 工作过程中对于输出（　　）。

A. 顺序输出　　　　　　　　　　　　B. 根据程序中出现的先后

C. 没有规律　　　　　　　　　　　　D. 一次性输出

141. 在梯形图中，传送指令（MOV）功能是（　　）。

A. 将源操作数内容传送到目的操作数，源操作数清零

B. 将源操作数内容传送到目的操作数，源操作数内容不变

C. 将目的操作数内容传送到源操作数，目的操作数清零

D. 将目的操作数内容传送到源操作数，目的操作数内容不变

142. PLC 的二进制和 BCD 码之间（　　）转换。

A. 不能　　　　　B. 分不同情况　　　C. 可以实现　　　D. 无法确定

143. 在转速负反馈控制系统中，若要使开环和闭环控制系统的理想空载转速相同，则闭环时给定电压要比开环时的给定电压相应提高（　　）倍。

A. 2 + K　　　　　B. 1 + K　　　　　C. 1／（2 + K）　　D. 1／（1 + K）

144. 双闭环调速系统包括电流环和速度环，其中两环之间关系是（　　）。

A. 电流环为内环，速度环为外环　　B. 电流环为外环，速度环为内环

C. 电流环为内环，速度环也为内环　　D. 电流环为外环，速度环也为外环

145. 电子设备的输入电路与输出电路尽量不要靠近，以免发生（　　）。

A. 短路　　　　　B. 击穿　　　　　C. 自激振荡　　　D. 人身事故

146. 直流发电机在原动机的拖动下旋转，电枢绕组切割磁力线产生（　　）。

A. 直流电　　　　B. 非正弦交流电　　C. 正弦交流电　　D. 脉动直流电

147. 直流电动机的换向极绕组必须与电枢绕组（　　）。

A. 串联　　　　　B. 并联　　　　　C. 垂直　　　　　D. 磁通方向相反

148. 并励直流电动机的机械特性为硬特性，当电动机负载增大时，其转速（　　）。

A. 下降很多　　　B. 下降很少　　　C. 不变　　　　　D. 略有上升

149. 已知某台电动机电磁功率为 9kW，转速为 $n = 900 r/min$，则其电磁转矩

为（　　　）N·m。

    A. 10　　　　　　　B. 30　　　　　　　C. 100　　　　　　D. 300/π

150. 三相异步电动机反接制动时，采用对称制电阻接法，可以在限制制动转矩的同时也限制（　　　）。

    A. 起动电流　　　B. 制动电流　　　C. 制动电压　　　D. 起动电压

151. 直流力矩电动机的工作原理与（　　　）电动机相同。

    A. 普通的直流伺服　　　　　　　　B. 异步

    C. 同步　　　　　　　　　　　　　D. 步进

152. 转差率电动机的转差离合器电枢是由（　　　）拖动的。

    A. 测速发电机　　　　　　　　　　B. 工作机械

    C. 三相笼型异步电动机　　　　　　D. 转差离合器的磁极

153. 三相异步换向器电动机调速调到最低转速时，其转动移刷机构将使同相电刷间的张角变为（　　　）电角度。

    A. 0°　　　　　　B. 180°　　　　　C. −180°　　　　　D. 90°

154. 在正弦波振荡器中，反馈电压与原输入电压之间的相位差是（　　　）。

    A. 0°　　　　　　B. 90°　　　　　C. 180°　　　　　D. 270°

155. 多谐振荡器是一种产生（　　　）的电路。

    A. 正弦波　　　B. 锯齿波　　　C. 矩形脉冲　　　D. 尖顶脉冲

156. 在带平衡电抗器的双反星型可控整流电路中，负载电流是同时由（　　　）绕组承担的。

    A. 一个晶闸管和一个　　　　　　　B. 两个晶闸管和两个

    C. 三个晶闸管和三个　　　　　　　D. 四个晶闸管和四个

157. 液压传动中容易控制的是（　　　）。

    A. 压力方向和流量　　　　　　　　B. 泄漏噪声

    C. 冲击振动　　　　　　　　　　　D. 温度

158. 在晶闸管斩波器中，保持晶闸管触发频率不变，改变晶闸管导通的时间从而改变直流平均电压值的控制方式叫做（　　　）。

    A. 定频调宽法　　B. 定宽调频法　　C. 定频定宽　　D. 调宽调频法

159. 数控系统所规定的最小设定单位就是（　　　）。

    A. 数控机床的运动精度　　　　　　B. 机床的加工精度

    C. 脉冲当量　　　　　　　　　　　D. 数控机床的传动精度

160. PLC交流电梯的PLC输出接口驱动负载是直流感性负载时，则该在负载两端（　　　）。

    A. 串联一个二极管　　　　　　　　B. 串联阻容元件

    C. 并联一个二极管　　　　　　　　D. 并联阻容元件

技能要求试题

一、矩形波信号产生电路的设计

1. 考核要求
1）能产生矩形波信号。
2）频率可调。
3）占空比可调。

2. 设计要求
1）要求线路功能齐全、简洁、经济实用。
2）要正确、合理，电路应具备必要的保护措施。
3）标出主要点的电气参数。
4）各元器件的管脚极性要标志清楚。
5）元器件的文字符号和图形符号必须符合国家标准。

3. 配分、评分标准（见表1）

表1 矩形波信号产生电路设计的配分、评分标准

定额时间：30min

项　　目	配分	评 分 标 准	扣分	得分
产生频率、占空比可调的矩形波	30分	1. 不能产生矩形波扣30分		
	15分	2. 频率不可调扣15分		
	15分	3. 占空比不可调扣15分		
	10分	4. 保护功能缺一处扣5分		
	10分	5. 主要位置的电气参数一处未标出扣2分		
	10分	6. 文字和图形符号一处不符合国家标准扣2分		
	10分	7. 线路设计不经济实用扣10分		
安全文明操作		违反安全操作规程，每次扣5分		

评分人＿＿＿＿＿＿＿＿＿　　　　　　　　　　　　　总分＿＿＿＿＿＿＿＿＿

二、晶闸管中频电源装置的故障分析

1. 考核要求
1）分析整流触发电路的工作原理。
2）分析逆变主电路的工作原理。

3）对晶闸管中频电源装置进行故障分析。

2. 配分、评分标准（见表 2）

表 2　晶闸管中频电源装置故障分析配分、评分标准

定额时间：60min

项　　目	配分	评 分 标 准	扣分	得分
整流触发电路分析	10 分	1. 逆变脉冲形成原理分析不清楚扣 2～10 分		
	10 分	2. 启动触发环节分析不清楚扣 2～10 分		
	10 分	3. 电流、电压截止环节分析不清楚扣 2～10 分		
逆变主电路分析	15 分	1. 主电路的工作过程分析不清楚扣 10 分		
	15 分	2. 逆变主电路各主要元器件的作用分析不清楚每处扣 3 分		
故障分析	10 分	1. 主开关跳闸原因不清楚每条扣 5 分		
	10 分	2. 直流快速熔断器熔断原因不清楚每条扣 5 分		
	10 分	3. 运行中逆变换流失败原因不清楚每条扣 5 分		
	10 分	4. 运行中风机停转原因不清楚每条扣 5 分		
安全文明操作		违反安全操作规程，每次扣 5 分		

评分人＿＿＿＿＿＿＿＿　　　　　　　　　　总分＿＿＿＿＿＿＿＿

三、直流电动机的检修

直流电动机的检修配分、评分标准见表 3。

表 3　直流电动机的检修配分、评分标准

定额时间：90min

项　　目	配分	评 分 标 准	扣分	得分
绕组故障	30 分	1. 短路故障点的检查和维修方法不正确，每处扣 5 分		
		2. 断路故障点的检查和维修方法不正确，每处扣 5 分		
		3. 接地故障点的检查和维修方法不正确，每处扣 5 分		
换向器故障	30 分	1. 刷握装配不符合要求扣 5 分		
		2. 电刷压力调整不符合要求扣 5 分		
		3. 刷架应调整到中性面上，不正确每处扣 10 分		
		4. 电刷研磨不符合要求扣 10 分 1）研磨方法正确，砂布型号规格选用合适 2）研磨后电刷接触面应大于 75%		
线路接线	10 分	线路接线每接错一处扣 5 分		
仪表、工具使用	20 分	1. 使用方法不正确，每处扣 5 分		
		2. 损坏仪表、工具扣 15 分		
安全文明操作	10 分	违反安全操作规程，每次扣 5 分		

评分人＿＿＿＿＿＿＿＿　　　　　　　　　　总分＿＿＿＿＿＿＿＿

四、T68 型卧式镗床电气故障的检修

T68 型卧式镗床电气故障检修配分、评分标准见表 4。

表 4　T68 型卧式镗床电气故障检修配分、评分标准

定额时间：45min

项　目	配分	评 分 标 准	扣分	得分
故障分析	30 分	1. 检修思路不正确扣 5～10 分		
		2. 标错故障电路范围，每个扣 15 分		
排除故障	70 分	1. 停电不验电每次扣 3 分		
		2. 工具及仪表使用不当，每次扣 5 分		
		3. 排除故障的顺序不对，扣 5～10 分		
		4. 不能查出故障，每个扣 30 分		
		5. 查出故障点但不能排除，每个故障扣 20 分		
		6. 产生新的故障或扩大故障： 　　不能排除，每个扣 30 分 　　已经排除，每个扣 15 分		
		7. 损坏元器件或排除故障的方法不正确，每只（次）扣 5～20 分		
安全文明操作		违反安全操作规程，每次扣 10～30 分		

评分人＿＿＿＿＿＿＿＿＿＿＿　　　　　　　　　　总分＿＿＿＿＿＿＿＿＿＿

五、利用 PLC 对复杂继电-接触式控制系统的改造

利用 PLC 对继电-接触式控制系统的改造配分、评分标准见表 5。

表 5　利用 PLC 对继电-接触式控制系统的改造配分、评分标准

定额时间：90min

项　目	配分	评 分 标 准	扣分	得分
电路设计	40 分	1. 输入/输出地址遗漏或错误，每处扣 2 分		
		2. PLC 控制 I/O 接口接线图设计不全或设计错误，每处扣 3 分		
		3. 梯形图表达不正确或画法不规范，每处扣 4 分		
		4. 指令错误，每条扣 4 分		
程序输入及模拟调试	50 分	1. PLC 键盘操作不熟练，不会使用删除、插入、修改、监控、测试指令，扣 5 分		
		2. 不会利用按钮开关模拟调试，扣 5 分		
		3. 调试时没有严格按照被控设备动作过程进行或达不到设计要求，每缺少一项工作方式，扣 5 分		

（续）

项　目	配分	评 分 标 准	扣分	得分
操作时间	10 分	未按规定时间完成，扣 2～10 分		
安全文明操作		违反安全操作规程，每次扣 10～30 分		
考核记录	调试是否成功		接线工艺情况记录	

评分人＿＿＿＿＿＿＿＿＿　　　　　　　　　　　总分＿＿＿＿＿＿＿＿＿

六、变频器参数设定及运行

1. 变频器参数设定（定额时间：40min；配分：70 分）

根据变频器说明书及现场电动机参数对变频器进行参数设定，其中配分评分标准见表 6。

表 6　变频器参数设定配分、评分标准　　　　定额时间：40min

项目内容	考核要求	评分标准	扣分	得分
电动机额定频率	设定现场电动机参数	参数正确 5 分		
电动机额定转速	设定现场电动机参数	参数正确 5 分		
电动机额定电流	设定现场电动机参数	参数正确 5 分		
电动机额定电压	设定现场电动机参数	参数正确 5 分		
电动机额定功率	设定现场电动机参数	参数正确 5 分		
电动机能正转、反转、停止运行	用外接控制实现动作要求	每少一处扣 3 分		
变频器输出频率监视	操作面板显示	不能显示频率扣 3 分		
电动机起动、制动时间	起动、制动时间为 10s	时间不对扣 3 分		
电动机所带负载为化纤设备	设定"S"起动曲线	方式不对扣 5 分		
升、降速调整	用控制面板调整升、降速	不能升降速扣 5 分		
正转点动频率（右转）	5Hz 由操作面板控制	不能正转扣 3 分		
反转点动频率（左转）	10Hz 由操作面板控制	不能反转扣 3 分		
电动机最高运行频率	48Hz	设定不对扣 5 分		
电动机最低运行频率	25Hz	设定不对扣 5 分		
安全文明操作	违反安全操作规程，每次扣 10 分			
总　分				

评分人＿＿＿＿＿＿＿＿＿　　　　　　　　　　　总分＿＿＿＿＿＿＿＿＿

2. 连线并运行电动机（定额时间：30min；配分：30分）

1）连接变频器电源线、外接控制线和电动机线并设定参数。

2）通电试运行。

其中，接线评分标准是：主电路接线正确10分，错一处扣3分；控制电路接线正确20分，错一处扣3分。

七、变频器的维护

变频器是维护配分、评分标准见表7。

表7 变频器维护配分、评分标准

定额时间：60min

项目内容	配分	评 分 标 准	扣分	得分
变频器的结构	30分	1. 不能正确拆开变频器的外壳，扣10分		
		2. 不能指出主要部件的名称，每个扣5分		
		3. 不熟悉常用端子的名称、功能，扣5~10分		
变频器的功能预置	70分	1. 不能确定需修改的功能码或确定错误，每个扣3分		
		2. 不会预置，扣40分		
		3. 预置方法或步骤错误，每次扣10分		
		4. 预置过程书写不完整或有错误，扣1~10分		
安全文明操作	违反安全操作规程，每次扣10~30分			
备注	除定额时间外，各项目的最高扣分不得超过配分数			

评分人＿＿＿＿＿＿＿＿＿   总分＿＿＿＿＿＿＿＿＿

八、利用 PLC 改造机床的电气控制系统

利用 PLC 改造机床的电气控制系统配分、评分标准见表8。

表8 利用 PLC 改造机床的电气控制系统配分、评分标准

项目内容	考核要求	评 分 标 准	配分	扣分	得分
电路设计	根据给定的继电器-接触器控制电路，列出 PLC 控制 I/O 地址分配表，设计梯形图及 I/O 接线图，根据梯形图，列出指令表	1. 输入/输出地址遗漏或搞错，每处扣1分 2. 梯形图表达不正确或画法不规范，每处扣2分 3. 接线图表达不正确或画法不规范，每处扣2分 4. 指令有错，每条扣2分	15		

（续）

项 目 内 容	考 核 要 求	评 分 标 准	配分	扣分	得分
安装与接线	按 PLC 控制 I/O 接线图在模拟配线板上进行正确安装：元器件布置合理，安装准确紧固，配线紧固、美观，导线进线槽，并标号	1. 元器件布置不整齐、不匀称、不合理，每只扣 1 分 2. 元器件安装不牢固、漏装木螺钉，每只扣 1 分 3. 损坏元器件，扣 5 分 4. 电动机运行正常，如不按照电路图接线，扣 1 分 5. 布线不进槽，不美观，主电路、控制电路每根扣 0.5 分 6. 连接点松动、漏芯过长、反圈、压绝缘层，标记线号不清楚、遗漏或误标，每处扣 0.5 分 7. 损伤导线绝缘或线芯，每根扣 0.5 分 8. 不按接线图接线，每处扣 2 分	10		
程序输入及调试	正确熟练地将程序输入给 PLC；按照被控设备的动作要求进行模拟调试，达到设计要求	1. 不会使用编程器或编程软件输入指令，扣 2 分 2. 不会编辑指令，每项扣 2 分 3. 一次试车不成功扣 4 分 两次试车不成功扣 8 分 三次试车不成功扣 10 分	15		
安全文明操作	违反安全操作规程，每次扣 10 分				

评分人＿＿＿＿＿＿＿＿＿＿＿ 　　　　　　　　　　总分＿＿＿＿＿＿＿＿＿＿＿

模拟试卷样例

一、选择题（将正确答案的序号填入括号内；每题1分，共80分）

1. 用于把矩形波脉冲变为尖脉冲的电路是（　　）。
   A. R 耦合电路　　　B. RC 耦合电路　　C. 微分电路　　　D. 积分电路

2. 下列多级放大电路中，低频特性较好的是（　　）。
   A. 直接耦合　　　B. 阻容耦合　　　C. 变压器耦合　　D. A 和 B

3. 逻辑表达式 $A + AB$ 等于（　　）
   A. A　　　　　B. $1 + A$　　　　C. $1 + B$　　　　D. B

4. 在梯形图中，传送指令（MOV）的功能是（　　）。
   A. 将源操作数内容传送到目的操作数，源操作数清零
   B. 将源操作数内容传送到目的操作数，源操作数内容不变
   C. 将目的操作数内容传送到源操作数，目的操作数清零
   D. 将目的操作数内容传送到源操作数，目的操作数内容不变

5. 在三相半波可控整流电路中，当负载为电感性时，负载电感量越大，则
（　　）。
   A. 输出电压越高　B. 输出电压越低　C. 导通角越小　　D. 导通角越大

6. 把（　　）的装置称为逆变器。
   A. 交流电变换为直流电　　　　　B. 交流电压升高或降低
   C. 直流电变换为交流电　　　　　D. 直流电压升高或降低

7. 在自动控制系统中，若想稳定某个物理量，就该引入该物理量的（　　）。
   A. 正反馈　　　B. 负反馈　　　C. 微分负反馈　　D. 微分正反馈

8. 带有速度、电流双闭环调速系统，在起动时，调节作用主要靠（　　）
产生。
   A. 电流调节器　　　　　　　　　B. 速度调节器
   C. 电流、速度调节器　　　　　　D. 比例、积分调节器

9. 带有速度、电流双闭环调速系统，在系统过载或堵转时，速度调节器处
于（　　）。
   A. 饱和状态　　　B. 调节状态　　C. 截止状态　　　D. 放大状态

10. 不属于分布式网络的是（　　）。
   A. 网型网络　　　B. 总线型网　　　C. 环形网　　　　D. 三者都不是

11. 关于 PLC，下列观点正确的是（　　）。

A. PLC 与变频器都可进行故障自诊断

B. PLC 的输入电路采用光电耦合方式

C. PLC 的直流开关量输出模块又称为晶体管开关量输出模块，属无触点输出模块

D. 以上全正确

12. 以下（　　）不是计算机网络的基本组成。

A. 主机　　　　　　B. 集中器　　　　　C. 通信子网　　　D. 通信协议

13. 组合逻辑门电路在任意时刻的输出状态只取决于该时刻的（　　）。

A. 电压高低　　　　B. 电流大小　　　　C. 输入状态　　　D. 电路状态

14. 在三相半波可控整流电路中，每只晶闸管的最大导通角为（　　）。

A. 30°　　　　　　B. 60°　　　　　　　C. 90°　　　　　　D. 120°

15. 电压负反馈主要补偿（　　）上电压的损耗。

A. 电抗器电阻　　　B. 电源内阻　　　　C. 电枢电阻　　　　D. 以上皆不正确

16. 带有速度、电流双闭环调速系统，在负载变化时出现偏差，消除偏差主要靠（　　）。

A. 电流调节器　　　　　　　　　　　　B. 速度调节器

C. 电流、速度两个调节器　　　　　　　D. 比例、积分调节器

17. 液压传动中容易控制的是（　　）。

A. 压力方向和流量　　　　　　　　　　B. 泄漏噪声

C. 冲击振动　　　　　　　　　　　　　D. 温度

18. （　　）软件是网络系统软件中最重要、最核心的部分。

A. 网络协议　　　　B. 操作系统　　　　C. 网络管理　　　D. 网络通信

19. RS－232－C 标准中规定逻辑 1 信号电平为（　　）。

A. 0～15V　　　　　B. ＋3～＋15V　　　C. －3～－15V　　D. －5～0V

20. （　　）属于轮廓控制型数控机床。

A. 数控冲床　　　　B. 数控钻床　　　　C. 数控车床　　　D. 都不是

21. "CNC" 的含义是（　　）。

A. 数字控制　　　　　　　　　　　　　B. 计算机数字控制

C. 网络控制　　　　　　　　　　　　　D. 数控机床

22. PLC 的工作方式是（　　）。

A. 串行工作方式　　B. 并行工作方式　　C. 运行工作方式　D. 其他工作方式

23. 数控系统所规定的最小设定单位就是（　　）。

A. 数控机床的运动精度　　　　　　　　B. 机床的加工精度

C. 脉冲当量　　　　　　　　　　　　　D. 数控机床的传动精度

24. 计算机由输入设备、输出设备、存储器、运算器和（   ）组成。

　　A. 硬盘　　　　　　B. 键盘　　　　　　C. 控制器　　　　　　D. 管理器

25. 计算机中最基本的存取单位是（   ）。

　　A. 字　　　　　　　B. 字节　　　　　　C. 位　　　　　　　　D. 地址

26. 目前使用最广泛的网络拓扑结构是（   ）。

　　A. 环形拓扑　　　　B. 星形拓扑　　　　C. 总线型拓扑　　　　D. 局域网络

27. 一个发光二极管显示器应显示"7"，实际显示"1"，故障线段应为（   ）。

　　A. a　　　　　　　　B. b　　　　　　　C. d　　　　　　　　D. f

28. 将二进制数 00111011 转换为十六进制数是（   ）。

　　A. 2AH　　　　　　B. 3AH　　　　　　C. 2BH　　　　　　　D. 3BH

29. PLC 交流电梯的 PLC 输出接口驱动负载是直流感性负载时，则该在负载两端（   ）。

　　A. 串联一个二极管　　　　　　　　B. 串联阻容元件

　　C. 并联一个二极管　　　　　　　　D. 并联阻容元件

30. 可编程序控制器 PLC，整个工作过程分五个阶段，当 PLC 通电运行时，第四个阶段应为（   ）。

　　A. 与编程器通信　　B. 执行用户程序　　C. 读入现场信号　　D. 自诊断

31. 国内外 PLC 各生产厂家都把（   ）作为第一用户编程语言。

　　A. 梯形图　　　　　B. 指令表　　　　　C. 逻辑功能图　　　D. C 语言

32. 输入采样阶段是 PLC 的中央处理器对各输入端进行扫描，将输入端信号送入（   ）。

　　A. 累加器　　　　　B. 指针寄存器　　　C. 状态寄存器　　　D. 存储器

33. 可编程序控制器 PLC，依据负载情况不同，输出接口有（   ）种类型。

　　A. 3　　　　　　　　B. 1　　　　　　　C. 2　　　　　　　　D. 4

34. OUT 指令能够驱动（   ）。

　　A. 输入继电器　　　B. 暂存继电器　　　C. 计数器

35. 连续使用 OR-LD 指令的数量应（   ）。

　　A. 小于 5 个　　　　B. 小于 8 个　　　　C. 大于 8 个　　　　D. 等于 8 个

36. 理想集成运放的共模抑制比应该为（   ）。

　　A. 较小　　　　　　B. 较大　　　　　　C. 无穷大　　　　　　D. 零

37. 下列数控机床中（   ）是点位控制数控机床。

　　A. 数控车床　　　　B. 数控铣床　　　　C. 数控冲床　　　　D. 加工中心

38. 脉冲当量是指（   ）。

A. 每发出一个脉冲信号，机床移动部件的位移量

B. 每发出一个脉冲信号，伺服电动机转过的角度

C. 进给速度大小

D. 每发出一个脉冲信号，相应丝杠产生转角的大小

39. 数控机床检测反馈装置的作用是：将其测得的（　　）数据迅速反馈给数控装置，以便与加工程序给定的指令值进行比较和处理。

A. 直线位移　　　　　　　　　　B. 角位移或直线位移

C. 角位移　　　　　　　　　　　D. 直线位移和角位移

40. 要求数控机床有良好的地线，测量机床地线，接地电阻不能大于（　　）。

A. 1Ω　　　　　B. 4Ω　　　　　C. 10Ω　　　　　D. 0.5MΩ

41. 闭环数控机床的定位精度主要取决于（　　）的精度。

A. 位置检测系统　　　　　　　　B. 丝杠制造

C. 伺服电动机控制　　　　　　　D. 机床导轨制造

42. 闭环控制系统和半闭环控制系统的主要区别在于（　　）不同。

A. 采用的伺服电动机　　　　　　B. 采用的传感器

C. 伺服电动机的安装位置　　　　D. 传感器的安装位置

43. CNC系统的RAM常配备有高能电池，其作用是（　　）。

A. RAM正常工作所必需的供电电源

B. 系统掉电时，保护RAM不被破坏

C. 系统掉电时，保护RAM中的信息不丢失

D. 加强RAM供电，提高其抗干扰能力

44. 数控机床如长期不用时，最重要的日常维护工作是（　　）。

A. 通电　　　　B. 干燥　　　　C. 清洁　　　　D. 通风

45. 步进电动机的转速可通过改变电动机的（　　）而实现。

A. 脉冲频率　　　B. 脉冲速度　　　C. 通电顺序　　　D. 电压

46. PLC是把（　　）功能用特定的指令记忆在存储器中，通过数字或模拟输入、输出装置对机械自动化或过程自动化进行控制的数字式电子装置。

A. 逻辑运算、顺序控制

B. 计数、计时、算术运算

C. 逻辑运算、顺序控制、计时、计数和算术运算等

D. 任何

47. FX2系列PLC的LD指令表示（　　）。

A. 取指令，取用常闭触点　　　　B. 取指令，取用常开触点

C. 与指令，取用常开触点　　　　D. 与指令，取用常闭触点

48. FX2 系列 PLC 的 OR 指令表示（　　）。

A. 与指令，用于单个常开触点的串联

B. 用于输出继电器

C. 或指令，用于单个常闭触点的并联

D. 或指令，用于单个常开触点的并联

49. 可编程序控制器的输入/输出、辅助继电器、计时、计数的触点是（　　），（　　）无限地重复使用。

A. 无限的　能　　B. 有限的　能　　C. 无限的　不能　D. 有限的　不能

50. 直流电动机用斩波器调速时，可实现（　　）。

A. 恒定转速　　　　B. 有级调速　　　　C. 无级调速　　　D. 以上均可

51. 当负载增加以后，调速系统转速降增大，经过调节转速有所回升。调节前后主电路电流将（　　）。

A. 增大　　　　　　B. 不变　　　　　　C. 减小　　　　　D. 以上均不是

52. 带有速度、电流双闭环调速系统，在起动时速度调节器处于（　　）。

A. 饱和状态　　　　B. 调节状态　　　　C. 截止状态　　　D. 以上均可

53. 可逆调速系统主电路中的环流是（　　）负载的。

A. 不流过　　　　　B. 流过　　　　　　C. 反向流过　　　D. 以上均不是

54. 双闭环调速系统包括电流环和速度环，其中两环之间关系是（　　）。

A. 电流环为内环，速度环为外环　　　B. 电流环为外环，速度环为内环

C. 电流环为内环，速度环也为内环　　D. 电流环为外环，速度环也为外环

55. 下列电力电子器件中，（　　）的驱动功率小，驱动电路简单。

A. 普通晶闸管　　　　　　　　　　　B. 门极关断晶闸管

C. 电力晶体管　　　　　　　　　　　D. 功率场控晶体管

56. 在自动控制系统中，若想稳定某个物理量，就该引入该物理量的（　　）。

A. 正反馈　　　　　B. 负反馈　　　　　C. 微分负反馈　　D. 微分正反馈

57. 晶体管的放大实质是（　　）。

A. 将小能量放大成大能量

B. 将低电压放大成高电压

C. 将小电流放大成大电流

D. 用变化较小的电流去控制变化较大的电流

58. 晶体管放大电路中，集电极电阻 RC 的主要作用是（　　）。

A. 为晶体管提供集电极电流　　　B. 把电流放大转换成电压放大

C. 稳定工作点　　　　　　　　　D. 降低集电极电压

59. 硅稳压二极管稳压电路适用于（　　）的电气设备。

A. 输出电流大   B. 输出电流小

C. 电压稳定度要求不高   D. 电压稳定度要求高

60. 变压器的额定容量是指变压器额定运行时（   ）。

A. 输入的视在功率   B. 输出的视在功率

C. 输入功率   D. 输出功率

61. 缩短辅助时间的措施有（   ）。

A. 减少作业时间   B. 大量提倡技术改革和技术改造

C. 减少准备时间   D. 减少休息时间

62. 机械加工基本时间是指（   ）。

A. 劳动时间   B. 机动时间   C. 作业时间   D. 工作时间

63. 生产批量越大，准备与终结时间分摊到每个工件上去的时间就越（   ）。

A. 无关   B. 多   C. 少   D. 不变化

64. 反映式步进电动机的转速 n 与脉冲频率（   ）。

A. f 成正比   B. f 成反比   C. f_2 成正比   D. f_2 成反比

65. 直流力矩电动机的工作原理与（   ）电动机相同。

A. 普通的直流伺服   B. 异步

C. 同步   D. 步进

66. 滑差电动机的转差离合器电枢是由（   ）拖动的。

A. 测速发电机   B. 工作机械

C. 三相笼型异步电动机   D. 转差离合器的磁极

67. 变频调速中变频器的作用是将交流供电电源变成（   ）的电源。

A. 变压变频   B. 变压不变频   C. 变频不变压   D. 不变压不变频

68. 调速系统的调速范围和静差率这两个指标（   ）。

A. 互不相关   B. 相互制约   C. 相互补充   D. 相互平等

69. 变频调速中的变频器一般由（   ）组成。

A. 整流器、滤波器、逆变器   B. 放大器、滤波器、逆变器

C. 整流器、滤波器   D. 逆变器

70. 直流电动机调速所用的斩波器主要起（   ）作用。

A. 调电流   B. 调电阻   C. 调电压   D. 调电抗

71. 变频调速所用的 VVVF 型变频器，具有（   ）功能。

A. 调压   B. 调频   C. 调压与调频   D. 调功率

72. 在电力电子装置中，电力晶体管一般工作在（   ）状态。

A. 放大   B. 截止   C. 饱和   D. 开关

73. 绝缘栅双极晶体管的导通与关断是由（   ）来控制。

A. 栅极电流　　　B. 发射极电流　　　C. 栅极电压　　　D. 发射极电压

74. 晶闸管逆变器输出交流电的频率由（　　）来决定。

A. 一组晶闸管的导通时间　　　　　B. 两组晶闸管的导通时间

C. 一组晶闸管的触发脉冲频率　　　D. 两组晶闸管的触发脉冲频率

75. 绝缘栅双极晶体管具有（　　）的优点。

A. 晶闸管　　　　　　　　　　　　B. 单结晶体管

C. 电力场效应晶体管　　　　　　　D. 电力晶体管和电力场效应晶体管

76. 电力场效应晶体管 MOSFET（　　）现象。

A. 有二次击穿　　　B. 无二次击穿　　　C. 防止二次击穿　　　D. 无静电击穿

77. 逆变器中的电力晶体管工作在（　　）状态。

A. 饱和　　　　　　　B. 截止　　　　　　　C. 放大　　　　　　　D. 开关

78. 电力场效应晶体管 MOSFET 适于在（　　）条件下工作。

A. 直流　　　　　　　B. 低频　　　　　　　C. 中频　　　　　　　D. 高频

79. 在大容量三相逆变器中，开关元器件一般不采用（　　）。

A. 晶闸管　　　　　　　　　　　　B. 绝缘栅双极晶体管

C. 门极关断晶闸管　　　　　　　　D. 电力晶体管

80. 在简单逆阻型晶闸管斩波器中，（　　）晶闸管。

A. 只有一个　　　　　　　　　　　B. 有两只主

C. 有两只辅助　　　　　　　　　　D. 有一只主晶闸管，一只辅助

二、判断题（对画"√"，错画"×"；每题 1 分，共 20 分）

81. 若耗尽型 N 沟道 MOS 管的 U_{GS} 大于零，则其输入电阻会明显变小。

（　　）

82. 自动调速系统采用 PI 调节器，因它既有较高的静态精度，又有较快的动态响应。　　　　　　　　　　　　　　　　　　　　　　　　　（　　）

83. 时序逻辑电路具有自起动能力的关键是能否从无效状态转入有效状态。

（　　）

84. 自控系统的静差率一般是指系统高速运行时的静差率。　　　（　　）

85. 转速超调是速度调节器退出饱和的唯一方式。（　　）

86. 计算机网络体系结构是由网络协议决定的。　　　　　　　　（　　）

87. 全面质量管理的核心是强调提高人的工作质量。　　　　　　（　　）

88. 调速系统的调速范围和静差率是两个互不相关的调速指标。（　　）

89. 无静差调速系统是指动态有差而静态无差。　　　　　　　　（　　）

90. 时序逻辑电路与组合逻辑电路最大不同在于前者与电路原来的状态有关。　　　　　　　　　　　　　　　　　　　　　　　　　　　　　（　　）

91. 若理想空载转速相同，直流调速闭环系统的静差率只有开环系统静差率的。（　　）

92. 异步电动机与同步电动机变频的实质是改变旋转磁场的转速。（　　）

93. 矢量变换控制是将静止坐标系所表示的电动机矢量变换到以气隙磁通或转子磁通定向的坐标系。（　　）

94. 全控整流电路可以工作于整流状态和有源逆变状态。（　　）

95. 具有电抗器的电焊变压器，若减少电抗器的铁心气隙，则漏抗增加，焊接电流增大。（　　）

96. 要实现变频调速，在不损坏电动机的情况下，充分利用电动机铁心，应保持每极气隙磁通不变。（　　）

97. 功率场控晶体管 MOSFET 是一种复合型电力半导体器件。（　　）

98. 在五进制计数器电路中要用五个触发器才行，在三进制计数器电路中要用三个触发器。（　　）

99. 及时抑制电压扰动是双环调速系统中电流调节器作用之一。（　　）

100. PLC 为工业控制装置，一般不需要采取特别的措施，可直接用于工业环境。（　　）

答案部分

知识要求试题答案

一、判断题

1. ✓	2. ×	3. ×	4. ✓	5. ✓	6. ✓	7. ×	8. ×	9. ✓
10. ×	11. ✓	12. ×	13. ✓	14. ✓	15. ✓	16. ✓	17. ✓	18. ×
19. ×	20. ✓	21. ✓	22. ✓	23. ✓	24. ✓	25. ×	26. ✓	27. ✓
28. ✓	29. ×	30. ✓	31. ×	32. ×	33. ✓	34. ×	35. ✓	36. ✓
37. ×	38. ×	39. ×	40. ✓	41. ✓	42. ✓	43. ×	44. ✓	45. ✓
46. ✓	47. ×	48. ✓	49. ✓	50. ✓	51. ×	52. ✓	53. ×	54. ×
55. ×	56. ✓	57. ✓	58. ✓	59. ✓	60. ✓	61. ×	62. ✓	63. ✓
64. ✓	65. ✓	66. ×	67. ✓	68. ✓	69. ✓	70. ✓	71. ✓	72. ✓
73. ×	74. ×	75. ✓	76. ✓	77. ×	78. ×	79. ×	80. ×	81. ✓
82. ×	83. ✓	84. ✓	85. ✓	86. ✓	87. ✓	88. ✓	89. ✓	90. ✓
91. ✓	92. ✓	93. ×	94. ✓	95. ×	96. ×	97. ✓	98. ×	99. ✓
100. ×	101. ✓	102. ×	103. ✓	104. ✓	105. ×	106. ×	107. ×	108. ×
109. ✓	110. ×	111. ✓	112. ×	113. ✓	114. ✓	115. ✓	116. ✓	117. ×
118. ✓	119. ✓	120. ✓	121. ✓	122. ✓	123. ✓	124. ✓	125. ✓	126. ×
127. ✓	128. ✓	129. ✓	130. ×	131. ×	132. ✓	133. ×	134. ✓	135. ×
136. ✓	137. ×	138. ✓	139. ✓	140. ✓	141. ✓	142. ✓	143. ✓	144. ✓
145. ✓	146. ×	147. ×	148. ✓	149. ✓	150. ✓	151. ×	152. ×	153. ×
154. ×	155. ✓	156. ×	157. ✓	158. ✓	159. ✓	160. ✓		

二、选择题

1. D	2. B	3. C	4. C	5. A	6. C	7. A	8. B	9. C
10. B	11. B	12. D	13. B	14. C	15. D	16. C	17. A	18. C

19. B　20. C　21. A　22. B　23. C　24. D　25. C　26. C　27. D
28. D　29. A　30. D　31. A　32. A　33. C　34. D　35. B　36. D
37. A　38. B　39. C　40. D　41. C　42. D　43. D　44. B　45. C
46. A　47. B　48. D　49. B　50. D　51. A　52. D　53. D　54. A
55. A　56. B　57. A　58. A　59. C　60. A　61. C　62. B　63. C
64. A　65. C　66. A　67. B　68. A　69. A　70. A　71. D　72. C
73. C　74. D　75. D　76. C　77. A C 78. C　79. C　80. A　81. B
82. D　83. B　84. A　85. B　86. B　87. D　88. D　89. A　90. B
91. B　92. D　93. A　94. C　95. C　96. B　97. A　98. C　99. A
100. B　101. C　102. D　103. D　104. B　105. A　106. C　107. B　108. B
109. C　110. A　111. B　112. A　113. A　114. D　115. C　116. A　117. A
118. C　119. B　120. B　121. D　122. A　123. C　124. A　125. A　126. A
127. B　128. A　129. D　130. B　131. B　132. C　133. B　134. B　135. A
136. C　137. C　138. D　139. B　140. D　141. B　142. C　143. B　144. A
145. C　146. C　147. A　148. B　149. C　150. B　151. A　152. C　153. C
154. A　155. C　156. A　157. A　158. A　159. C　160. C

模拟试卷样例答案

一、选择题

1. C   2. A   3. A   4. B   5. D   6. C   7. B   8. A   9. A
10. C   11. D   12. B   13. C   14. D   15. B   16. B   17. A   18. A
19. C   20. C   21. B   22. A   23. C   24. C   25. B   26. C   27. A
28. D   29. C   30. B   31. A   32. C   33. A   34. B   35. B   36. C
37. C   38. A   39. B   40. A   41. A   42. D   43. C   44. A   45. A
46. C   47. B   48. D   49. A   50. C   51. A   52. A   53. A   54. A
55. D   56. B   57. D   58. B   59. C   60. B   61. B   62. B   63. C
64. A   65. A   66. C   67. A   68. B   69. A   70. A   71. C   72. D
73. C   74. D   75. D   76. B   77. C   78. A   79. B   80. D

二、判断题

81. ×   82. ✓   83. ✓   84. ×   85. ✓   86. ✓   87. ✓   88. ×   89. ✓
90. ✓   91. ×   92. ✓   93. ✓   94. ✓   95. ×   96. ✓   97. ×   98. ×
99. ✓   100. ✓

参 考 文 献

［1］ 陈建华．维修电工技能［M］．北京：航空工业出版社，1999．

［2］ 张英，陈晓鹏．高级维修电工［M］．天津：天津科学技术出版社，2004．

［3］ 曾毅．变频调速控制系统的设计与维护［M］．济南：山东科学技术出版社，2002．

［4］ 肖建章．高级维修电工专业技能训练［M］．北京：中国劳动社会保障出版社，2004．

［5］ 王兆晶．维修电工（技师）职业资格培训教程［M］．济南：山东科学技术出版社，2002．

［6］ 孔凡才．自动控制原理与系统［M］．北京：机械工业出版社，2002．

［7］ 庄建源，张志林．国家职业技能鉴定考试复习指导丛书——维修电工（高级）［M］．北京：地质出版社，1999．

［8］ 李俊秀，赵黎明．可编程控制器实训指导［M］．北京：化学工业出版社，2003．

［9］ 杨志忠．数字电子技术［M］．北京：高等教育出版社，2000．

［10］ 胡宴如．模拟电子技术［M］．北京：高等教育出版社，2000．

［11］ 机械工业职业技能鉴定指导中心．高级维修电工技术［M］．北京：机械工业出版社，2004．

［12］ 王明礼·维修电工（技师）技能培训与鉴定考试用书［M］．济南：山东科学技术出版社，2008．

维修电工需学习下列课程：

初级：钳工常识、电工识图、电工基础、维修电工（初级）

中级：电工识图、电子技术基础、维修电工（中级）

高级：维修电工（高级）

技师、高级技师：维修电工（技师、高级技师）

国家职业资格培训教材

内容介绍：深受读者喜爱的经典培训教材，依据最新国家职业标准，按初级、中级、高级、技师（含高级技师）分册编写，以技能培训为主线，理论与技能有机结合，书末有配套的试题库和答案。所有教材均免费提供 PPT 电子教案，部分教材配有 VCD 实景操作光盘（注：标注★的图书配有 VCD 实景操作光盘）。

读者对象：本套教材是各级职业技能鉴定培训机构、企业培训部门、再就业和农民工培训机构的理想教材，也可作为技工学校、职业高中、各种短训班的专业课教材。

◆ 机械识图

◆ 机械制图

◆ 金属材料及热处理知识

◆ 公差配合与测量

◆ 机械基础（初级、中级、高级）

◆ 液气压传动

◆ 数控技术与 AutoCAD 应用

◆ 机床夹具设计与制造

◆ 测量与机械零件测绘

◆ 管理与论文写作

◆ 钳工常识

◆ 电工常识

◆ 电工识图

◆ 电工基础

◆ 电子技术基础

◆ 建筑识图

◆ 建筑装饰材料

◆ 车工（初级★、中级、高级、技师和高级技师）

◆ 铣工（初级★、中级、高级、技师和高级技师）

◆ 磨工（初级、中级、高级、技师和高级技师）

◆ 钳工（初级★、中级、高级、技师和高级技师）

◆ 机修钳工（初级、中级、高级、技师和高级技师）

◆ 锻造工（初级、中级、高级、技师和高级技师）

◆ 模具工（中级、高级、技师和高级技师）

◆ 数控车工（中级★、高级★、技师和高级技师）

◆ 数控铣工/加工中心操作工（中级★、高级★、技师和高级技师）

◆ 铸造工（初级、中级、高级、技师

和高级技师）

◆ 冷作钣金工（初级、中级、高级、技师和高级技师）

◆ 焊工（初级★、中级★、高级★、技师和高级技师★）

◆ 热处理工（初级、中级、高级、技师和高级技师）

◆ 涂装工（初级、中级、高级、技师和高级技师）

◆ 电镀工（初级、中级、高级、技师和高级技师）

◆ 锅炉操作工（初级、中级、高级、技师和高级技师）

◆ 数控机床维修工（中级、高级和技师）

◆ 汽车驾驶员（初级、中级、高级、技师）

◆ 汽车修理工（初级★、中级、高级、技师和高级技师）

◆ 摩托车维修工（初级、中级、高级）

◆ 制冷设备维修工（初级、中级、高级、技师和高级技师）

◆ 电气设备安装工（初级、中级、高级、技师和高级技师）

◆ 值班电工（初级、中级、高级、技师和高级技师）

◆ 维修电工（初级★、中级★、高级、技师和高级技师）

◆ 家用电器产品维修工（初级、中级、高级）

◆ 家用电子产品维修工（初级、中级、高级、技师和高级技师）

◆ 可编程序控制系统设计师（一级、二级、三级、四级）

◆ 无损检测员（基础知识、超声波探伤、射线探伤、磁粉探伤）

◆ 化学检验工（初级、中级、高级、技师和高级技师）

◆ 食品检验工（初级、中级、高级、技师和高级技师）

◆ 制图员（土建）

◆ 起重工（初级、中级、高级、技师）

◆ 测量放线工（初级、中级、高级、技师和高级技师）

◆ 架子工（初级、中级、高级）

◆ 混凝土工（初级、中级、高级）

◆ 钢筋工（初级、中级、高级、技师）

◆ 管工（初级、中级、高级、技师和高级技师）

◆ 木工（初级、中级、高级、技师）

◆ 砌筑工（初级、中级、高级、技师）

◆ 中央空调系统操作员（初级、中级、高级、技师）

◆ 物业管理员（物业管理基础、物业管理员、助理物业管理师、物业管理师）

◆ 物流师（助理物流师、物流师、高级物流师）

◆ 室内装饰设计员（室内装饰设计员、室内装饰设计师、高级室内装饰 设计师）

◆ 电切削工（初级、中级、高级、技师和高级技师）

◆ 汽车装配工

◆ 电梯安装工

◆ 电梯维修工

变压器行业特有工种国家职业资格培训教程

丛书介绍: 由相关国家职业标准的制定者——机械工业职业技能鉴定指导中心组织编写,是配套用于国家职业技能鉴定的指定教材,覆盖变压器行业5个特有工种,共10种。

读者对象: 可作为相关企业培训部门、各级职业技能鉴定培训机构的鉴定培训教材,也可作为变压器行业从业人员学习、考证用书,还可作为技工学校、职业高中、各种短训班的教材。

- ◆ 变压器基础知识
- ◆ 绕组制造工(基础知识)
- ◆ 绕组制造工(初级 中级 高级技能)
- ◆ 绕组制造工(技师 高级技师技能)
- ◆ 干式变压器装配工(初级、中级、高级技能)
- ◆ 变压器装配工(初级、中级、高级、技师、高级技师技能)
- ◆ 变压器试验工(初级、中级、高级、技师、高级技师技能)
- ◆ 互感器装配工(初级、中级、高级、技师、高级技师技能)
- ◆ 绝缘制品件装配工(初级、中级、高级、技师、高级技师技能)
- ◆ 铁心叠装工(初级、中级、高级、技师、高级技师技能)

国家职业资格培训教材——理论鉴定培训系列

丛书介绍: 以国家职业技能标准为依据,按机电行业主要职业(工种)的中级、高级理论鉴定考核要求编写,着眼于理论知识的培训。

读者对象: 可作为各级职业技能鉴定培训机构、企业培训部门的培训教材,也可作为职业技术院校、技工院校、各种短训班的专业课教材,还可作为个人的学习用书。

- ◆ 车工(中级)鉴定培训教材
- ◆ 车工(高级)鉴定培训教材
- ◆ 铣工(中级)鉴定培训教材
- ◆ 铣工(高级)鉴定培训教材
- ◆ 磨工(中级)鉴定培训教材
- ◆ 磨工(高级)鉴定培训教材
- ◆ 钳工(中级)鉴定培训教材
- ◆ 钳工(高级)鉴定培训教材
- ◆ 机修钳工(中级)鉴定培训教材
- ◆ 机修钳工(高级)鉴定培训教材
- ◆ 焊工(中级)鉴定培训教材
- ◆ 焊工(高级)鉴定培训教材
- ◆ 热处理工(中级)鉴定培训教材
- ◆ 热处理工(高级)鉴定培训教材

- ◆ 铸造工（中级）鉴定培训教材
- ◆ 铸造工（高级）鉴定培训教材
- ◆ 电镀工（中级）鉴定培训教材
- ◆ 电镀工（高级）鉴定培训教材
- ◆ 维修电工（中级）鉴定培训教材
- ◆ 维修电工（高级）鉴定培训教材
- ◆ 汽车修理工（中级）鉴定培训教材
- ◆ 汽车修理工（高级）鉴定培训教材
- ◆ 涂装工（中级）鉴定培训教材
- ◆ 涂装工（高级）鉴定培训教材
- ◆ 制冷设备维修工（中级）鉴定培训教材
- ◆ 制冷设备维修工（高级）鉴定培训教材

国家职业资格培训教材——操作技能鉴定实战详解系列

丛书介绍： 用于国家职业技能鉴定操作技能考试前的强化训练。特色：
- ● 重点突出，具有针对性——依据技能考核鉴定点设计，目的明确。
- ● 内容全面，具有典型性——图样、评分表、准备清单，完整齐全。
- ● 解析详细，具有实用性——工艺分析、操作步骤和重点解析详细。
- ● 练考结合，具有实战性——单项训练题、综合训练题，步步提升。

读者对象： 可作为各级职业技能鉴定培训机构、企业培训部门的考前培训教材，也可供职业技能鉴定部门在鉴定命题时参考，也可作为读者考前复习和自测使用的复习用书，还可作为职业技术院校、技工院校、各种短训班的专业课教材。

- ◆ 车工（中级）操作技能鉴定实战详解
- ◆ 车工（高级）操作技能鉴定实战详解
- ◆ 车工（技师、高级技师）操作技能鉴定实战详解
- ◆ 铣工（中级）操作技能鉴定实战详解
- ◆ 铣工（高级）操作技能鉴定实战详解
- ◆ 钳工（中级）操作技能鉴定实战详解
- ◆ 钳工（高级）操作技能鉴定实战详解
- ◆ 钳工（技师、高级技师）操作技能鉴定实战详解
- ◆ 数控车工（中级）操作技能鉴定实战详解
- ◆ 数控车工（高级）操作技能鉴定实战详解
- ◆ 数控车工（技师、高级技师）操作技能鉴定实战详解
- ◆ 数控铣工/加工中心操作工（中级）操作技能鉴定实战详解
- ◆ 数控铣工/加工中心操作工（高级）操作技能鉴定实战详解
- ◆ 数控铣工/加工中心操作工（技师、高级技师）操作技能鉴定实战详解
- ◆ 焊工（中级）操作技能鉴定实战详解

- ◆ 焊工（高级）操作技能鉴定实战详解
- ◆ 焊工（技师、高级技师）操作技能鉴定实战详解
- ◆ 维修电工（中级）操作技能鉴定实战详解
- ◆ 维修电工（高级）操作技能鉴定实战详解
- ◆ 维修电工（技师、高级技师）操作技能鉴定实战详解
- ◆ 汽车修理工（中级）操作技能鉴定实战详解
- ◆ 汽车修理工（高级）操作技能鉴定实战详解

技能鉴定考核试题库

丛书介绍：根据各职业（工种）鉴定考核要求分级编写，试题针对性、通用性、实用性强。

读者对象：可作为企业培训部门、各级职业技能鉴定机构、再就业培训机构培训考核用书，也可供技工学校、职业高中、各种短训班培训考核使用，还可作为个人读者学习自测用书。

- ◆ 机械识图与制图鉴定考核试题库
- ◆ 机械基础技能鉴定考核试题库
- ◆ 电工基础技能鉴定考核试题库
- ◆ 车工职业技能鉴定考核试题库
- ◆ 铣工职业技能鉴定考核试题库
- ◆ 磨工职业技能鉴定考核试题库
- ◆ 数控车工职业技能鉴定考核试题库
- ◆ 数控铣工/加工中心操作工职业技能鉴定考核试题库
- ◆ 模具工职业技能鉴定考核试题库
- ◆ 钳工职业技能鉴定考核试题库
- ◆ 机修钳工职业技能鉴定考核试题库
- ◆ 汽车修理工职业技能鉴定考核试题库
- ◆ 制冷设备维修工职业技能鉴定考核试题库
- ◆ 维修电工职业技能鉴定考核试题库
- ◆ 铸造工职业技能鉴定考核试题库
- ◆ 焊工职业技能鉴定考核试题库
- ◆ 冷作钣金工职业技能鉴定考核试题库
- ◆ 热处理工职业技能鉴定考核试题库
- ◆ 涂装工职业技能鉴定考核试题库

机电类技师培训教材

丛书介绍：以国家职业标准中对各工种技师的要求为依据，以便于培训为前提，紧扣职业技能鉴定培训要求编写。加强了高难度生产加工，复杂设备的安装、调试和维修，技术质量难题的分析和解决，复杂工艺的编制，故障诊断与排除以及论文写作和答辩的内容。书中均配有培训目标、复习思考题、培训内容、

试题库、答案、技能鉴定模拟试卷样例。

读者对象： 可作为职业技能鉴定培训机构、企业培训部门、技师学院培训鉴定教材，也可供读者自学及考前复习和自测使用。

- ◆ 公共基础知识
- ◆ 电工与电子技术
- ◆ 机械制图与零件测绘
- ◆ 金属材料与加工工艺
- ◆ 机械基础与现代制造技术
- ◆ 技师论文写作、点评、答辩指导
- ◆ 车工技师鉴定培训教材
- ◆ 铣工技师鉴定培训教材
- ◆ 钳工技师鉴定培训教材
- ◆ 焊工技师鉴定培训教材
- ◆ 电工技师鉴定培训教材

- ◆ 铸造工技师鉴定培训教材
- ◆ 涂装工技师鉴定培训教材
- ◆ 模具工技师鉴定培训教材
- ◆ 机修钳工技师鉴定培训教材
- ◆ 热处理工技师鉴定培训教材
- ◆ 维修电工技师鉴定培训教材
- ◆ 数控车工技师鉴定培训教材
- ◆ 数控铣工技师鉴定培训教材
- ◆ 冷作钣金工技师鉴定培训教材
- ◆ 汽车修理工技师鉴定培训教材
- ◆ 制冷设备维修工技师鉴定培训教材

特种作业人员安全技术培训考核教材

丛书介绍： 依据《特种作业人员安全技术培训大纲及考核标准》编写，内容包含法律法规、安全培训、案例分析、考核复习题及答案。

读者对象： 可用作各级各类安全生产培训部门、企业培训部门、培训机构安全生产培训和考核的教材，也可作为各类企事业单位安全管理和相关技术人员的参考书。

- ◆ 起重机司索指挥作业
- ◆ 企业内机动车辆驾驶员
- ◆ 起重机司机
- ◆ 金属焊接与切割作业
- ◆ 电工作业

- ◆ 压力容器操作
- ◆ 锅炉司炉作业
- ◆ 电梯作业
- ◆ 制冷与空调作业
- ◆ 登高作业